KB083370

왓! 화석 동물행동학

HOLOCENE
11,700 YEARS
PLEISTOCENE
2.6
MILLIONS OF YEARS AGO
PLIOCENE
5.3
MIOCENE
23
OLIGOCENE
33.9
EOCENE
56
PALEOCENE
66
CENOZOIC
T
K
BIG, BIG EXTINCTION
CRETACEOUS
145
JURASSIC
201
MESOZOIC
TRIASSIC
T
P
GIGANTIC EXTINCTION
252
PERMIAN
299
PENNSYLVANIAN
323
MISSISSIPPIAN
359
DEVONIAN
419
SILURIAN
443
ORDOVICIAN
485
CAMBRIAN
541
PALEOZOIC
PROTEROZOIC
2.5 BILLION
ARCHEAN
EARTH FORMS 4.6 BILLION YEARS AGO
© Roy Troll 2016

왓! 화석 동물행동학

먹고 싸(우)고 낳고 기르는
진기한 동물 화석 50

딘 R. 로맥스 지음 | 밥 니콜스 그림
김은영 옮김

뿌리와
이파리

Locked in Time: Animal Behavior Unearthed in 50 Extraordinary Fossils
by Dean R. Lomax
Illustrated by Bob Nicholls

너무나도 멋진 어머니, 앤 로맥스께

제가 걷는 모든 길을 지지해주셔서 고맙습니다

차례

일러두기

1. 페이지 하단의 각주는 옮긴이 주다.
2. 단행본, 장편소설, 정기간행물, 신문, 사전 등에는 겹낫표(『 』), 편명, 단편소설, 논문 등에는 홑낫표(「 」), 그 외 예술 작품, TV 프로그램 등에는 홑화살괄호(〈 〉)를 썼다.

서장

선사시대 세상의 빗장을 들어올리며

공룡의 뼈대를 처음 보았던 그때를 기억하는가? 고개를 뒤로 젖히고 눈이 휘둥그레진 채로 '우와~' 소리를 내는 것말고는 뭘 어떻게 해볼 도리가 없었던 그 순간 말이다. 오늘날 살아 있는 그 어떤 동물과도 비교할 수 없는 무시무시한 뼈와 이빨 앞에서, 경이와 흥분이 뒤엉킨 믿을 수 없는 어떤 감각에 사로잡혔던 사람이 많을 것이다.

그런데, 그 공룡이나 다른 선사시대 동물들이 하루하루를 어떻게 살았는지 생각해본 적이 있는가? 이를테면, 다들 무엇을 먹었을까? 몸이 아프면 어떻게 되었을까? 그 동물들은 새끼를 어떻게 돌보았을까? 아니 그전에, 알을 낳았을까, 새끼를 낳았을까? 언뜻 단순한 질문으로 보일지 모르지만, 화석을 연구하는 고생물학자들에게는 매우 복잡하고 어려운 과제다. 그렇지만 아주 놀랍게도, 그런 행동들의 직접적인 증거를 기록으로 남긴, 오래전에 멸종한 종이 누렸던 삶의 어느 한순간을 담아낸 화석들이 얼마만큼은 발굴되어 있다. 지금까지 발견된 모든 화석 중에서 가장 매력적이고 경외심을 불러일으키는, 이례적인 존재들이다.

화석 중에서도 가장 희귀한 이 화석들은 유기체의 흔적이나 유기체 그 자체를 보존하는 것보다 훨씬 더 많은 일을 한다. 어렴풋이나마, 우리는 이 화석들을 통해 선사시대 동물들이 실제로 어떻게 **살았는지**를 세세하게 들여다볼 수 있다. 얼마만큼은 여전히 수수께끼로 남지만, 이런 발견들은 고생물학자들에게 퍼즐의 모든(또는 대부분의) 조각을 제공해 동물이 살아 있는 동안 또는 죽을 때 일어난 일을 신빙성 있게 해석할 수 있도록 해준다.

예를 들어, 지금까지 나온 사실상 거의 모든 공룡 영화 혹은 텔레비전 쇼의 클라이맥스는 반드시 선사시대 격투라는 것을 생각해보라. 실제로 공룡 두 마리가 죽을 때까지 싸운 사례가 보고된 과학문헌은 딱 하나뿐이다(또다른 명백히 '결투하는 공룡' 두 마리도 발견되었지만, 아직 공식적인 연구 결과가 보고되지 않았다). 공룡이나 다른 선사시대 동물들이 거의 싸우지 않았다는 뜻이 아니다. 반대로, 그런 싸움들이 화석으로 남을 가능성이 극히 희박하다는 말이다. 결투 중에 죽어가는 공룡 두 마리가 어딘가에 갇힌 채 함께 묻힌 뒤 그 모습 그대로 영원토록 보존되어 둘이 싸우는 순간을 영원한 시간 속에 새길 확률, 그것이 얼마나 희박할지 생각해보자. 수천만 년 후, 고생물학자들이 여전히 결투 중인 둘을 발견하게 되는 것은 정말이지 행운 그 자체다. 특히 화석이 쉽게 침식되어 영원히 사라질 수 있다는 걸 고려하면 더더욱.

공룡은 선사시대 생물에 대해 우리가 알고 있는 것들의 아주 작은 부분에 불과하지만, 많은 이들에게 고생물학, 그리고 곧잘 과학 일반으로 나아가는 입구가 된다. 나는 이 책에 새끼를 돌보는 어미 공룡과 질병에 대처하는 공룡 같은 독특한 이야기를 들려주는 놀라운 공룡 화석들을 실었다. 수억 년 전 과거의 이야기를 펼쳐내는 다른 동물들의 절묘한 화석들도 활용했다. 여러분은 교미 중인 상태로 영원히 보존된 생명체의 짝짓기 의식을 엿보고, 거대한 상어 어린이집을 발견하며, 바다를 누비는 파충류가 새끼를 낳는 마법 같은 순간을 잡아내는 한편, 그 밖의 더 많은 특별한 화석들을 발견하게 될 것이다.

이 책에서 내가 골라낸 50개의 이야기는 아득히 먼 시간을 오가는 세계 여행으로 여러분을 데려갈 것이다. 이 흥미진진한 실제 사건, 그리고 그 사건의 주인공들에게 생명을 불어넣기 위해 밥 니콜스는 50개의 화석마다 하나하나 아름다운 삽화를 그렸다. 모든 삽화는 전적으로 각 화석에 담긴 이야기에 기반을 두고 있다. 분명히 짚어두건대, 삽화는 모두, 단순한 가정이 아니라 증거와 과학적 연구를 바탕으로 한 과학적으로 정확한 작품이다.

나는 화석이 이미 죽어버린 물건이 아니라는 걸 보여주고 싶다. 그것들은 우리에게 사라져버린 세계, 인지할 수 없지만 동시에 너무나 친숙한 세계에 대한 통찰을 제공하는 타임캡슐이다. 이 화석들은 사실과 숫자 이상의 뭔가를, 현생 동물의 전형적인 행동에는 오랜 시간을 거슬러올라간 진화적 기원이 있다는 사실을 알려준다. 본문에 펼쳐진 이야기와 삽화를 통해 우리는 시간의 한순간을 담아낸 스냅샷을 볼 수 있고, 화석 속 동물들이 한때 여러분과 나처럼 실제로 살아 숨쉬는 존재였다는 사실을 깨닫게 된다. 이 책은 그들, 그리고 시간 속에 갇힌 그들의 삶에 관한 이야기다.

'먼지투성이의 낡은 화석들'에 불시착하다

고생물학은 지금 발견의 황금기에 들어서 있다. 새로운 발견들이 속속, 풍부하게 보고된다. 아시아에서 발굴된 깃털의 색깔이 남아 있는 후기 공룡이든, 남아메리카에서 나온 1만 2000년 전 포유류의 DNA 연구든, 아프리카에서 새로이 식별된 멸종한 초기 인류 종이든, 최근의 가장 위대한 발견들은 많은 사람들의 관심을 불러일으킨다. 손가락 끝으로 누구든 지식에 접근할 수 있는 현대 사회에서 고생물학은 그 어느 때보다 문이 활짝 열려 있다.

내가 화석에 매료된 것은 이런 발견과 언론 보도를 통해서였다. 나는 공룡과 선사시대의 모든 것에 흠뻑 빠진 아이 중 하나였다. 여러분도 아무에게나 공룡에 관한 온갖 시시콜콜한 얘기들을 떠들어대는 성가신 어린이를 알고 있을 것이다. 지금, 나는 그걸 직업으로 삼고 있다.

이 프로젝트의 골간에 대한 내 열정은 내 진로를 결정지은 2008년의 와이오밍 여행에서 비롯되었다. 영국에서 미국으로 여행하는 건 처음이었고, 혼자 해외여행을 떠난 것도 처음이었다. 나는 18살이었고, 신화처럼 들리는 서모폴리스 마을의 멋진 박물관 와이오밍 공룡센터로 향하는 내 첫 전문 발굴 및 연구 여행 자금을 마련하기 위해 〈스타 워즈〉 컬렉션을 팔았던 터였다(정말로!). 여행 첫날, 박물관 전시품을 둘러볼 기회가 있었는데, 놀라운 화석 하나가 내 눈을 사로잡았다. 바로 표면을 가로질러 작은 발자국들이 찍혀 있는 커다란 석회암 판이었다. 나는 발자국을 따라갔고, 나도 모르는 사이에 1억 5000만 년 전 죽음의 현장의 발자취를 되짚어보고 있는 자신을 발견했다.

이 기나긴 궤적의 끝에는 주인공인 쥐라기의 어린 투구게가 있었다. 이 작은 절지동물은 독성이 있는 석호에 빠져 뒤집힌 채 내려앉은 뒤 죽음을 향해 행진하다 결국 산소 부족으로 숨이 막혔다. 수억 년 전의 모든 순간이 이곳에 영원히 보존되었다는 사실이 놀라웠다. 화석에 대한 내 생각을 바꾸어놓을 만큼 엄청난 충격이었다.

흥분을 더욱 부채질하기라도 하듯, 나는 이 화석이 아직 연구되지 않았다는 것을 알게 되었고, 그것을 조사할 수 있는 기회에 몸을 던져 당시 박물관의 고생물학자 중 한 명 크리스 레이케이와 팀을 짰다. 우리는 함께 표본을 연구했고, 우리의 발견은 몇 년 후 공식적으로 학술지에 실렸다. 나는 젊었고 배우고자 하는 열망이 있었으며, 투구게에게는 말할 수 없지만 정말 딱 맞는 순간에 딱 맞는 곳에 있었다.

그 표본을 본 뒤로, 나는 자신의 행동에 관한 독특한 이야기를 담은 화석들에 매료되었다. 하지만 선사시대 동물들이 들려주는 놀랍고 흥미진진한 이야기를 보여주는 이 책 『왓! 화석 동물행동학』(원제는 『시간에 갇히다Locked in Time』)에 대한 아이디어를 얻은 것은 바로 이 화석 덕분이었다.

화석에 남은 그 행동의 의미

액션과 드라마로 가득찬 동물의 행동은 자연의 가장 흥미롭고 가끔은 꽤나 기이한 면모를 보여준다. 공중에서 급강하해서 먹잇감 물고기를 낚아채는 독수리와 자신을 방어하기 위해 눈에서 피를 뿜어내는 뿔도마뱀, 그리고 노래기 분비물을 효험 있는 약으로 활용하는 여우원숭이처럼, 엄청나게 다양하고 곧잘 복잡한 행동의 세계가 동물계 전체에서 진화해왔다.

화석 연구에서 가장 힘빠지는 순간 가운데 하나는 멸종된 종의 살아 있는 구성원을 결코 볼 수 없다는 사실을 깨달을 때다. 굉장히 이상한 느낌이다. 행성과 별을 관측하고 연구할 수 있지만 결코 그곳에 방문할 수는 없다는 걸 알고 있는 천문학자나 아마추어 별바라기 같다고나 할까. 화석으로부터 행동을 이해하고 추론하기란 우리에겐 최고로 흥미진진한 일이지만, 고생물학자들에겐 가장 벅차고 가장 도발적인 과제 중 하나다.

마지막 식사가 보존된 동물이나 뼈에 박힌 이빨 같은 직접적인 증거는 선사시대 종이 특정 유형의 행동을 했다는 것을 확실히 알 수 있는 유일한 방법이다. 그런 증거들은 살아 있는 친척, 그리고/또는 유사체와 주의깊게 세세히 비교함으로써 더욱 정밀하게 해석해낼 수 있다. 멸종한 종의 살아 있는 친척보다 유사체가 더 적합한 경우도 있다. 예를 들어 울새는 살아 있는 공룡이지만, 이 사실이 울새가 디플로도쿠스*Diplodocus*의 완벽한 유사체라는 것을 의미하지는 않는다. 둘은 신체구조와 생활양식이 근본적으로 다르기 때문이다. 마치 둘 다 포유류라는 이유만으로 다람쥐의 행동을 흰긴수염고래와 비교하지는 않는 것처럼 말이다. 현대의 생태계에서, 우리는 실시간으로 동물의 행동을 직접 연구(동물행동학)할 수 있으며, 이는 고생물학자가 화석의 행동을 해석(고생물행동학)하는 데에 필수불가결한 틀을 제공하고, 더 나아가 선사시대에 있었던 종과 환경 사이의 상호작용(고생태학)에 대한 중요한 정보도 밝혀줄 수 있다.

이 책에서 화석과 그 행동에 대한 판별과 해석은 고생물학자들의 상세한 조사에 바탕을 두고 있다. 내가 직접 표본을 조사하거나 연구한 사례도 있다. 그러나 과학의 경이로운 본성에 따라, 화석들이 새로이 발견되고 연구가 더 진행되면서 새로운 증거가 나올 수 있다. 그러면 또다른 설명들이 나와서 이 화석들에서 끌어낸 행동에 대한 우리의 이해를 바꿔줄지도 모른다.

어떤 행동의 증거를 담고 있는 이례적인 화석들을 찾아 온갖 문헌을 폭넓게, 샅샅이 뒤지는 동안, 나는 정말로 즐거웠다. 둘이서 뭔가를 하고 있는 장면을 잡아내기로 특히나 유명한 호박의 포로들을 비롯해서 화석으로 포착된 행동에 초점을 맞춘 수많은 연구들이 나와 있다. 이런 연유로, 그리고 50개의 화석과 그 이야기의 균형을 맞추기 위해, 나는 단순한 것부터 복잡한 것까지 다양한 유형의 행동을 보여주는 넓은 범위의 화석을 신중하게 골랐다. 많은 표본들이 그 행동을 담고 있는 유일한 사례고, 다른 표본들은 복수의 사례 중 대표적이거나 흔히 보존되어 있는 어떤 행동을 돋보이게 해주는 것이다.

이 책을 읽으면서 내가 1억 5000만 년 전의 투구게가 남긴 죽음의 흔적을 처음 보았을 때 느꼈던 그런 떨림을 경험하기를 바란다. 기이한 것부터 놀랍도록 친숙한 것까지, 이 이야기들은 〈쥬라기 공원〉 같은 허구가 아니다. 이것은 암석에 새겨진, 오래전에 멸종한 동물들의 실화다.

제1장

섹스, 그리고 번식

- 엄마 물고기와 우리가 아는 그 섹스
- 공룡의 구애춤
- 죽음 안의 삶: '어룡'이 새끼를 낳는 순간
- 쥐라기의 짝짓기: 영원으로 남은 순간
- 임신한 수장룡 플레시오사우루스
- 고래가 육지에서 새끼를 낳던 시절
- 백악기 조류의 성별은?
- 짝짓기 중의 날벼락
- 작은 말, 그리고 작은 망아지

짝짓기철은 오스트레일리아에 사는 쥐만 한 유대류 수컷 갈색 안테키누스의 생애에서 매우 특별한 시기다. 태어나 아직 첫돌도 안 된 이 녀석과 수컷 동료들은 모두 갑자기 정자 만들기를 멈춘다. 저장해둔 것이 무엇이든, 그걸 쓸 때가 온 것이다. 이 자극을 방아쇠 삼아, 수컷들은 2주 넘도록 '광란의 섹스'에 돌입한다. 다른 수컷들보다 많이, 가능한 한 많은 암컷들을 임신시키기 위해, 녀석들은 자신의 작은 몸이 받쳐주는 한 끊임없이 교미를 해댄다. 지쳐 나가떨어질 때까지 몇 시간이고. 그렇게 에너지를 완전히 소모해버린 수컷은 결국 몸이 너덜너덜해지고 만다. 스트레스가 무섭게 차오르면서 면역체계가 망가진다. 털이 빠지기 시작하고, 감염병에 걸려 호되게 앓으며, 심지어는 내출혈까지 생긴다. 그래도 녀석들은 자신의 체력과 생명의 마지막 한 방울까지 다 짜내도록, 다시 말해 죽을 때까지 멈추지 않는다. 짝 없는 모든 수컷은 지나친 교미의 결과로 죽게 된다. (요란하게[with a bang, 'bang'에는 '쾅/탕하는 발포음/충격음, 폭발, 자극, 흥분, 성교' 등의 의미가 있다—옮긴이] 생을 마감하는 방법임에는 틀림없다.) 이른바 '자살번식sucidal reproduction', 더 정확히 말해 '일회번식semelparity'으로, 이 작은 포유류들은 번식할 기회를 얻기 위해 극한의 대가를 치른다.

진화 과정에서 등장한 이 비정상적이고 드라마틱한 번식행동은 지구 생물종의 다양성과 복잡성의 증거다. 일단 지구상의 모든 유기 생명체는 번식의 결과물이다. 다시 말해 번식은 생명의 기본 요소다. 단적으로 만약 어떤 종이 번식을 멈추면 그 종은 그대로 멸종한다. 영생하는 생물은 없다. 그저 죽음을 기만할 수 있는 번식능력을 갖추었을 뿐이다. 각 개체는 자신만의 독특한 특질을 다음세대에게 전달해 무의식중에 종의 생존을 돕는 유전적 유산을 남긴다.

유기 생명체의 번식방법은 크게 무성생식과 유성생식으로 나뉜다. 무성생식은 교미 없이 이루어진다. 변하지 않는 생명체에게 이상적인, 자신과 똑같은 유전자를 가진 자손(예: 클론)들을 만들 수 있는 딱 하나의 '부모'만 있으면 된다. 단순하고, 빠르고, 에너지도 거의 들지 않는다. 산호, 해면, 식물, 곤충은 무성생식이 많지만, 어류와 파충류에선 드물고, 포유류에는 전혀 없다. 반면 유성생식, 그러니까 짝짓기나 교미 또는 섹스는 후손을 남기는 데에 수컷과 암컷이 모두 필요하다. 유성생식은 다시 크게 포유류를 비롯한 생물종들의 체내수정('A 부분이 B 부분에 딱 끼워 맞춰진다'고 생각하면 된다)과 연어 암컷이 물속에 알(난자)을 낳으면 수컷이 그 위에 정자를 뿌려 수정시키는 것과 같은 체외수정으로 나뉜다. 시간이 많이 걸리고, 두 개체가 필요하며, 에너지를 많이 써야 할 수도 있는 과정이다. 우리 인간이 마음에 드는 파트너를 찾을 때까지 얼마나 많은 에너지를 들여야 하는지 생각해보라. 하지만 유성생식은 부모의 유전자의 조합을 통해 다양한 개성과 유전적 특성을 지닌 자손을 낳는다. 유전자가 뒤섞인 결과, 후손들은 더 번성하고 더 잘 살아남으며 더 잘 번식한다.

대부분의 개체들이 한 가지 방법으로만 자손을 낳지만, 두 방법 다 쓸 수 있는 생명체도 많다. 척추동물에겐 드물지만, 지렁이나 달팽이 같은 수많은 무척추동물들은 한몸에 수컷과 암컷의 생식능력을 다 갖추고 있으며(자웅동체[hermaphrodite, 암수한몸]라고 한다), 그중 다수가 보통은 짝짓기를 통해 번식하지만 혼자서도 자손을 낳을 수 있다. 흰동가리 같은 일부 어류도 자웅동체다. 단 이들은 수컷으로 태어나 살다가 생의 어느 시점부터 암컷으로 변하며 생식능력을 갖추게 된다.

살아 있는 동물에서, 각 개체의 성별은 쉽게 구별할 수 있지만, 연질부에서는 꼭 그렇지만도 않다. 많은 경우 수컷과 암컷은 겉모습만으로도 쉽게 구별된다. '성적 이형性的異形, sexual dimorphism'이라고 부르는 이 차이는 때로는 눈에 띄게 두드러지고, 일반적으로 수컷에게서 명확하게 나타난다. 예를 들어 수사자는 갈기가 있고, 대부분의 종의 수사슴은 큰 뿔이 돋아나고, 수공작은 커다랗고 화려한 꼬리(윗꽁지덮깃)을 자랑한다. 하지만 반대로 암컷에게서 성적 이형이 발달한 경우도 있다. 지느러미발도요phalarope shorebird는 암컷이 몸집이 더 크고 짝짓기 깃털(breeding plumage: 짝짓기철에 색을 띠고 화려해지는 조류 성체의 깃털–옮긴이) 색깔도 더 밝다. 이런 경우 생김새의 특징은 성별 구별뿐만 아니라 과시, 지배, 경쟁에서도 특별한 역할을 한다. 다윈의 자연선택설의 한 형태인 성선택설에 따르면, 이러한 성적인 특성은 각 개체가 성공적으로 짝을 찾아 번식하는 데에 도움을 줄 수 있다. 그럼에도, 짝을 짓고 자신의 유전자를 물려주기 위해 각 종은 번식을 시작하거나 시도하기 위한 자신만의 방법을 개발했다. 자신을 과시하기 위해 춤을 추거나 최고의 둥지를 짓거나 선물을 마련하는 것과 같은 구애행동은 정교하고, 고도로 복잡하며, 심지어 매우 치명적(정자와 경쟁하는 갈색 안테키누스처럼)일 수도 있다. 생명체들의 이토록 풍부한 다양성을 보면, 성공적으로 번식하기 위한 각종 전략들이 진화하며 종의 생존에 중요한 역할을 하고 있다는 사실은 그리 놀라운 일이 아니다.

그렇다면 화석은 어떨까? 화석과 섹스, 이 두 단어가 같이 쓰이는 경우는 거의 없다. 하지만 왜? 수십억 년에 이르는 성공적인 번식의 역사가 없었다면, 여러분은 지금 이 책을 읽고 있지도 못할 것이다. 이상하게 보일지도, 또 어쩌면 당연하게 여겨질지도 모르지만, 생각해보면 여러분과 지구상의 모든 생명체는 오래전 멸종한 조상들이 DNA를 물려주며 이어온 선사시대 생식 과정의 부산물이다. 수백만의 개체들이 탄생, 질병, 포식자의 공격, 자연재해를 이겨내고 살아남아, 짝짓기를 할 수 있는 나이까지 자라, 짝을 찾고, 번식에 성공했다. 세대는 다음세대로 이어지고, 종은 새로운 종으로 연결되어, 그들의 DNA가 지금 여러분의 혈관을 따라 흐르고 있다. 숲속의 식물이든 하늘을 나는 새든, 각 생명체의 진화적 기원은 시간을 거슬러올라간다.

그런데 화석을 통해 생식과 번식을 알아내려면 대체 뭘 어떻게 해야 할까? 블록버스터 영화로도 제작된 한 공룡소설 구절을 인용하자면, "누구 나가서, 어, 공룡 치마를 걷어올리고 볼래요? 그러니까, 공룡은 암수를 어떻게 구별하나요?" 아주 훌륭한 지적이다. 대체로 경질부(뼈나 이빨)만 화석으로 남는 데다, 연질부가 보존된 화석도 성별이나 번식전략에 관한 정보를 제공해주는 것은 거의 없다. 그런 판에 진짜로, 우리가 그동안 배워온 추측들을 뛰어넘는 뭔가를 찾아낼 수는 있는 걸까?

그것은, 특히 선사시대 동물들이 생식행위의 증거를 남긴다는 게 불가능해 보이기에 타당한 질문이다. 하지만 우리는 유기체의 구조와 유기체 각 부분이 갖는 기능의 관계를 연구하는 학문 기능형태학을 활용할 수 있다. 생김새와 기능에 대한 연구는 선사시대 생명체와 그들의 삶에 대한 질문에 답을 줄 수 있는 힘을 갖고 있다. 분명히 한계는 있지만, 멸종한 생물들의 번식을 알려주는 대체재로 (만약 지금도 존재한다면) 현대에 살고 있는 같은 동물 분류군의 구성원들을 이용할 수 있다.

만약 번식의 **증거가 있다면**? 이 장은 딱 번식을 위한 그 행위 중에 죽어 묻힌 생명체부터 임신의 증거를 보여주는 화석까지, 아득히 먼 과거에서 포착해낸 놀랄 만큼 특별하고 친숙한 순간들을 통해 번식과 이에 관련된 행위의 진화에서 중요한 단계들을 조명할 수 있도록 도와줄 것이다.

엄마 물고기와 우리가 아는 그 섹스

우리 인간은 네 다리를 가진 사지동물—나중에 사지가 모두 퇴화된 동물(뱀 등)까지 포함해서—과 함께 약 4억 년 전으로 거슬러올라가는 공통조상의 후손이다. 이 공통조상은 어류이므로, 진화적 관점에서 우리는 물고기다. 닐 슈빈의 『내 안의 물고기』에 아름답게 요약된, 우리와 모든 사지동물이 수백만 년 동안 어떻게 진화해왔는지에 대한 이야기는 가장 놀라운 진화의 여정 가운데 하나다. 다만 이 초기 어류의 번식에 대한 직접적인 증거는 거의 없었다. 그렇지만 2005년에, 지금까지 발견된 가장 경이로운 화석 가운데 하나가 등장하며 상황이 완전히 바뀌었다.

어류 화석 발굴로 저명한 전문가 존 롱은 자신이 환히 꿰고 있는 오스트레일리아 서부 킴벌리 지방의 고고Gogo 지역으로 향하는 어류 화석 발굴단을 꾸렸다. 약 3억 8000만 년 전의 고생대 데본기에 이 지역은 오스트레일리아의 첫 번째 그레이트배리어리프가 있던 얕은 바다였다. 오늘날 산호초는 아름다운 생명체 무리의 집 역할을 하는데, 이 고대 산호초도 마찬가지였다. 이곳은 특히 암석에 납작하게 짓눌리지 않고 입체적인 형태를 유지하고 있는 어류 화석을 비롯해 화석 보존상태가 아주 좋은 것으로 유명하다. 이 화석들은 동글동글한 석회암 덩어리 '고고 단괴團塊'들 안에 들어 있는데, 이걸 깨뜨리면—운이 좋다면—안에 있던 화석이 드러난다.

2005년 7월 7일은 가장 운수 좋은 날 중 하루였을 것이다. 발굴단에 참여한 롱의 친구 린지 해처가 단괴 하나를 집어들고 아주 오래된 방식대로 망치로 톡톡 내려치다가, 노다지를 캐냈다. 그녀는 롱에게 화석을 보여주었고, 롱은 단박에 화석의 주인공이 멸종한 갑주어 판피류placoderm에 속한다는 사실을 알아차렸다. 하지만 몸통 대부분이 주변의 암석에 묻혀 있어 더 자세히 동정하기는 어려웠다. 주변의 암석을 제거하기 위해, 그들은 화석을 조심스레 포장해 퍼스에 있는 서오스트레일리아 박물관의 연구실로 보냈다. 그때는 둘 다 자신들이 엄청난 발견을 해냈다는 사실을 몰랐으므로, 이 갑주어의 비밀은 여전히 누군가가 풀어주길 기다리는 수밖에 없었다.

고고 지역의 판피류는 널리 알려져 있다. 다양한 생김새와 크기를 자랑하는 판피류 화석이 세계 곳곳에서 발굴되어, 지금까지 발견된 것만 300종이 넘는다. 판피류는 턱이 있는 최초의 어류 중 하나지만, 쌍을 이룬 부속지(지느러미)와 (몇몇 종은) 이빨도 발달해서 현생 척추동물의 진화를 연구하는 데에 매우 중요한 역할을 하는 생물이다. 연구들로 밝혀진 바로는, 판피류는 어류에서 인간으로 이어지는 동일한 진화계통의 위대한 선조들 중의 하나거나, 우리의 물고기 조상들과 관련 있는 진화의 곁가지일 것이다.

줄을 서서 기다린 지 2년도 넘은 2007년 11월, 해처의 화석은 마침내 보존처리 준비에 들어갔다. 연약하고 섬세한 뼈대를 보존하기 위해, 화석을 둘러싼 암석을 농도가 낮은 아세트산 용액(빙초산)으로 조심스레 제거했다. 용액에 지나치게 오래 노출되지만 않으면, 산 성분에 녹는 것은 석회암뿐, 안쪽에 있는 골격 부분은 전혀 손상되지 않는다. 몇 달씩 걸리는 암석 제거 과정의 속도를 높이기 위해 표본 또한 아세트산 용액에 담가두었다. 약 15센티미터 길이로 머리와 두개골까지 보존된 거의 완전한 입체 뼈대가 모습을 드러냈다. 이 화석의 중요성을 실감한 롱은 화석의 동정을 위해 멸종 화석어류와 턱 있는 초기 척추동물 분야의 또다른 세계적으로 저명한 학자 케이트 트라이나스틱에게 도움을 청했다. 표본은 아주 잘 보존되어 있었고, 연구팀은 그것이 완전히 새로운 속과 종이라는 걸 알아냈다. 게다가 가장 깜짝 놀랄 만한 일은 아직 발견되지도 않은 상태였다.

몇몇 암석 조각들이 여전히 물고기의 일부를 덮고 있었기 때문에 연구팀은 위험을 감수하고 화석을 다시 한번 산성 용액에 담그기로 결정했다. 그렇게 해서 새로이 모습을 드러낸 부분은 뭔가 색다른, 성체와 해부학적으로 완벽히 똑같은 아주 작은 어류의 뼈대였다. 깨달음의 순간이었다. 그들은 그 이전에 발견되어 있었던 가장 오래된 것보다 1억 3000만 년 넘게 앞서는, 세계에서 가장 오래된 임신한 척추동물 화석을 발견했던 것이다. 더 조사해보았더니, 이 작은 배아는 끝이 암컷 성체와 연결된, 마치 밧줄 같은 끈으로 둘러싸여 있었다. 강력한 전자현미경의 도움을 받아, 이 끈의 정체는 탯줄이라는 사실이 밝혀졌다. 화석으로는 처음 발견된 엄마와의 연결구조, 3억 8000만 년 전의 탯줄이었다. 게다가 그것은 노른자주머니(난황낭)로 추정되는 물체 옆에 놓여 있었다.

이 증조할머니는 마테르피스키스 아텐보로이*Materpiscis attenboroughi*라는 이름을 받았다. '엄마 물고기'라는 뜻의 라틴어와 1979년의 BBC 다큐멘터리 시리즈 〈생명의 위대한 역사Life on earth〉를 통해 고고Gogo 어류 화석 산지에 대한 사람들의 관심을 불러일으킨 데이비드 애튼버러 경의 이름을 조합한 이름이다. 임신한 어미의 정체를 밝혀내자마자, 새로운 발견에 대한 열망에 휩싸인 연구팀은 이전에 고고에서 발굴되었던 다른 표본들에 주의를 기울이기 시작했다. 놀랍게도, 그들은 임신 상태의 표본들을 추가로 찾아냈다. 하지만 이 표본들은 다른 판피류 종에 속했다. 그 가운데 하나는 작은 배아 세 개를 품고 있었고, 마테르피스키스의 작은 골격과 같은 지역에서 발굴되었다.

이 발견들의 발자취를 좇아, 2020년에는 연구팀의 분견대가 와트소노스테우스 플레티*Watsonosteus flleti*라 이름붙여진 임신 상태의 다른 판피류를 발견했다. 이 화석은 약 3억 8500만 년 전에 쌓인 스코틀랜드의 암석층에서 나온 것이었고, 연대에 따라, 새 어류는 마테르피스키스가 보유했던 세계에서 가장 오래된 임신한 척추동물 화석이라는 칭호를 낚아챘다.

이 어미 어류들이 뱃속에 배아를 품고 있다는 사실은 이들이 태생(새끼를 낳는 것)이라는 확실한 증거다. 임신기간이 얼마나 길었는지는 알아낼 방도가 없지만, 임신 자체가 체내수정의 결과물이라는 사실은 분명하다. 알을 낳지 않았으니까 말이다. 다시 말해 이 판피류들은 교미를 했다. 조류나 벌이 아직 진화하기도 한참 전에 이 갑주어들은 완벽한 성교, 즉 우리가 아는 그 섹스를 한 것이다. 그런데 대체 어떤 방식으로 한 걸까? 이 질문에 답하기 위해서는 골격의 **단단한** 부분을 살펴봐야 한다.

체내수정을 통해 번식하는 현생 어류는 배지느러미나 뒷지느러미가 변형된 일종의 성기를 이용한다. 예를 들어 연골어류(상어 등)는 수컷에게만 교미에 사용하는 페니스 모양의 기각鰭脚, clasper이 있어서 수컷과 암컷을 구별할 수 있다. 상당수의 판피류 종에도 이런 성적 이형이 있어서 역시 수컷과 암컷이 구별된다. 알려진 것 가운데 가장 오래된 예, 다시 말해 '성교'라고 합의된 가장 오래된 증거는 약 3억 8500만 전에 살았던 엄지손가락만 한 크기의 미크로브라키우스 디키*Microbrachius dicki*의 화석이다. 다만 여기서 짚어두자면, '디키'라는 이름은 첫 번째 화석 발견자인 로버트 딕Robert Dick의 이름을 딴 것으로, 그저 재미있고 또 심오한(?) 우연일 뿐이다('딕'은 페니스의 속어다—옮긴이). 지금까지 발견된 많은 양의 화석 가운데 일부는 에스토니아와 중국에서 나왔지만, 대부분은 스코틀랜드산이다. 이 종의 수컷에게는 안에 뼈가 있고 피부로 덮인 크고 뚜렷한 갈고리 모양의 기각이 있는 반면, 암컷은 칼날 모양의 생식기 판 한 쌍을 갖고 있다. 에스토니아에서 발견된 한 표본은 심지어 수컷의 기각이 암컷의 판에 들러붙은 상태다. 이 동물은 성교 중 아마도 자신들의 겉뼈대가 서로 맞물린 채 나란히 헤엄쳤을 것이다. 수컷이 자신의 거대한 기각 가운데 하나의 끝을 암컷의 배설강에 밀어넣으면, 생식기 판이 기각을 꽉 잡아서 지극히 중요한 정자의 운반을 도왔으리라.

체외수정은 판피류 같은 어류의 원시적인 번식방법이라 여겨져왔다. 하지만 화석으로 보존된 성기 골격과 임신의 증거에 이르는 놀라운 발견들은 이 초기 어류들이 서로 교미하고 새끼를 낳아 기른 최초의 척추동물 가운데 하나라는 사실을 알려준다.

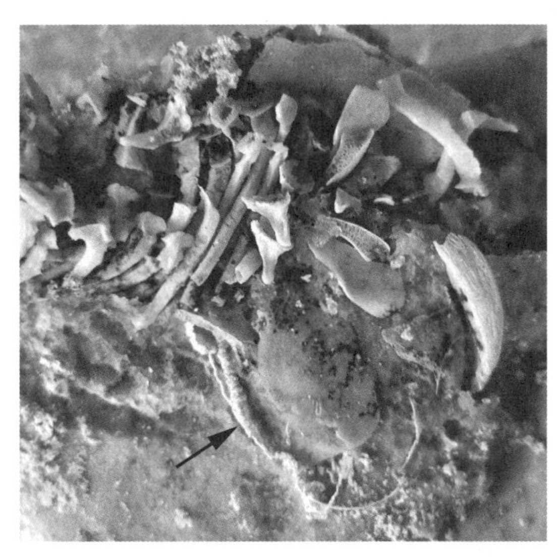

그림 1.1 임신한 어미 물고기, 마테르피스키스 아텐보로이의 접사 사진. 파편화한 배아와 밧줄 모양의 탯줄 조각이 남아 있다(화살표 끝). (사진 제공: 존 롱, 플린더스대학교)

그림 1.2 미크로브라키우스 디키 수컷(왼쪽)과 암컷(오른쪽). 수컷은 페니스와 닮은 기각의 존재로 판별되며, 암컷은 한 쌍의 생식기 판이 있다. (A) 앞지느러미, (C) 기각, (G) 생식기 판, (H) 머리 (사진 제공: 존 롱, 플린더스대학교)

얽힌 사랑

그림 1.3 (뒷페이지) 한쌍의 미크로브라키우스가 중앙에서 교미 중이다. 오른쪽이 수컷, 왼쪽이 암컷이다. 뒤에 있는 또다른 개체는 새끼를 낳고 있다.

공룡의 구애춤

조류는 공룡이다. 벌새부터 칠면조까지, 또 펠리컨부터 에뮤까지 1만 종이 넘는 현생 조류는 모두 수각류 공룡의 후예다. 골격의 구조와 깃털의 존재, 심지어는 알품기 같은 직접적인 행동을 포함한 많은 특징들이 수각류 공룡과 조류를 이어준다. 그리고 이제는 몇몇 수각류 공룡들이 짝짓기 상대의 마음을 끌기 위해 '춤'을 추었음을 시사하는 증거까지 등장했다.

'성적 과시'라 부르는 이 춤은 사실, 둥지를 짓는 수많은 현생 조류에게도 나타나는 습성이다. 짝짓기 기간 동안, 또는 그 전에 수컷들은 보통은 무리를 지어, 암컷의 관심을 끌기 위한 인상적인 쇼를 벌인다. 암컷은 수컷들끼리 가창력을 자랑하거나 유려하게 춤을 추고 깃털을 뽐내며 경쟁하는 모습을 지켜본다. 하지만 가장 중요한 행위 가운데 하나는 수컷들이 발로 퇴적물을 긁어모으며 암컷에게 자신이 얼마나 강하고 튼튼한 둥지를 지을 수 있는지 능력을 과시하는 것이다.

약 1억 년 전의 중생대 백악기에 퇴적물을 긁느라 생긴 지름 2미터가 넘는 커다란 자국이 콜로라도의 화석산지 네 군데에서 발견되었다. 긁힌 흔적화석은 한두 개가 아니라 꽤 많은 양이 남아 있다. 한 산지에서는 가로 15미터, 세로 50미터에 달하는 구역 안에서 60개가 넘는 자국이 발견되기도 했다. 각각의 산지는 공룡 발자국 화석으로 이미 유명했지만, 이 긁힌 자국은 2016년이 되어서야 그 존재가 밝혀지고 자세히 기술되었다. 자국 가운데 일부는 '공룡 능선'(또는 '공룡 고속도로')로도 잘 알려진, 1937년부터 공룡 발자국 화석이 발견되기 시작해 국가자연경관으로 지정된 화석산지에 있다.

긁힌 자국의 크기, 깊이, 분포는 제각각 다르지만 대부분 양발의 발톱 여러 개로 긁어 생긴 평행한 두 줄의 홈으로 이루어져 있다. 흔적 가운데 일부에는 발가락이 세 개인 수각류 공룡의 발자국이 완벽하게 보존되어 있다. 다양한 발자국 길이를 바탕으로 계산한 결과, 이 자국을 만든 공룡 친구들의 몸길이는 2.5~5미터로 추정된다. 바닥을 긁어댔던 수각류의 뼈가 같은 곳에 남아 있지 않은 것은 안타깝지만, 이 지역의 (다코타 사암으로 알려진) 특정 암석에서 신체의 일부가 보존된 화석이 발견되는 것 자체가 매우 희귀한 일이다.

춤추는 공룡이라는 말은 아주 생생한 이미지를 떠올리게 만들기에, 이 긁힌 자국이 정말 공룡의 구애행위가 남긴 결과물인지 의심이 생기는 것도 무리는 아니다. 공룡 발자국에 푹 빠진 마틴 로클리의 연구팀이 내내 부딪쳤던 질문이기도 하다.

이 흔적화석을 조사하는 동안 이 화석산지 네 곳이 실제로 둥지를 짓던 곳인지, 아니면 무리가 모여 살았던 집단거주지인지, 아니면 그저 먹이나 물을 구하기 위해 또는 피난처를 만들기 위해 땅을 판 건 아닌지 등 몇 가지 서로 다른 해석이 제기되었다. 하지만 이곳에서는 알이나 알껍데기, 또는 이미 잘 알려진 공룡 둥지 화석산지에서 살펴볼 수 있는 잘 갖추어진 둥지의 특징 같은 그 어떤 증거도 나오지 않았다. 지질학 증거를 봤을 때, 긁힌 자국이 생기던 당시 이 지역은 매우 습한 환경이었으므로 물을 구하기도 쉬웠을 것이다. 발아래에 사는 작은 동물을 잡아먹기 위해 땅을 팠을 가능성도 있지만, 먹잇감이 팠을 굴의 존재를 암시하는 증거나 그 작은 동물들이 남긴 사체, 그 어느 것도 나오지 않았다.

그러니 아마도, 이 백악기 화석산지는 어떤 특정한 때가 오면 떼를 이루어 암컷들 앞에서 경쟁적으로 성적 과시를 하며 둥지 짓는 능력을 뽐내던 수컷 수각류 공룡 무리가 남긴 흔적일 것이다. 이들은 현생 조류처럼 짝이 정해지는 대로 가까운 곳에 둥지를 틀었겠지만, 이 지역에서는 아직 짝짓기나 둥지의 흔적이 발견되지 않았다. 어쩌면 보존되지 않았을 수도 있다. 수

그림 1.4 거대 수각류가 바닥을 긁은 독특한 흔적이 콜로라도 델카카운티 루비도 크릭에서 여럿 발견되었다. 연구자 켄 카트(왼쪽 아래)와 제이슨 마틴(오른쪽 위)은 크기 비교용이다. (사진 제공: 마틴 로클리)

그림 1.5 저자(왼쪽)과 고생물학자 루 테일러(오른쪽)가 콜로라도 모리슨의 유명한 공룡 능선 산지에서 매우 큰 흔적 화석을 살펴보고 있다.

BOB NICHOLLS 2020

각류 공룡이 바닥을 긁어댄 자국은 공룡과 현생 조류의 구애행동을 연결하는 첫 번째 증거다. 우리는 그저 거대한 수각류 공룡들이 구애행위를 하며 어떤 소리를 질러댔는지, 그리고 어떤 장관을 연출했는지 궁금해할 수밖에 없다.

숙녀를 위하여

그림 1.6 (앞페이지) 대형 수각류 수컷들이 쇼를 지켜보는 암컷에게 구애하며 격렬한 춤대결을 벌이고 있다. 어떤 종이 긁힌 자국을 남겼는지는 모르지만, 아크로칸토사우루스*Acrocanthosaurus*나 그와 유사한 종이 유력 후보다(그림은 추측에 근거한 종이다).

죽음 안의 삶:
'어룡'이 새끼를 낳는 순간

수억 년 동안, 어류는 바다의 유일한 척추동물이었다. 하지만 갑주어가 사라지고 거대한 백상아리와 범고래가 나타나기 전, 물이 가득한 서식처에 처음으로 발을 디딘 육상 파충류 무리가 결국 어류를 제치고 바다의 최강 포식자로 군림하기에 이르렀다. 이들은 트라이아스기 초기부터 백악기 말까지, 약 1억 8000년이 넘는 시간 동안 번성했다. 해양 파충류들은 물속에서 다양한 장애물을 이겨내야 했지만, 자손을 낳고 종을 보존해 이어가는 것만큼 중요한 일은 없었다. 익티오사우루스(ichthyosaurus: 그리스어로 '물고기 도마뱀'이라는 뜻이다)는 '어룡'으로 알려진 비슷한 종들 가운데 가장 유명할 뿐만 아니라(흔히 익티오사우루스만 어룡으로 여기지만, 익티오사우리아과에 속하는 종은 모두 어룡에 해당한다–옮긴이), 가장 먼저 번식 과정이 밝혀진 화석 해양 파충류다.

하지만 익티오사우루스는 각종 매체가 오랫동안 찬미해온 것과 달리, 수영하는 공룡이 아니고 형태도 전혀 닮지 않았다. 공룡과는 다르게, 익티오사우루스는 다리가 지느러미처럼 발달했고 물속의 삶에 완전히 적응했으며, 이 밖에도 다양한 고유의 특징을 갖고 있다. 이들은 사실 화석기록상 공룡보다 거의 2000만 년 먼저 등장한 흥미로운 파충류다. 이들은 처음으로 과학계의 시선을 잡아끈 거대 멸종 파충류로, 그 대부분은 조지 왕조 시대(1714~1760년) 말기부터 빅토리아 시대(1837~1901년–옮긴이) 초기에 걸쳐 살면서 수백수천 개의 화석 표본을 수집한 영국 도셋주 라임 레지스의 고생물학자 매리 애닝의 공로다. 익티오사우루스라는 이름은 적어도 **공룡** Dinosaur이라는 단어가 만들어지기 20년 전에는 붙여져 있었다. 뼈대의 해부학적 특징을 살펴보면, 익티오사우루스가 정체가 아직까지 정확히 밝혀지지는 않은 육상의 조상으로부터 진화했다는 걸 알 수 있다. 전형적인 익티오사우루스는 긴 주둥이와 유선형 몸통 때문에 마치 상어와 돌고래를 섞어놓은 원시적인 생물로 보인다. 초기의 몇몇 익티오사우루스는 지느러미 달린 작은 도마뱀처럼 생긴 조그맣고 원시적인 형태지만, 흰긴수염고래의 크기와 모습에 가까워진 종도 있다.

익티오사우루스가 파충류고 언뜻 보기에 바다거북과 비슷한 지느러미를 갖고 있기 때문에 연구자들은 이들 역시 당연히 해변으로 나와 알을 낳았으리라고 추정했다. 이 가설의 문제점은 해양 환경에 너무나도 완벽히 적응한 상태인 이들의 생김새로 보아 바다를 떠나기가 거의 불가능했으리라는 것이다. 그렇다면 이들은 양서류처럼 물속에 알을 낳았을까, 아니면 바로 새끼를 낳았을까? 익티오사우루스가 거의 최초로 바다를 누빈 대형 파충류라는 점과 전 세계에 걸쳐 수만 개의 화석을 남길 만큼 성공적으로 번식했다는 점을 고려할 때, 이들의 생식에 얽힌 수수께끼를 푸는 일은 초기 파충류가 어떻게 물에 적응했는지를 밝혀낼 중요한 열쇠임에 틀림없다.

수수께끼를 풀 최초의 실마리는 200년도 넘은 과거에, 흉곽에 작은 뼈들이 들어찬 익티오사우루스 화석들이 다수 발견되었을 때 이미 나와 있었다. 이 화석들 대부분은 독일 홀츠마덴 인근의 여러 쥐라기 화석산지에서 발굴되었다. 이 화석 표본들은 익티오사우루스가 같은 종의 개체들을 잡아먹었다는, 다시 말해 동족포식을 즐겼다는 강력한 증거처럼 보였다. 이런 견해가 일반적으로 받아들여졌지만, 흉곽에 여러 개의—심지어 몇몇은 10개체가 넘는—뼈를 담고 있는 더 많은 익티오사우루스들이 발견되면서 그것을 뒤엎을 증거들이 쌓이기 시작했다.

1846년, 영국에서 가장 많은 화석 표본을 가진 이들 중 한 사람이었던 수집가 조지프 채닝 피어스가 서머셋주의 작은 마을에서 수집한 익티오사우루스의 화석을 연구하다가 중요한 발견을 해냈다. 나는 연구의 일환으로 지금은 런던 자연사박물관에 전시되어 있는 이 화석을 직접 살펴보는 특권을 누렸다. 피어스는 골반에 가까운 흉곽 끝부분에 거의 완벽한 형태로 보존된 작은 뼈대를 찾아냈다. 뼈대의 위치는 위장에서 한참 떨어져 있었기에, 화석으로 남은 동물의 마지막 식사일 수가 없었다. 이는 익티오사우루스가 새끼를 낳았다는 핵심적인 증거 중 하나다. 만약 이 추론이 맞다면, 이 표본은 기록으로 남은 최초의 임신한 파충류 화석이다.

연구에 연구가 쌓이면서 격론이 1990년대까지 이어졌지만, 결국 대규모 연구 두 개가 익티오사우루스는 동족포식이라는 누명을 써왔다는 결론을 내렸다. 이 익티오사우루스들은 실은 새끼들을 밴 임신부였던 것이다. 이 결론을 뒷받침하는 증거는 작은 뼈대들이 위산에 부식되지 않았고 물린 자국도 없다는 사실이고, 큰 개체가 어린 개체 수십 마리를 한꺼번에 잡아먹었을 가능성 역시 매우 작다. 이로써 임신설이 타당하다는 게 증명되기 시작했다.

임신한 익티오사우루스 표본은 지금까지 홀츠마덴 지역에서 100점 넘게 발견되었는데, 이들은 모두 스테놉테리기우스*Stenopterygius*라는 하나의

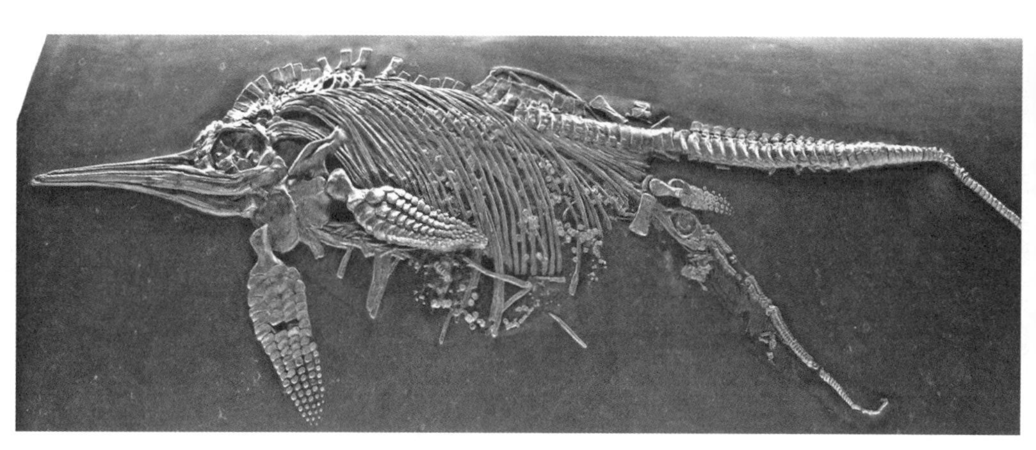

그림 1.7 새끼를 낳는 순간이 그대로 담긴 놀라운 스테놉테리기우스 쿠아드리스키수스*Stenopterygius quadriscissus* 화석. 태아 한 마리는 태어나던 도중에 산도에 갇히고, 나머지 셋은 흉곽 안에 남아 있다. (사진 제공: 신디 하웰스)

종이다. 태어나지 못한 태아들의 머리는 대부분 어미의 머리 쪽을 향하고 있다. 이 자세로 보아, 익티오사우루스 태아들은 일반적으로—돌고래나 고래처럼—태어나는 도중에 익사하지 않도록 꼬리부터 먼저 나오고 콧구멍이 마지막으로 나왔을 것이다. 이 이론이 맞다는 걸 증명하고, 익티오사우루스가 태생이라는 데에 대한 의심을 완벽하게 날려버린 것은 출산 과정이 고스란히 담겨 있는 놀라운 표본의 발견이었다.

네 마리의 태아를 품고 있던 홀츠마덴의 어느 특별한 익티오사우루스는 태어나고 있던 태아 중 한 마리가 머리만 어미의 산도에 끼여 있는 불행한 순간을 그대로 남겼다. 슬프게도, 어미는 출산 도중에 사망해 한 마리가 아닌 다섯 마리가 한꺼번에 죽고 말았을 것이다. 세 마리를 뱃속에 품은 채 최근 중국 동부에서 발견된 카오후사우루스*Chaohusaurus**의 화석이 이 비극적인 시나리오를 뒷받침한다. 익티오사우루스가 처음 등장한 시기에 가까운 약 2억 4800만 년 전의 초기 트라이아스기 화석이기 때문에 특히 흥미진진한 발견이다. 하지만 이 표본은 태아가 머리부터 산도에서 빠져나오고 있고, 어미 옆에는 갓 태어난 새끼 한 마리가 놓여 있어서 이미 어미가 한 마리 이상을 낳은 뒤라는 사실을 보여준다. 이를 통해 익티오사우루스의 육지 조상은 새끼를 머리부터 낳았고 초기의 익티오사우루스도 마찬가지로 머리부터 낳는 방식을 고수했지만, 이후 꼬리부터 낳는 쪽으로 바뀌었으리라고 추정할 수 있다. 카오후사우루스 표본은 태아 탄생 과정이 보존된, 세계에서 가장 오래된 척추동물 화석이다.

비록 아주 오래전에 일어난 일이긴 하지만, 이 순간은 오래전 멸종된 파충류의 생식에 대한 직접적인 증거로 남았다. 이 놀라운 발견이 없었다면 영영 알아내지 못했을 것이다.

새끼를 낳는 능력은 익티오사우루스가 번성할 수 있었던 가장 큰 이유 가

---

* 중국 안후이安徽성의 호수 차오후巢湖에서 딴 '차오후의 도마뱀'이라는 뜻의 이름이다.

운데 하나였을 것이다. 당시 환경에서 새끼를 낳는 것은 여러 장점이 있다. 무엇보다 어미 뱃속에서 자란 새끼들은 (대체로) 잘 발달된 채 태어나기 때문에 거의 즉시 스스로 먹이를 먹으며 자립할 수 있다. 예를 들어 내가 '이클렛icklets'이라고 즐겨 부르는 익티오사우루스 새끼들은 물고기를 잡아먹을 준비가 된, 바늘처럼 뾰족하고 날카로운 원통형 이빨을 제대로 장착하고 태어났다.

그렇지만 태아 출산에는 한계가 있는데, 특히 어미에게 큰 부담을 지운다는 점에서 그렇다. 태아가 충분히 영양분을 공급받고 제대로 발달하려면 어미가 그만큼 먹이를 많이 먹어야 한다. 물속에서 출산하는 과정도 엄청나게 큰 위험이었을 것이다. 고래나 돌고래처럼 익티오사우루스도 물 바깥에서 호흡했다. 만약 출산하는 시간이 길어지거나 다른 어떤 문제가 생기면 어미는 출산 도중에 숨을 쉬기 위해 수면으로 올라가야 하는데, 그때 포식자로부터 공격을 받을 위험이 있다. 더 안 좋은 상황으로, 물속에서 너무 오래 버티다가 익사할 수도 있다. 출생 직후 막 세상에 나온 이클렛들 역시 수면으로 올라가 첫 호흡을 해야 했고, 역시 같은 위험을 감수해야 했을 것이다.

이런 여러 문제 탓에 바닷속 출산은 위험이 가득하지만, 멸종한 해양 파충류들에게는 성공적인 전략이었고, 그것은 오늘날의 해양 포유류에게도 이어지고 있다. 이 전략으로, 익티오사우루스는 진화적 적응이라는 놀라운 위업을 달성한 최초의 거대한, 두 번째 수생동물의 일원으로서 바다에 완전히 정착할 수 있었다.

푸르른 바닷속의 죽음

그림 1.8 (앞페이지) 약 1억 8000만 년 전 쥐라기의 따스한 바다에서 임신한 스테놉테리기우스가 분만 도중 합병증에 시달리고 있다.

쥐라기의 짝짓기:
영원으로 남은 순간

지금도 누군가는 섹스를 하고 있다. 날마다, 일초일초마다, 바다에서, 육지에서, 하늘에서, 동물들은 교미를 하고 자신의 유전자를 다음세대로 물려준다. 그런데 여러분이 수백만, 수천만 년 동안 섹스하는 상태 그대로 붙들려 있다고 상상해보라. 오로지 과학자들이 여러분의 모든 것을 빠짐없이 세세하게 연구해서 그 결과를 전 세계의 모든 사람이 볼 수 있도록 하기 위해서. 여러분은 '섹스하다가' 그대로 화석이 된 가장 불행한 개체임에 틀림없다.

동물들이 '한창 그걸 하던' 중에 화석이 되기란 거의 불가능해 보인다. 예상할 수 있듯이, 성교 중인 화석기록은 아주아주 드물다. 그래서, 성교 중인 척추동물 화석은 겨우 두어 개뿐이고, 대다수는 50개쯤 되는 무척추동물 화석 표본이다. 그중 대부분은 나무에서 나오는 끈적한 수지가 굳어 만들어진 호박에 갇힌, 나방, 모기, 벌, 개미 같은 곤충들이다. 하지만 이 분야에서 가장 오래된 화석기록은 1억 6500만 년 전의 쥐라기 암석에 보존된 한 쌍의 거품벌레froghopper다.

마치 개구리frog를 닮은 얼굴 생김새와 기록을 뛰어넘는 점프[hopping] 능력 때문에 영어로는 '프로그호퍼'라 불리는, 지금도 전 세계에 약 3000종이 있는 이 작은 곤충은 나무 수액을 빨며 산다. '침벌레spittlebug'(우리말로는 거품벌레-옮긴이)라는 이름은 이 곤충의 유충이 내는 침과 같은 거품에서 붙여진 것인데, 식물에 붙은 이 거품은 거품벌레가 수액을 빠는 동안 마치 고치처럼 이들을 보호해준다.

교미 중인 거품벌레 화석은 중국 북서부 내몽골의 다오후고우道虎溝 마을에서 발견되었다. 매우 잘 보존된 화석이 쏟아져나오는 이 지역의 쥐라기 중기 퇴적층에서는 몸길이 2센티미터 이하의 거품벌레 화석만 1200점 넘게 발견되었다. 화산이 폭발하며 분출된 화산재가 인근 호수에 쌓일 때 같이 쓸려간 동물들이 함께 매장된 덕분에 놀랍도록 잘 보존된 화석이 남게 된

그림 1.9 교미 중에 그대로 보존된 거품벌레(안토스키티나 페르페투아) 화석. 오른쪽이 수컷, 왼쪽이 암컷이다. (사진 제공: 런둥任東)

것이다.

이 표본들은 베이징 서우두首都사범대학교 생명과학대학에 있는 20만 점 이상의 방대한 곤충 화석 컬렉션에 포함되었다. 화석의 주인공들은 이미 멸종한 과에 속하는 것으로 밝혀졌고, 안토스키티나 페르페투아*Anthoscytina perpetua*라는 새로운 종명을 받았다. 둘의 영원한 포옹을 기리는 의미로 '영원(한 사랑)'을 뜻하는 라틴어 perpet에서 따온 이름이다.

둘이 서로 얼굴을 마주하고 누워 있긴 하지만, 이 한 쌍이 짝짓기 중이라는 것은 어떻게 확신할 수 있을까? 1200점의 표본 중 200점은 수컷과 암컷의 생식기가 잘 보존되었다는 점에서 특별하다. 수컷에겐 관 모양의 긴 삽입기가 달려 있고 암컷에겐 주머니 모양의 교미낭이 있다. 포유류의 음경이나 질만큼 완전하진 않지만, 그림으로 확인할 수 있다. (마찬가지로 대칭적인 생식기를 갖고 있는 현생 거품벌레에서도 같은 기관을 찾아볼 수 있다.) 짝짓기 중인 한 쌍은 서로 배를 맞대고 누워 있지만, 실제로는 현생 거품벌레의 전형적인 짝짓기 자세와 마찬가지로 옆으로 나란히 서서 수컷의 삽입기를 암컷의 교미낭에 바로 집어넣었을 것이다. 삽입기가 삽입되는 부분의 몸체는 구부러져 있는데, 이는 수컷의 몸통 끝부분의 체절들이 유연하고 짝짓기 중에 비틀릴 수 있어서 삽입기의 삽입을 수월하게 해준다는 것을 알려준다.

이 화석이 짝짓기 중인 거품벌레를 품고 있다는 사실에는 의심의 여지가 없다. 둘의 생식기와 짝짓기 자세는 이들의 현생 후손과 일치하며, 이는 둘의 생식행위가 1억 6500만 년 동안 이어져왔음을 나타낸다.

거품벌레의 교미

그림 1.10 (앞페이지) 거품벌레 안토스키티나 페르페투아 한 쌍이 거대한 용각류가 지나가는 것도 의식하지 못한 채 교미에 몰두하고 있다.

임신한 수장룡 플레시오사우루스

흔히 '수장룡'이라고 부르는 플레시오사우루스는 선사시대 동물의 상징 중 하나로 꼽힌다. 익티오사우루스와 마찬가지로 헤엄치는 공룡으로 잘못 알려지곤 했지만, 플레시오사우루스는 노나 지느러미를 닮은 네 개의 다리로 물속, 대부분은 바닷속을 헤엄치며 살았던 육식 파충류다. 200년도 전에 발견된 뒤로, 과학자들과 대중은 이 신비한 동물이 어떻게 번식했는지 고민해왔다. 물에서 낳았을까, 육지에서 낳았을까? 알을 낳았을까, 새끼를 낳았을까? 뼈대의 생김새, 특히 유연하지 않은 지느러미가 몸체에 굉장히 약하게 붙어 있었던 것을 보면 플레시오사우루스는 땅으로 올라올 수 없었고, 그것은 이 동물들이 물에서 새끼를 낳았으리라는 걸 암시한다. 하지만 같은 시대의 동료 익티오사우루스와 달리, 플레시오사우루스의 번식 과정이 담긴 화석은 단 한 점도 발견되지 않았다. 2011년까지는.

정확히 말하자면, 2011년이 아닌 1987년이라 해야 옳다. 그해에, 캔자스 로건카운티 보너 랜치에 있는 사유지에서 늘 하던 대로 하이킹을 즐기던 노련한 화석사냥꾼 찰스 보너는 우연히 바위들 바깥으로 삐어져나온 화석화한 뼈들을 발견했다. 뭔가 특별한 것일지도 모른다고 직감한 찰스는 가족의 도움을 받아 그것들을 파냈다. 그 뼈들은 7800만 년 전의 플레시오사우루스 것으로, 서로 연결된 채 거의 완벽하게 보존되어 있었다(뼈들이 여전히 이어진 상태로 대부분의 뼈대가 제자리에 있었다). 뿐만 아니라 더 작은 뼈대 하나가 흉곽 근처에 놓여 있었다. 이 소식을 전해들은 로스앤젤레스카운티 자연사박물관 고생물학자들은 흥분을 감출 길이 없었다. 그런 반응에 감명을 받은 보너 가족은 과학자들이 이 뼈대를 연구해주길 기대하며 기꺼이 화석을 박물관에 기증했다. 그때, 고생물학자들은 내심 이 표본이 어미와 새끼가 함께 보존된 거라고 확신했고, 그것은 플레시오사우루스가 새끼를 낳는다는 최초의 명백한 증거였다. 하지만 표본은 아직 많은 부분이 암석 덩어리에 묻혀 있었기에, 여분의 암석을 걷어내지 않고는 가정이 맞는지 그른지 검증할 도리가 없었다.

해양 동물 화석이 내륙인 캔자스에서 발견된 것이 이상해 보일지도 모른다. 하지만, 백악기 중기에서 후기까지의 기간에는 서부내륙해Western Interior Seaway라 불리는 따뜻한 내해가 북미대륙 중서부를 세로로 길게 덮어, 지금의 미국을 땅덩어리 둘로 나눠놓고 있었다.

시간을 건너뛰어 2000년대 중반, 해양화석관을 포함한 새로운 고생물전시실을 만들 계획을 세우던 로스앤젤레스카운티 자연사박물관이 플레시오사우루스에 관심을 기울이기 시작했다. 이제, 표본이 수집품 속에 내팽개쳐진 채 몇 년이고 방치되는 상황이 아니었다. 정반대였다. 그처럼 부서지기 쉬운 희귀한 화석을 깨끗하게 세척하고 보존처리하는 데에는 비용이 많이 들기 십상이므로, 돈을 마련해야 했다. 몇 년에 걸쳐 정성을 다한 숙련된 손질을 거쳐 표본이 제 모습을 완전히 드러냈고, 전시 전의 연구에 들어갈 채비가 갖추어졌다.

표본 세척을 지휘한 박물관의 연구 및 수집 팀장 루이스 치아페는 표본의 과학적 가치를 깨닫고 웨스트버지니아 마셜 대학교의 고생물학자 로빈 오키프에게 연락했다. 다년간 플레시오사우루스를 연구해온 오키프는 이 분야의 세계적인 전문가로 인정받고 있었다. 두 사람은 함께 표본에 숨겨진 이야기를 풀어내기 시작했다.

먼저, 이미 알려진 플레시오사우루스류 종들과 뼈대를 비교해, 목이 짧은 종인 폴리코틸루스 라티피누스*Polycotylus latippinus*의 성체 표본이라는 사실을 확인했다. 이 종은 역시 캔자스에서 발견된 파편 표본을 바탕으로 1869년에 등재된 바 있다. 종의 동정이 끝나자, 모든 관심이 지극히 중요한, 태아일 가능성이 있는 뼈로 쏠렸다. 이 작은 뼈대는 불완전했고, 제대로 골화되지 않았으며, 대부분은 서로 분리된 뼛덩어리들로 이루어져 있었다. 그 개체의 뼈를 다 모아 계산해보니, 여러 개의 척추, 갈비뼈, 그리고 골반뼈 일부와 어깨뼈를 포함해 전체 뼈대의 60~65퍼센트가 남아 있었는데, 그중 일부는 성체의 오른쪽 앞지느러미와 뒤섞여 있었다. 이 작은 개체

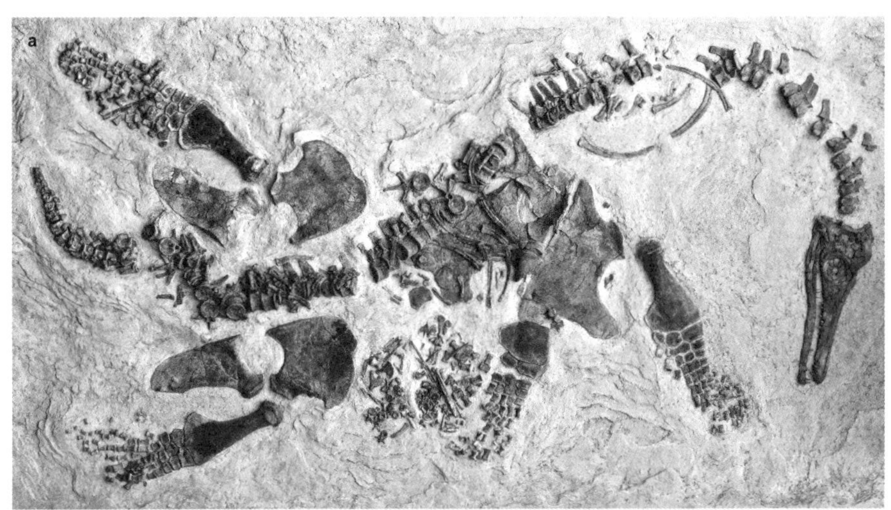

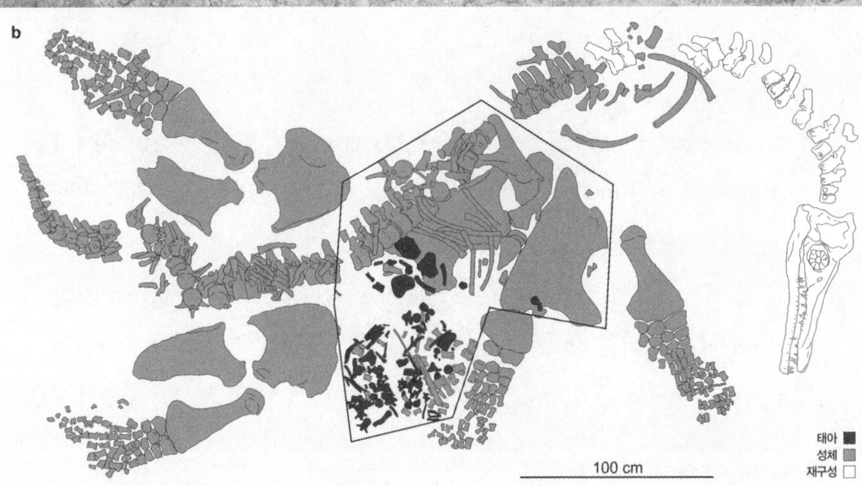

그림 1.11 플레시오사우루스류. 임신한 폴리코틸루스 라티피누스의 사진(A)과 이를 해석한 그림(B) (사진 제공: 로스앤젤레스카운티 자연사박물관 공룡연구소)

는 성체와 함께 발견되었기에 태아일 가능성이 크지만, 그걸 확정하려면, 특히 단순히 죽은 뒤에 성체 옆에 놓이게 되었거나 성체가 어린 개체를 잡아먹었을 경우를 포함한 다른 시나리오들을 소거해야 했다.

그런 다른 가설들을 반박하자면, 우선 작은 뼈대의 일부가 성체의 몸안에 있었기 때문에 어린 개체가 성체 옆으로 왔다는 가정은 성립할 수 없다. 작은 뼈대 역시 어미와 같은 폴리코틸루스 라티피누스로 동정되었다. 또한 어린 개체가 성체의 마지막 식사거리였을 경우 뼈대에 남아야 하는 이빨 자국이나 위산에 부식된 흔적이 없었으므로, 성체가 어린 개체를 잡아먹었다는 증거도 존재하지 않았다. 이 작은 뼈대는 틀림없이, 태어나지 못한 태아다.

몸길이가 4.7미터에 달하는 성체와 비교하면 태아의 뼈대가 지나치게 작아 보이지만, 이는 착시일 수 있다. 뼛조각들을 재고 그 길이를 더해서 추정한 태아의 키는 약 1.5미터로, 어미의 32퍼센트 정도였다. 하지만 뼈대가 완전히 골화되지 않은 것으로 보아 태아는 아직 덜 자란 상태였으며, 월령을 모두 채우고 태어날 때가 되면 어미 몸길이의 40퍼센트에 이를 것으로 짐작된다. 아주 거대한 아기다. 사실 인간에 비유하자면 여섯 살짜리 어린이를 낳는 것과 같다!

익티오사우루스 같은 다른 해양 파충류는 보통 크게 자란 한 마리가 아니라 작은 새끼 여러 마리를 한꺼번에 낳는다. **r-선택**이라 부르는 번식전략* 으로, 많은 새끼를 낳음으로써 소수의 여러 마리가 살아남을 가능성이 커지는 대신 새끼 모두가 살아남을 가능성은 거의 없다. 질보다 양을 택한 결과다. 이 전략은 새끼를 양육하는 데에 아주 적은 힘만 쓰거나 아예 양육하지 않고 내버려두어도 되기 때문에 어미가 받는 부담도 적다. 반면, 어미 플레

* r-선택과 K-선택은 1967년에 로버트 맥아더와 에드워드 윌슨이 섬생물지리학 연구를 통해 제창한 것으로, r은 '생물군의 (최대) 내적성장률rate', K는 '환경의 (최대) 수용능력capacity limit(독일어 Kapazitätsgrenze)'의 머리글자다.

시오사우루스의 뱃속에 큰 태아 한 마리만 보존되었다는 것은 이 동물이 새끼 한 마리를 양육하는 데에 어미의 모든 힘과 시간을 쏟는 **K-선택** 번식전략을 택했다는 사실을 의미한다. 플레시오사우루스의 이런 전략은 해양 파충류에게서는 매우 드물게 나타난다. 물론 이런 식으로 발견된 플레시오사우루스가 단 한 개체뿐이기 때문에 모든 플레시오사우루스가 같은 전략을 구사했다는 결론을 내리기엔 아직 이르다. 그렇지만 오늘날 이 전략은 해양 포유류에게서 흔히 발견된다. 이들은 한 번에 한 마리씩만 잉태하며, 심지어 임신기간이 2년을 넘는 경우도 있다. 또 해양 포유류는 장기에 걸쳐서 새끼를 돌보고 사회적 행동도 보여주기 때문에 플레시오사우루스 역시 새끼들을 무리지어 보살폈을 가능성이 있다.

이 놀라운 발견은 지금까지 기록으로 남은 유일한 임신 상태의 플레시오사우루스류다. 이 발견 덕분에 플레시오사우루스의 번식행동에 대한 200년이 넘는 수수께끼가 풀렸고, 플레시오사우루스가 누린 삶의 주기에 대한 매력적인 통찰도 시작될 수 있었다.

K-전략

그림 1.12 (앞페이지) 폴리코틸루스 라티피누스 한 마리가 거대한 새끼를 낳는 동안 동료들이 상어(스쿠알리코락스 *Squalicorax*)가 접근하지 못하도록 막고 있다.

고래가 육지에서 새끼를 낳던 시절

흰긴수염고래는 지구상에서 가장 거대한 동물이다. 기록된 최대 몸길이 33미터, 몸무게는 다 자란 아프리카코끼리 25마리분과 같다. 아마도 지금까지 진화해온 동물 가운데 가장 거대할 테고, 목이 긴 거대 용각류 공룡이 유일하게, 어쩌면 거기에 더해 초대형 익티오사우루스 정도만이 크기로 경쟁할 수 있을 것이다. 현생 고래는 크게 두 종류로 나뉜다. 흰긴수염고래가 속한 수염고래와 향유고래, 돌고래, 쇠돌고래 등을 포함하고 있는 이빨고래다. 이 둘을 합쳐 고래목이라고 한다. 고래목은 포유류이기 때문에 반드시 공기로 호흡해야 하지만, 물속 삶에 완전히 적응한 덕에 평생 육지로 올라오지 않고 물속에서만 살아간다. 하지만 오늘날 전 세계 바다를 지배하는 이 위엄 넘치는 해양 포유류의 기원은 육지에 있다.

백악기 말인 6600만 년 전, 비非조류 공룡들을 지구상에서 제거해버린 거대한 소행성 충돌의 충격파는 바다로도 전해졌다. 수백만 년간 군림했던 거대한 해양 파충류들은 멸종의 길을 걸었다. 이들이 떠나고 남은 바다의 빈자리는 차츰 새로운 수생동물들, 다시 말해 고래목으로 채워져갔다. 그렇지만 고래목이 바다의 최강 포식자 지위를 굳히기까지는 2000만 년이 넘는 진화의 시간이 필요했다.

늑대만 한 크기, 아주 기능적으로 진화한 다리, 숨구멍 없이 매끈한 정수리 등 초기의 걷는 고래들은 지금 우리가 아는 고래와는 전혀 닮지 않았다. 이들은 에오세 중기부터 후기에 해당하는 약 5400만 년 전, 현재의 인도와 파키스탄 지역에서 기원해 여러 종으로 나뉘었다. 이들의 두개골과 뼈대, 특히 귀와 발목뼈의 생김새로부터 이들이 원시적인 고래라는 사실을 알아낼 수 있었다. 이들은 수륙양서동물이었으리라 추정된다. 해안 환경에서 살며 바닷속의 어류를 잡아먹었지만, 육지에서 휴식을 즐기고 짝짓기를 하고 새끼를 낳았다. 이들의 생활양식은 겉보기에는 물속에서 먹이를 먹고 땅에서 짝짓기를 한 뒤 알을 낳는 오늘날의 바다이구아나와 비슷할지도 모른다.

그렇게 바다와 육지를 오가며 살았던 초기 고래 중 하나로 파키스탄 코흘루 지역에서 2000년과 2004년 각각 성체의 뼈대가 발견된 뒤 2009년 저명한 화석 고래 전문가 필립 깅거리치와 동료들이 등재한 종이 마이아케투스 이누스*Maiacetus inuus*다. 약 4750만 년 전에 살았던 이 종은 몸길이 2.5미터 정도로, 처음 등장했던 고래들보다 조금 몸집이 커졌고, 상대적으로 짧긴 하지만 잘 발달된 다리와 발을 지니고 있었다. 발가락이 특히 길고 발가락 사이에 확실한 물갈퀴가 달려 있어서, 발을 지느러미처럼 쓰면서 헤엄쳤지만 뭍에서 걸어다닐 수도 있었다는 걸 알 수 있다. 이 조상 고래들이 늘 보존상태가 좋지 않거나 조각조각 부서진 유해로만 발견되었던 터라 이것은 인상적인 사건이었는데, 이 화석은 거기에 더해 초기 고래의 출생의 비밀까지 담고 있었다.

마이아케투스의 한 표본은 성체 갈비뼈 사이에 꽤나 커다란 태아 한 마리의 섬세한 두개골과 뼈대 일부가 함께 보존되어 있었다. 마이아케투스*Maiacetus*라는 이름은 그리스어 '엄마Maia'와 '고래ketos'를 합친 '엄마고래'라는 뜻이다. 화석으로 발견된 이 종이 임신 중이어서 이런 이름이 붙었다. 이 표본은 초기의 걷는 고래 중 유일하게 임신 상태로 발견된 화석이다. 뱃속에 태아가 한 마리만 있는 것은 한 번에 한 마리씩 낳는 현생 고래와 같다. 하지만 새끼가 다리부터 태어나는 현생 고래와 달리, 마이아케투스 태아는 육상 포유류의 전형적인 방식인 머리부터 태어나는 자세를 하고 있었다. 초기의 고래들이 육지에서 새끼를 낳았다는 증거다.

태아의 두개골은 17센티미터에 불과하지만, 보존되지 않은 부분까지 고려하면 전체 몸길이는 약 65센티미터로 추정된다. 어미 몸길이의 4분의

1에 해당하는 길이다. 이 큰 몸과 이미 영구치인 첫 번째 어금니가 돋아날 만큼 잘 발달된 두개골을 보면 태아는 탄생이 머지않았을 것이다. 현생 해양 포유류가 그렇듯이 이 정도로 발달된 태아는 조숙한 상태로, 태어나자마자 자유롭게 걷거나 헤엄치고 자신의 힘으로 포식자를 피할 수 있으며 어미 젖을 대신할 먹잇감까지 잡아먹었을 가능성이 크다.

임신한 마이아케투스는 명백히 암컷이다. 그런데 더 완벽한 상태로 보존된 다른 성체 표본은 이 암컷보다 몸이 조금 더 크고, 송곳니 역시 20퍼센트가량 더 크다. 이런 작은 차이들은 성적 이형을 나타내며, 더 큰 쪽이 수컷일 것이다. 현생 육상 포유류와 해양 포유류 모두 수컷과 암컷 사이에 비슷한 차이가 있다는 것을 고려하면 그럴듯한 해석이다.

걷는 고래가 완전한 수생동물로 변하기까지의 과정은 진화의 교과서적인 예시다. 고래는 새로운 뭔가를 할 필요가 없었다. 대신, 그들은 새 주인을 기다리는 생태계의 빈자리(niche: 보통 생태적 지위라고 한다—옮긴이)를 슬그머니 차지했다. 이 특별한 걷는 고래 임부의 발견은 육지와 바다를 오가던 초기의 고래들이 어떻게, 그리고 어디(육지)에 새끼를 낳았는지에 대한 우리의 이해를 높여주었다. 이 과정은 고래들이 바닷속의 삶에 적응하면서 서서히 변해갔다. 새끼를 낳는 육상의 조상으로부터 진화한 해양 파충류들이 물속으로 뛰어들어 두번 다시 돌아오지 않았던 수천만 년 전의 일과 무척이나 닮은꼴이다.

삶으로 곤두박질치다

그림 1.13 (앞페이지) 걷는 고래 마이아케투스 이누스 새끼가 해변에서 머리부터 태어나고 있다.

백악기 조류의 성별은?

화려한 깃털, 뾰족한 볏, 변화무쌍한 색깔 등, 조류는 동물계에서 시각적으로 가장 다채로운 모습을 보여주는 몇몇 구조를 지니고 있다. 그런 장식물들은 자신의 성적 매력을 뽐내어 무리 속에서 자신을 돋보이게 함으로써 성선택에서 중요한 역할을 한다. 대개는 수컷들이 늘 화려하고 다채로운데, 짝짓기철에는 흔히 무척이나 요란한 깃털을 과시한다. 그냥 수컷 극락조의 휘황찬란한 깃털만 떠올려보아도 되겠다. 반대로, 조류에는 암수의 차이를 감지하기 어려운 종도 많아서, 몇몇은 겉보기로는 안 되고 소리를 들어야 구분할 수 있는 경우도 있다.

현생 조류의 성적 이형이 깃털로 나타나는 것을 고려하면, 선사시대 조류들도 마찬가지로 구별되었으리라 생각하는 것이 맞다. 깃털까지 잘 보존된 화석들을 통해 그런 차이점들이 발견되었지만, 어떤 차이점이 성적 이형의 지표라는 걸 어떻게 보장할까? 꽤나 번거로워 보이기는 해도, 깃털이 이례적일 정도로 잘 보존된 화석들을 통해 답을 찾아낼 수 있다.

1995년, (조류를 포함한) 깃털공룡 화석이 잔뜩 나오는 곳으로 유명한 중국 북동부 랴오닝遼寧성의 제홀 생물군*에서 발견된 이빨 없고 부리가 있는 조류 콘푸키우소르니스 상투스*Confuciusornis sanctus***가 등재되었다. 처음에는 쥐라기 지층에서 나온 것으로 생각했지만, 이후 약 1억 2500만 년 전인 백악기 초기의 동물로 바로잡았다. 첫 발견 이후 이 까마귀만 한 원시 조류의 화석 수천 개가 발굴되었다. 많은 화석들이 이례적으로 상태가 좋아

---

* Jehol Biota: 제홀은 지금은 허베이성, 랴오닝성, 내몽골자치구로 나뉜 옛 열하熱河성의 별칭으로, 중국에서는 열하 생물군이라 한다.

** '신성한/성인 공자(孔子, Confucius)새'라는 뜻이다.

서, 아름다운 깃털에 흔히 피부까지, 심지어 몇몇은 비늘로 덮인 다리 피부와 발톱 겉면의 각질까지 고스란히 남아 있었다.

머리부터 꽁지까지 콘푸키우소르니스의 몸에 깃털이 나 있었다는 건 틀림없는 사실이다. 하지만 표본들의 깃털에는 두드러진 차이가 보인다. 두 가지 뚜렷한 변이가 있는데, 둘은 뼈대의 구조는 같지만 두 개의 긴 꽁지깃이 있고 없고가 다르다. 긴 띠 모양의 꽁지깃은 몸통보다 길며, 현생 조류와 마찬가지로 꼬리뼈(미추)들이 하나의 단단한 뼈(미단골)로 융합되어 만들어진 매우 짧은 꼬리에서 뻗어나와 있다. 게다가 놀랍게도, 하나의 암석 판에서 두 변이를 가진 여러 마리의 콘푸키우소르니스 화석들이 함께 발견되기도 했다.

현생 조류 극락조의 한 종인 리본꼬리 아스트라피아ribbon-tailed astrapia 수컷은 자기 몸길이의 세 배가 넘는 긴 꽁지깃을 가지고 있다. 이 장식용 깃털의 유무가 성적 이형을 나타낸다. 대부분의 학자들이 콘푸키우소르니스 역시 깃털의 차이가 같은 방식으로 작용한다는 데에 동의한다. 꽁지깃이 길면 수컷, 없으면 암컷이라는 것이다. 다른 해석들, 그 차이는 낡은 깃털이 빠지고 새로운 깃털이 나는 털갈이 때문이라거나, 꽁지깃은 나이와 연관된 것으로 짝짓기를 할 만큼 성적으로 성숙한 개체들에게만 나타났을 거라는 가설도 제기되었다.

한 연구팀은 암수구별 가설을 검증하기 위해 수컷으로 추정되는 콘푸키우소르니스 세 마리와 암컷으로 추정되는 여섯 마리의 화석에서 작은 뼈 표본들을 모았다. 이들은 현미경을 써서 암컷이 산란기에 접어들 때 생기는 특별한 골조직인 골수골을 찾아나섰고, 암컷으로 추정된 표본들 가운데 하나에서 골수골을 확인했다. 반면, 수컷들에서는 골수골의 어떤 증거도 볼 수 없었다. 이 연구 결과는 꽁지깃이 없으면 암컷, 있으면 수컷이라는 이론을 뒷받침할 뿐만 아니라 골수골이 보존된 암컷 개체는 죽기 전 배란 중이거나 알을 낳을 준비가 된 상태 또는 알을 낳은 직후였다는 사실까지 시사한다. 골수골이 다른 암컷들에서는 발견되지 않은 것은 그 암컷들이 산란기가 아닐 때 죽었기 때문이다.

콘푸키우소르니스의 성적 이형을 강조할 수 있는 추가 요소는 깃털의 색상과 무늬다. 판타지처럼 들릴지도 모르겠지만, 몇몇 콘푸키우소르니스 깃털들을 연구한 결과 몸은 전체적으로 회색이나 검은색 같은 어두운 색깔을 띠고 날개는 조금 더 밝은 색깔이었다는 사실을 알아낼 수 있었다. 한 놀라운 표본은 날개, 볏, 목의 작은 반점들을 포함한 복잡한 무늬까지 보여주었다. 더 많은 연구들이 필요하지만, 오늘날의 새에서 전형적으로 나타나듯이 그 색상과 무늬가 성적 과시용인지 아니면 위장용인지는, 깊이 생각해보면 볼수록 흥미진진한 일이다.

콘푸키우소르니스 화석의 놀라운 보존상태와 그 풍부한 양은 1억 2500만 년 전 선사시대 조류의 성적 이형에 대한 희귀하고 매혹적인 관점을 제공한다. 깃털이 없었다면 결코 수컷과 암컷을 구별할 수 없었을 것이

그림 1.14 깃털이 아주 아름답게 보존된 이례적인 콘푸키우소르니스 상투스의 두 표본. 수컷(왼쪽)에겐 띠처럼 생긴 매우 긴 꽁지깃이 있지만, 암컷(오른쪽)에겐 없다. (사진 제공: 왕융둥王永棟, 중국과학원 난징 지질고생물연구소)

BOB NICHOLLS 2020

다. 현생 조류와 비교했을 때, 깃털의 차이는 수컷 콘푸키우소르니스의 매우 정교한 꽁지깃이 성적 과시에서 중요한 역할을 했음을 강하게 시사한다.

내가 최고의 신랑감이라니까!

그림 1.15 (왼쪽 페이지) 수컷 콘푸키우소르니스 상투스가 자신의 몸짓을 살펴보는 암컷 앞에서 두 날개와 꽁지깃을 활짝 펴고 제 매력을 과시하고 있다.

짝짓기 중의 날벼락

화석 탐사가 가장 짜릿짜릿한 것 가운데 하나는 언제나 과학적으로 완전히 새로운 뭔가를 발견할 기회가 있다는 사실이다. 물론 무엇을 찾을지는 전혀 예언할 수 없다. 그렇지만 아무리 뛰어난 화석 연구자라고 할지라도, 짝짓기를 하고 있는 4억 7000만 년 전의 거북 한 쌍을 발견하고는 엄청난 충격을 받지 않을 도리가 없었을 것이다.

이 표본은 척추동물의 섹스 행위가 더할 나위 없이 명백하게 담긴 최초이자 가장 오래된 화석기록이다. 다시 말해 두 동물은 실제로 교미를 하던 중의 자세 그대로 발견되었다. 한 쌍의 동물이 교미를 하던 중에 함께 죽어 온전한 상태를 고스란히 유지한 채 화석으로 남을 확률이 얼마나 희박한지를 고려하면, 정말 대단한 발견이다. 조건이 완벽하게 맞아떨어져야 하니까 말이다.

거북들은 한때 무성한 열대숲으로 둘러싸였던 선사시대 호수에서 살았다. '메셀 피트'로 알려진 독일 중서부 프랑크푸르트 인근의 이 지역은 유모혈암* 광산이 있던 곳으로, 지금은 유네스코 세계문화유산이다. 지름은 작지만 깊이는 약 300미터에 이르는 화산분화호였던 메셀 피트는 죽음의 덫이 되어 수천의 동식물을 보존하고 있다. 호수 상층부는 동물이 자유로이 헤엄치며 다니는 서식지였지만, 하층부에는 화산가스와 썩어가는 유기물로 인해 유독성 물이 고여 있었다. 멋모르고 하층부로 뛰어들거나 떨어진 동물들은 곧바로 죽고 말았다.

메셀에서 발견된 셀 수 없이 많은 화석들 가운데에는 10쌍이 넘는 수컷

---

* 油母頁巖: 유기물을 풍부하게 함유한 퇴적암으로, 정제해 원유나 천연가스를 얻는다. 오일셰일, 혈암이라고도 부른다.

과 암컷 거북도 있다. 모두 정찬용 접시만 한 크기의 종, 알라이오켈리스 크라세스쿨프타*Allaeochelys crassesculpta*에 속한다. 이 쌍들은 서로 딱 붙어 있거나 30센티미터 이하의 가까운 거리에 있으며, 모든 개체가 몸 끝이 상대를 향하고 있다.

거북은 기원이 적어도 2억 4000만 년 전으로 거슬러올라가는 아주 오래된 동물이다. 이빨이 없고 입이 부리 모양인 현생 거북과 달리, 초기 종들은 이빨이 있었고, 심지어 어떤 종들은 우리가 거북을 거북이라고 규정하는 바로 그것, 등딱지도 없었다. 현생 거북을 살펴보면 알라이오켈리스의 성별을 구별할 수 있다. 파푸아뉴기니와 오스트레일리아 북부에서 주로 발견되며 이름과 생김새가 딱 들어맞는 (알라이오켈리스의 가장 가까운 현생종인) 돼지코거북을 포함해 현생 거북 대부분은 수컷에게 등딱지 가장자리를 넘어 길게 뻗은 꼬리가 있는 반면, 암컷은 등딱지 가장자리에 채 닿지 않는 짧은 꼬리를 갖고 있다. 메셀에서 발견된 거북들도 마찬가지로 암수의 꼬리

그림 1.15 짝짓기 중이던 알라이오켈리스 크라세스쿨프타 한 쌍. 왼쪽이 수컷, 오른쪽이 암컷이다. (사진 제공: SGN, 촬영: 아니카 포겔)

길이가 다르다. 이 특징을 바탕으로 구별해보면, 화석으로 남은 모든 수컷 거북은 암컷보다 몸이 평균 17퍼센트 작으며, 암컷의 등딱지 연결부위가 더 유연하게 움직여 알을 낳는 데에 도움이 되었으리라는 걸 알 수 있다.

개중 두 쌍에서, 수컷은 암컷의 등딱지 아래쪽으로 꼬리를 뻗고 감싸 암컷과 직접적으로 접촉하고 있다. 현생 거북이 짝짓기할 때 꼬리를 두는 위치와 똑같다. 모든 수생 거북은 물에서 수컷이 암컷에게 올라타 교미를 한다. 이들은 흔히 그 자세 그대로 멈추어 바닥으로 가라앉을 때까지 떨어지지 않는다. 이걸 명심하자. 알라이오켈리스는 물속에서 산소를 충분히 흡수할 수 있도록 다공성 피부를 가진 거북 무리에 속한다. 그러므로 현생 친척들과 마찬가지로 수컷 알라이오켈리스는 수면 위에서 암컷에게 올라타 교미를 시작했을 것이다. 우리는 둘이 교미 과정에서 포옹을 한 채로 꼼짝도 하지 않던 중 뜻하지 않게 깊은 구렁 속으로 가라앉아 호수에 가득한 유독성 물질을 다공성 피부로 흡수하고 그대로 죽었을 거라는 이론을 세울 수 있다.

사랑, 그리고 독으로 인한 죽음. 이 이야기에는 어쩐지 로미오와 줄리엣 같은 분위기가 있다. 세계 최초이자 유일하게 알려진 짝짓기 도중의 척추동물 화석들은 선사시대 거북들이 함께 나누었던 진정으로 친밀한 순간을 담고 있다.

마지막 포옹

그림 1.16 (왼쪽 페이지) 에오세의 메셀 호수에서, 한 쌍의 알라이오켈리스 크라세스쿨프타가 무아지경의 섹스에 빠져 있다.

작은 말, 그리고 작은 망아지

발가락이 여러 개고 몸집이 고양이만 한 말이 각 발에 발굽 하나만 달고 있는 가축이 되기까지, 말의 이 진화 과정을 다루지 않은 화석과 진화 책을 찾기란 불가능하다. 화석기록으로 남은 가장 오래된 작은 말은 미국 와이오밍에서 발견된 5600만 년 전의 친구지만, 가장 완벽하고 예외로 가득한 초기 말 화석들은 독일 메셀 피트와 에크펠트의 살짝 더 젊은 4800만 년 전~4400만 년 전 지층에서 산출되었다.

우리는 앞에서, 짝짓기 중이던 거북 쌍들을 통해 메셀 화석들이 얼마나 경이로운지를 살펴보았는데, 에크펠트도 비슷하다. 이 지역은 아마도 놀랄 만큼 완벽하게 보존된, 흔히 피부와 털의 섬세한 부분까지, 가끔은 내부의 장기까지 포함한 연조직과 함께 발견되는 포유류 화석으로 가장 유명할 것이다. 여우만 한 크기에 앞발에는 발가락 4개, 뒷발에는 발가락 3개가 있는 말 에우로히푸스 메셀렌시스*Eurohippus messelensis*도 그중 하나다.

메셀에서는 멸종된 말이 네 종 발견되었는데, 그중에서도 에우로히푸스가 단연코 많다. 40개 넘게 나온 이 말의 골격 화석은 전 세계에서 발견된 원시 말 화석의 대부분을 차지한다. 어깨까지의 높이가 35센티미터 이하로, 메셀에서 나온 말 가운데 가장 작다. 윤곽이 뼈대를 둘러싸고 있는 형태로 몸의 외곽선까지 남은 표본이 여러 점 발견되었고, 심지어 몇몇은 귀가 보존되어 있고 끝부분 가까이에 몽실몽실한 털뭉치 같은 것이 달린 짧은 꼬리까지 남아 있다. 이 정도로는 놀라지 않는다면, 1987년에 아주 잘 보존된 태아를 품고 있는 임신 상태의 에우로히푸스 화석이 보고되었다는 것을 덧붙인다. 놀랍게도, 메셀에서만 임신한 에우로히푸스 여덟 마리가 확인되었고, 에크펠트에서도 임신한 조금 더 큰 종 프로팔라이오테리움 보익티

*Propalaeotherium voigti*가 발견되었다.

한 배에 한 마리씩 낳는 현생 말과 마찬가지로, 임신 상태로 화석화한 암말들 역시 한 마리의 태아만 품고 있었다. 태아의 상태는 각각 달라서, 뼈대 전체가 온전하게 남은 경우도 뒤죽박죽 섞인 경우도 있었다. 몇몇 태아들은 유치가 잘 발달된 상태였다. 모든 암말이 거의 만삭에 가까운 상태로, 뱃속의 망아지들은 인간의 무릎 사이에 쏙 들어갈 크기인 15~20센티미터까지 자라나면 태어났을 것이다. 흥미롭게도 암말 중 몇 개체는 아직 유치가 그대로 돋아 있었는데, 이는 이 친구들이 아직 성체가 되기 전에 임신했다는 걸 뜻한다.

에우로히푸스 암말의 골반은 지금의 암말들과 마찬가지로 넓은 편이다. 반면 수말들의 골반은 좁기 때문에 뱃속에 태아가 없는 경우 이 차이를 바탕으로 성별을 구별할 수 있다. 아무래도, 에우로히푸스의 임신기간을 추정하기는 어렵다. 현생 말들은 11개월 동안 태아를 품고 있지만, 포유류는 몸이 클수록 임신기간이 길어진다. 에우로히푸스의 작은 몸을 계산에 넣으

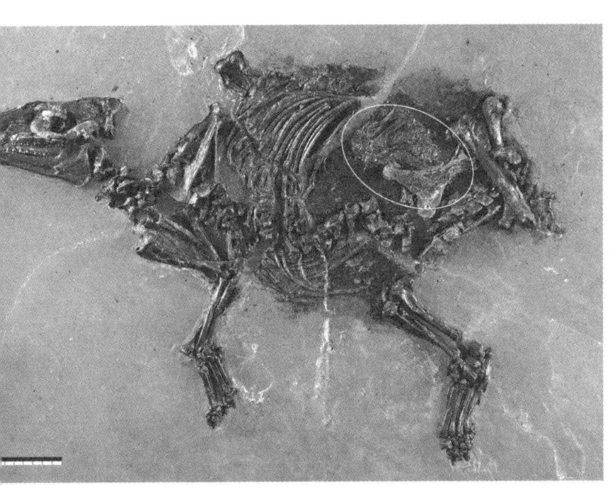

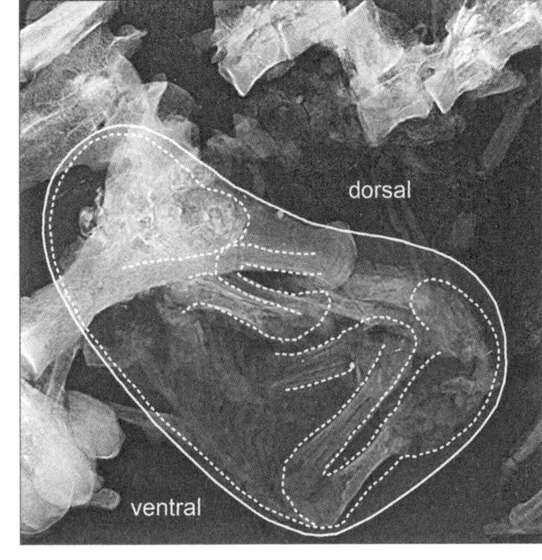

그림 1.18 뱃속에 아직 태어나지 않은 망아지를 품고 있는 임신한 에우로히푸스 메셀렌시스(왼쪽). 엑스레이로 접사 촬영한 작고 거의 완전한 망아지와, 재구성한 태아의 원래 위치(오른쪽). (사진 출처: Franzen, J. L., et al. 2015. "Description of a Well Preserved Fetus of the European Eocene Equoid Eurohippus messelensis," *PLOS One* 10, e0137985)

면 임신기간이 200일(6.5개월) 이하였을 가능성이 크다. 이것만 해도 굉장하지만, 이 임부들과 관련된 가장 대단한 발견은 몸의 연조직에 있다.

에크펠트의 프로팔라이오테리움은 놀라운 비밀을 최초로 드러냈다. 믿을 수 없게도 이 임신한 암말의 태아는 여전히 태반의 일부로 덮여 있었는데, 이는 포유류 화석에서 처음 보고된 것이었다. 하지만 모든 임신한 암말 가운데 가장 경천동지할 표본은 젠켄베르크 연구소의 연구팀이 2000년에 메셀에서 발굴한 것이었다. 암말의 골반 부분 안에 부서진 두개골을 제외하고는 거의 완벽하게 남아 연결된 태아의 뼈대가 있었던 것도 놀랍지만, 연조직의 보존상태는 타의 추종을 불허한다.

보존된 연조직 부분에 대해 알아내기 위해 표본을 강력한 주사전자현미경(SEM)으로 관찰하고 고해상도 마이크로엑스레이를 주사했더니, 그때까지 듣도 보도 못한 생식기관이 모습을 드러냈다. 태아는 자궁태반(자궁과 태반)에 감싸인 채 자궁넓은인대에 이어져 있었다. 자궁넓은인대는 자궁을 요추와 골반에 연결하고 발달 중인 태아를 받쳐주는 기관이다. 자궁태반의 표면에 있는 주름과 크기는 지금의 암말과 같았다. 이 표본은 지금까지 발견된 가장 오래된 태반 포유류의 자궁이다. 태아는 어미가 죽었을 때 이미 임신주수가 다 찼지만, 현생 말들이 태어날 때와 같이 머리를 위로 둔 것이 아니라 거꾸로 뒤집힌 역아 자세를 취하고 있었다. 이를 보아 어미는 새끼를 낳다가 죽은 것이 아니라 알 수 없는 다른 이유로 숨을 거두었을 것이다.

메셀에서 여러 마리의 에우로히푸스 화석이 발견되었다는 것은 이들이 작은 집단을 이루고 모여 살았거나 대규모 무리를 지었을 가능성을 나타내며, 여기서 부모의 양육에 대한 정보도 얻을 수 있다. 크기와 뼈대 생김새에서 보이는 명백한 차이에도 불구하고, 이 작고 경이로운 임부들은 지난 4800만 년 동안 생식에 관련된 기관들의 해부학적 구조와 그에 상응하는 행동이 거의 변하지 않았다는 사실을 보여준다.

덤불 속의 사랑

그림 1.19 (오른쪽 페이지) 에우로히푸스 메셀렌시스 무리가 메셀 호수 가장자리의 덤불에서 이동하는 동안 수말이 암말을 올라타고 있다.

제2장

양육과 공동체

- 알을 품는 공룡
- 가장 오래된 육아: 먼 옛날의 절지동물과 그의 아이들
- 땅 위에 둥지를 튼 익룡
- 메갈로돈 어린이집
- 베이비시터
- 공룡들을 삼킨 죽음의 덫
- 선사시대 폼페이: 시간에 갇힌 생태계
- 대왕조개에 갇힌 물고기들
- 스노우마스토돈: 작은 동물들의 은신처
- 거대한 부유 생태계: 쥐라기 바다를 둥둥 떠다녔던 바다나리 군체

죽은 쥐의 부패한 몸에서 자극적인 냄새가 풍겨나오고 있다. 공기 중에 퍼진 화학물질은 동물 세계의 장의사 역할을 맡고 있는, 2~3센티미터 길이의 송장벌레를 쿡쿡 찌르며 어서 빨리 이 '신선한' 사체를 차지하라고 부추긴다. 수컷과 암컷이 짝을 지어 무리를 이룬 송장벌레들은 쥐의 사체를 자신들의 땅속 보금자리로 끌고 가기 위해 서로 경쟁한다. 보금자리에서 쥐의 털을 벗겨낸 송장벌레들은 자신의 몸에서 나온 특별한 분비물로 쥐를 절인다. 암컷은 사체 부근에 알을 낳은 뒤 곤충으로서는 드물게도 알을 직접 돌보고, 수컷은 암컷 옆을 지키며 보금자리와 자식들을 보호한다. 부모는 쥐를 송장벌레 유충의 요람으로 삼는 동시에 알을 깨고 나온 유충들에게 쥐를 먹인다. 송장벌레들은 부패 전문가로서 숲 바닥의 사체들을 청소하고 포유류, 조류, 심지어 뱀까지 포함해 죽은 소형 척추동물들을 자연으로 되돌린다. 이 작은 동물들은 죽음 속에서 새 생명을 키워낸다.

이 이야기는 아마도 여러분이 예상했던 양육 스토리가 아닐 것이다. 어쩌면 좀 역겹다고 생각하는 사람이 있을지도 모른다(나는 아니다). 송장벌레 이야기는 확실히 헌신적인 암탉이 솜털이 보송보송하고 귀여운 병아리들을 정성껏 보살피는 것과 같은, 우리가 동물의 양육을 생각할 때 바로 떠오르는 모습은 아니다. 대신 이 이야기는 자손들이 최대로 살아남게 하기 위해 곤충들까지 자아낸 기이하면서도 때로는 엄청나게 복잡한 행동양식을 보여준다.

동물계에는 상상하기 어려울 만큼 다양한 양육 방식이 존재한다. 매년 새로운 예시가 보고된다. 가장 최근에 밝혀진 사실 가운데 하나는 세상에서 가장 거대한 개구리인 골리앗개구리가 자신의 올챙이들을 보호하기 위해 암석 바깥쪽에 둥지를 짓는다는 것이다. 자신이 낳은 알을 내버려두고 가버리는 많은 무척추동물들처럼 어떤 종들은 부모가 그 어떤 식으로도 양육에 참여하지 않지만, 영장류와 같이 훨씬 발달한 동물들은 자손을 키워내기 위해 수년 동안 공을 들인다.

부모는 둥지를 틀고 먹이를 먹이고 포식자로부터 보호하며 다양한 방법으로 새끼를 양육한다. 송장벌레 같은 일부 종은 새끼를 돌보기 위해 희한하고도 극단적인 방식을 발달시켰다. 구중부화종口中孵化種, mouthbrooder으로 알려진 어류들을 살펴보자. 이 어류들의 부모는 알을 자신의 입안에 담아 키워낸다. 알에서 깨어난 작은 치어들은 최장 몇 주간 부모의 입안을 피난처로 삼는다. 부모는 새끼를 위해 많은 희생을 치르는 한편, 행동에 제약이 있는 길고 긴 양육기간 동안 해를 입거나 심지어 치명적인 위험에 처하기도 한다.

많은 동물들이 무리를 이루어 산다. 거대한 펭귄 군락이나 단단하게 뭉친 코끼리떼처럼 일년 내내 함께 어울려 살아가는 종도 있는가 하면, 짝짓기 시즌 같은 특정한 시기에만 일시적으로 무리를 짓거나 만남을 갖는 동물도 있다. 송장벌레 가운데 일부 종은 간혹 무리를 짓고 동물의 사체를 함께 분해하며 유충을 공동으로 양육하다가 용건이 끝나면 각자 제 갈 길을 가곤 한다. 이처럼 공동체 생활을 하면 이점이 많다. 포식자로부터 몸을 보호하기도 쉽고 짝이나 먹이를 찾을 기회도 늘어난다. 하지만 이와 동시에 공동체 안에서 더 많은 경쟁을 해야 하고 감염병의 위험도 높아지는 것을 비롯한 여러 문제들이 있다. 동물의 공동체는 생태계 전반에 대한 풍부한 정보를 품고 있다. 다른 종과의 교류, 경쟁, 협동, 자손 보호, 복잡한 사회구조, 그리고 그 밖의 다양한 정보가 공동체에서 나온다.

지금 우리 옆에서 살아가는 동물들의 양육 행위와 공동체 생활에 대한 이해는 그들의 선사시대 조상들이 어떻게 살았는지를 짐작하는 출발점이 되어준다. 분명 오늘날의 동물들과 마찬가지로 선사시대 종들 역시 새끼를 돌봤을 테니까. 하지만 어떤 식으로 돌봤는지를 명확히 밝혀낸다는 건 글쎄… 불가능하지 않으려나.

이런 연구가 얼마나 어려운지 확실하게 알고 싶다면, 입안에 새끼들을 담고 있는 구중부화종이나 동물의 사체에 파고든 송장벌레 화석을 찾았다고 상상해보길 권한다. 이 화석 속 동물들이 무엇을 하고 있는지 알아낼 수 있을 것 같은가? 그럴지도 모르겠다. 하지만 화석에 대한 섬세한 연구와 더불어 지금 살고 있는 유사종의 가능한 한 많은 사례를 모아 비교하는 과정이 필요하다.

우리 생각과는 반대로 선사시대 공동체는 조금 더 알아내기 쉽다. 아주 조금은 말이다. 표본이 가득한 특별한 화석산지는 고생물학자에게 큰 도움을 준다. 그중 상당수를 라거슈타트Lagerstätte로 분류한다. '라거'라는 단어가 포함되어 있긴 하지만 맛나는 독일 맥주는 아니다. 라거슈타트는 어마어마하게 많은 양의 화석이 쏟아지거나, 일반적으로는 화석으로 보존되지 않는 생물의 연조직까지 정교하게 보존된 화석들이 나오거나, 이 두 가지 특징을 모두 자랑하는 굉장히 특출난 화석산지를 일컫는 말이다. 제1장에서 다룬 메셀 피트나 이 장 후반부에 등장할 버제스 셰일이 라거슈타트의 대표적인 예다. 이런 화석산지는 당시 동물들이 어떻게 어울려 살며 상호 작용했는지를 그려내는 데에 도움을 주는 아주 다양한 화석을 보존하고 있기 때문에 고생태를 이해할 멋진 기회를 안겨준다. 특정 지층에서 수백~수천 종의 동식물을 한꺼번에 발견할 수도 있는데, 이는 당시 환경이 어땠는지 알아내는 데에 도움을 줄 수 있다. 고생물학자는 화석을 기반으로 어떤 동물이 무리를 지어 살았는지, 어떤 동물이 최상위포식자인지 등을 추측할 수 있다. 그럼에도 불구하고, 이런 화석이 가득한 산지는 (자주) 직접적인 증거가 아니라 그저 단서만을 제공할 뿐이다.

앞에서 말한 행동들을 확실하게 밝혀내기 위해 뭐랄까, 어미가 알 또는 새끼와 함께 묻혀 있거나 서로 뭔가를 하던 동물 집단이 한 암석에서 한꺼번에 발견되는 것 같은 직접적인 증거가 필요해 보인다. 음, 이런 화석이 있을 땐 무엇을 하면 좋을까? 이 장에서는 고르고 고른 몇 가지 특별한 화석들의 세계로 뛰어들어 깊은 시간 속에 묻힌 채 멈춰버린 오래전 동물들의 양육과 공동체 생활을 조금이나마 들춰볼 것이다.

알을 품는 공룡

몽골의 고비사막은 공룡 연구의 성지다. 1923년, 유명한 플래밍 클리프 화석산지를 탐사하던 미국자연사박물관 연구팀이 몇 가지 신종을 발견했다. 그중에는 목이 길고 두개골이 짤막하며 이빨 대신 부리가 발달한 기묘한 생김새의 수각류 공룡도 포함되어 있었다. 발견 1년 후, 박물관장이자 이 탐사에도 참여했던 고생물학자 헨리 페어필드 오스본이 이 공룡에 대해 보고했다. 신기하게도 이 수각류의 불완전한 뼈대는 공룡 알이 모인 둥지에 누워 있는 형태로 발견되었다. 오스본은 이 알을 작은 각룡류ceratopsian인 프로토케라톱스 안드레우시*Protoceratops andrewsi*의 것으로 여겼는데, 그 이유는 뼈대가 남아 있는 데다가 이 지역에서 이 종의 알이 흔하게 발견되기 때문이었다. 그는 이 신종 수각류에게 오비랍토르 필로케라톱스*Oviraptor philoceratops*라는 이름을 붙여주었다. '각룡의 알을 좋아하는 알 강탈자'라는 뜻이다.

보아하니 오비랍토르는 남의 둥지를 털고 알을 신나게 먹어댄 모양이었다. 이는 세계 최초의 특급 발견이었지만, 틀려먹은 해석이었다. 오비랍토르는 알도둑이 아니었다. 적어도 이 개체는 말이다. 엄청난 오해 속에서 화석이 첫 보고된 지 수십 년이 지난 뒤인 1994년, 새로이 발견한 표본과 1923년의 알을 다시 비교하고 검토한 결과 이 알들은 프로토케라톱스도, 다른 누구의 것도 아닌 바로 오비랍토르 자신의 것이라는 결론이 내려졌다.

알도둑 오비랍토르 이야기는 아마 친숙할 것이다. 내게 이 이야기는 어린 시절부터 책과 문서와 박물관의 설명글을 비롯해 온갖 곳에서 볼 수 있었던, 심지어 지금도 여기저기서 가끔 튀어나오는 일종의 주류 공룡 상식이다. 웃기게도 오스본은 오비랍토르 필로케라톱스라는 이름이 동물의 섭식

행동에 대한 잘못된 이미지를 끝장낼 수 있을 거라고 생각했다. 그 생각이 맞았다!

오비랍토르가 정체성과 명예를 되찾으면서 이전의 표본은 둥지에 앉아 알을 품으며 지키던 어미인 것으로 밝혀졌다. 1993년 고비사막을 탐사하던 미국자연사박물관과 몽골과학아카데미 공동연구팀이 이 주장을 뒷받침하는 놀라운 화석을 발견했다. 그들은 이 탐사에서 경이로울 정도로 화석

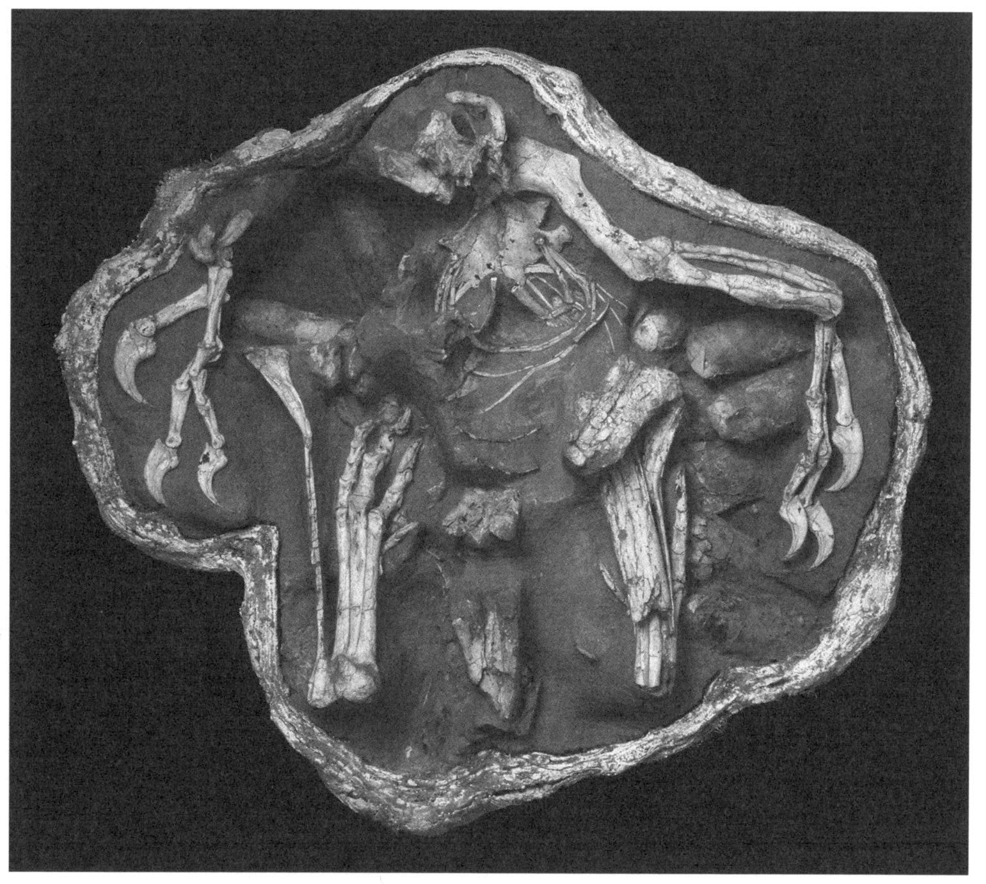

그림 2.1 오비랍토르류, 키티파티 오스몰스카이('위대한 엄마')가 둥지의 알 위에 앉았다. (사진 제공: 마이크 엘리슨, 미국 자연사박물관)

이 풍부하게 산출되는 새로운 지점을 찾았다. 오쿠 톨구드Ukhaa Tolgod 라 불리는 이곳에서 오비랍토르와 비슷한 생김새에 몸 크기는 에뮤만 한 공룡 뼈대가 자신의 둥지에 웅크리고 앉아 있는 상태로 발견되었다. 오비랍토르는 아니지만 같은 과에 속하고 오비랍토르와 매우 가까운 친척인 이 공룡은 신종으로 분류되어 키티파티 오스몰스카이*Citipati osmolskae*라는 이름을 받았다.

뒷다리를 최대로 구부리고 무릎 아래쪽 다리와 발을 거의 평행하게 놓은 채 둥지 중앙에 앉은 이 개체는 죽었을 때의 자세 그대로 보존되었다. 깃털이 있었던 게 거의 확실한 앞다리는 몇 개의 알을 가로지르며 둥지를 둘러싸고 있다. 둥지에 있던 알은 15개였다. 각각 길이 16센티미터, 지름 6.5센티미터 크기의 알들은 서로 짝을 지은 채 원형을 이루며 놓여 있었다. 알의 배열 상태는 부모가 알을 옮겼거나, 특정한 방식으로 알을 낳을 수 있도록 어미 스스로 위치를 잡았을 가능성을 보여준다. 일부 오비랍토르류 공룡은 지금의 악어처럼 난관이 두 개였던 것으로 밝혀져, 한 번에 알 두 개를 나란히 낳았을 가능성도 있다.

이 키티파티 개체는 현생 조류처럼 알을 품으며 알의 온도를 유지하고 알을 보호했다. '위대한 엄마Big Mama'라는 별명이 붙여졌지만, 이 개체가 암컷인지 여부는 아직 밝혀지지 않았기 때문에 '위대한 아빠Big Dada'일 가능성도 있다. 심지어 한 연구는 이 공룡들도 현생 조류처럼 부계의 보살핌을 받았을 거라며 후자라고 주장했다. 사실 현생 조류가 알과 새끼를 돌보는 방식은 종마다 다르다. 수컷과 암컷이 교대로 알을 품는 경우도 있는 반면, 어느 한쪽만 부화와 육아를 전담하는 종도 있다. 오비랍토르류 공룡 역시 이와 비슷한 방식으로 알을 품었을 가능성이 크다. 알을 품지 않는 다른 성별의 부모는 둥지 근처에 있었을 것이다.

마찬가지로 둥지에 있던 또다른 키티파티의 표본을 비롯해, 둥지와 함께 보존된 오비랍토르류 공룡의 화석은 지금까지 총 여덟 개 발견되었다. 다섯

개는 고비사막에서, 세 개는 중국 남부에서 발견되었으며, 모두 7500만 년 전~7000만 년 전의 것이다. 가장 최근에 발견된 개체는 24개의 알을 품고 있었는데, 그중 일곱 개에는 부화 전의 배아가 그대로 남아 있었다. 각각의 어미는 무섭게 몰아치는 모래폭풍과 갑작스러운 모래사태에 순식간에 파묻혀 죽었을 때의 자세 그대로 보존되어, 가장 희귀한 형태의 화석 중 하나로 남았다.

알을 훔치는 악당에서 알을 돌보는 부모로, 오비랍토르의 행동에 대한 해석의 이런 변화는 이 진기한 이야기의 전모를 드러낼 수 있도록 도와주는 한편, 선사시대 동물들의 행동을 풀이하는 과정에서 추가 표본을 찾는 것이 얼마나 중요한지를 여실히 일깨워준다. 이 공룡 어미들의 조류와 비슷한 알 품기는 공룡과 현생 조류 사이의 행동학적 연결고리를 제시함과 동시에 알을 품어 부화시키는 행위가 아주 먼 옛날에 등장했음을 보여준다.

모래폭풍에 맞서서

그림 2.2 (앞페이지) 수컷 키티파티 오스몰스카이가 알을 품는 동안 암컷이 뒤쪽에서 서성이고 있다. 저 멀리서 거대한 모래폭풍이 다가오는데….

가장 오래된 육아:
먼 옛날의 절지동물과 그의 아이들

캄브리아기가 막 시작되었을 무렵, 지구 생명체의 역사에서 주요한 변화 가운데 하나가 나타났다. 갑자기(는 지질학적인 의미로, 실제로는 몇백만 년에 걸친 시간이다) 단단한 뼈대를 갖춘 복잡한 구조의 생명체가 우르르 등장한 이 '캄브리아기 폭발'은 수많은 책, 대중적인 글, 텔레비전 다큐멘터리 프로그램에서 엄청나게 다루어져왔다. 그럴 만한 이유가 있다. 오늘날의 동물계를 구성하는 동물문 대부분에 더해 고생물학자들마저 대체 무엇으로 분류해야 할지 골머리를 앓게 만든 희한한 생물들까지 한꺼번에 나타나 생태계를 더 복잡하게 만들었으니 말이다. 처음으로 다리나 겹눈이 달린 동물이 등장하는가 하면, 크기, 생김새, 생태, 생활방식, 빠르게 진화를 거듭한 번식방법까지 각각 다양한 각양각색의 생물이 바다를 풍요롭게 수놓았다. 대변혁과 무수한 실험의 시기였다.

1984년 7월 1일, 연구팀과 함께 중국 남서부 윈난雲南성 일대에서 수집한 화석들을 조사하던 허셴광候先光은 자신의 연구일지에 표본들이 "마치 젖은 이암의 표면에서 아직 살아 있는 것처럼 보였다"고 썼다. 이전에 이미 이 지역의 화석들이 보고된 바 있었지만, 허셴광과 연구팀의 목표는 화석들의 중요성을 밝히는 것이었다. 청장澄江 화석산지로 알려진 이 지역은 동물 몸체의 단단한 부분뿐만 아니라 부드럽고 꿈틀대는 몸 전체의 형상이 놀랍도록 세밀하게 남아 있는 굉장히 특출난 곳이다. 이곳에서 발견된 동물들은 캄브리아기 초기에 해당하는 5억 2000만 년 전쯤에 살았는데, 그 시절에 벌어졌던 생명 실험의 단면들을 생생하게 전해준다.

허셴광이 제일 먼저 연구했던 화석들 가운데에는 청장에서 무척이나 많이 발견되고 생김새도 다양한 절지동물 유해들도 있었다. 그중에서도 가장 흔한 종류는 바다새우를 닮은 쿤밍겔라 도우빌레이*Kunmingella douvillei*다. 쿤밍겔라는 이미 멸종한 절지동물 그룹으로, 현재의 갑각류와 가장 가까운 친척이다. 0.5센티미터 길이의 이 작은 절지동물은 몸의 대부분을 덮어 보호하는 두 조각의 '나비 모양' 껍데기와 열 쌍의 다리가 특징이다. 수천 개의 화석이 발견되었는데, 그중에서도 여섯 표본은 알과 함께 보존되어 이 조그마한 절지동물의 번식전략을 밝혀내는 데에 도움을 주었다. 이 종은 확실히 유성생식을 했을뿐더러 알을 직접 돌봄으로써 자손이 살아남을 기회도 늘렸다.

150~180마이크로미터 크기의 알 50~80개가 쿤밍겔라 암컷의 다리에 붙은 채 발견되었다. 얼마나 작은 크기냐 하면, 알 6개가 볼펜의 볼에 넉넉하게 올라앉을 정도다. 이런 식으로 알이 붙은 개체가 여럿 산출된 걸 보면 이 현상은 절대 우연이 아니다. 이 종은 알을 보호하기 위해 특수한 기술을 익히는 방향으로 진화했을 것이며, 이런 행동이 포식압(포식자에게 잡아먹혀 개체 수가 감소하는 것—옮긴이)에 의해 발달할 가능성도 충분히 존재한다. 특히 쿤밍겔라는 가장 크기가 작은 캄브리아기 절지동물 가운데 하나였고, 몸집이 더 큰 동물들이 이들을 즐겨 먹었다는 사실도 분석(糞石, 똥화석)을 통해 밝혀졌다.

그렇기에 포식자로 가득한, 근본적으로 달라진 신세계에서 살아남으려면, 자손들이 삶을 가능한 한 최선의 출발선에서 시작하도록 해줄 길을 찾아야 했다. 현생 갑각류 대부분의 암컷은 수정된 알이 깨어날 때까지 몸에 붙이고 다닌다. 쿤밍겔라 화석이 양과 질에서 아주 풍부한 걸 보면 이 종이 그 과업을 아주 잘 해낸 게 분명하고, 그것은 알을 보존하고 보살피는 능력 덕분이었던 것으로 보인다.

쿤밍겔라 표본들은 입자가 아주 고운 이암에 보존되어 있는데, 진흙에 덮여 순식간에 묻힌 것으로 생각된다. 이들이 죽은 뒤 어디로 떠밀려가거나 뒤섞이는 일 없이, 아주 고이 보존된 상태로, 죽은 바로 그 자리에서 발견되었다는 것을 시사한다. 마찬가지로 청장에서 발견되어 복잡한 양육방식에 대한 아주 매혹적인 통찰로 이끌어준 주목할 만한 또다른 절지동물 역시 같은 방식으로 보존되었다.

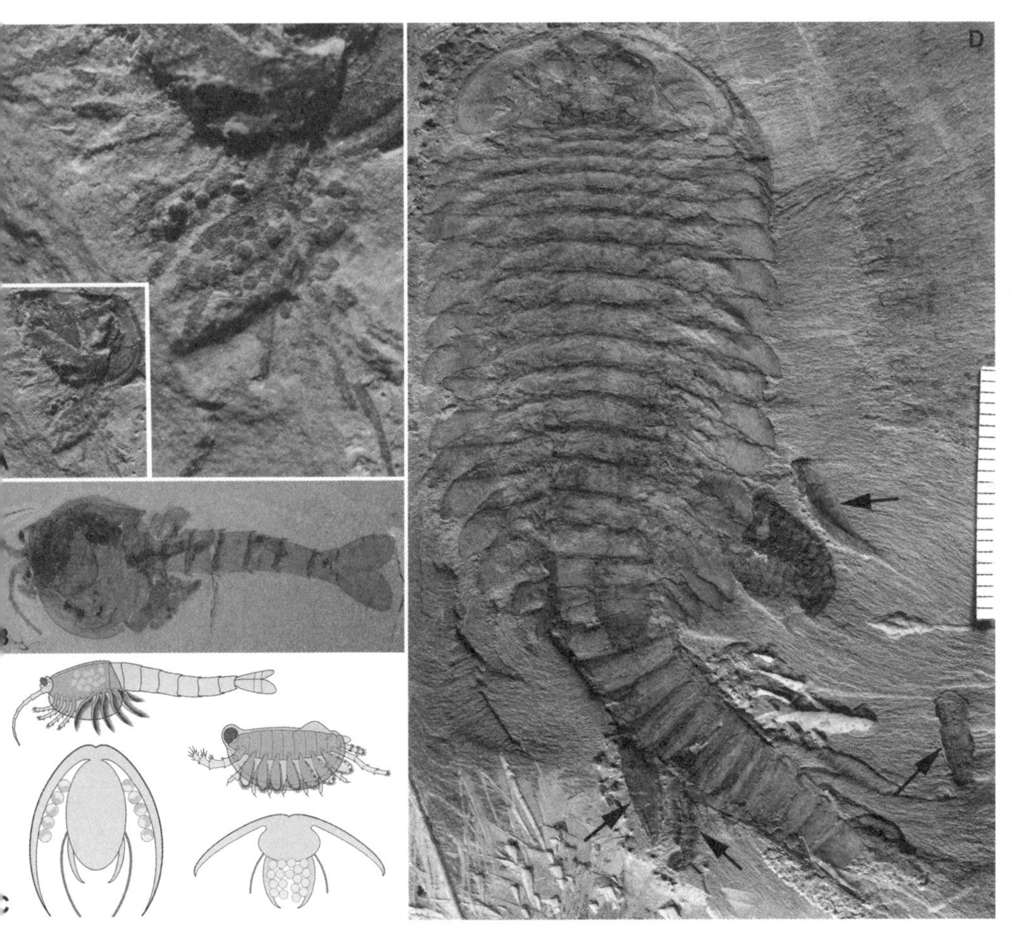

그림 2.3 초기 절지동물들의 새끼 돌보기: (A) 쿤밍겔라의 다리에 알이 붙어 있다; 오른쪽은 접사 사진. (B) 왑티아의 알들은 껍데기 안에 있다. (C) 두 종의 알 위치를 보여주는 복원도. (D) 푹시안후이아 성체와 어린 개체(화살표 끝). (사진 제공: [A] 한전韓健, [B–C] 진-버나드 카론, 왕립 온타리오 박물관, 그림은 대니얼 드폴트, 왕립 온타리오 박물관, [D] 푸동징傅東靜)

쿤밍겔라와 마찬가지로 새우를 닮은 절지동물 푹시안후이아* 프로텐사 *Fuxianhuia protensa*는 아주 어린 개체부터 나이든 성체까지 성장과정의 각 단계가 남아 있는 여러 크기의 표본이 발견된 것으로 유명하다. 이는 개체발생적 발달(동물이 자라면서 어떻게 변하는가) 과정에서 나타나는 변화를 한눈에 보여준다. 각 개체발생 단계의 개체들은 몸의 생김새가 비슷하지만, 작은 개체일수록 큰 개체보다 몸의 체절(배판背板=등판, tergites라고 부른다) 수가 적다. 성장하면서 탈피를 통해 체절이 늘어갔다는 증거다. 이런 방식을 증절변태增節變態, anamorphosis라고 하며, 노래기와 같은 현생 절지동물에서도 찾아볼 수 있다. 그래서 몸의 크기와 생김새의 차이에 더해, 각 개체의 체절을 세면 표본의 연령대를 추측할 수 있다.

푹시안후이아의 한 특별한 표본은 8센티미터 크기의 성적으로 성숙한 성체가 약 1센티미터 크기의 작고 어린 개체들과 함께 보존되었다. 어린 개체들은 모두 크기와 생김새가 같으며, 체절 수를 통해 성체와 어린 개체가 구별된다. 이들의 조합을 보았을 때 다섯 마리는 한꺼번에 묻혔으며, 이를 통해 어린 개체 네 마리는 한 배에서 난 새끼들이고 옆의 성체는 자라고 있는 자신의 새끼들을 돌보고 있는 부모라고 추측할 수 있다. 이런 확장된 양육은 자손들이 살아남을 확률을 높여 가계를 이어가기 수월하게 해준다.

양육의 증거를 품고 발견된 캄브리아기 절지동물은 쿤밍겔라와 푹시안후이아만이 아니다. 1909년 9월, 간당간당하게 캐나다 쪽에 걸쳐진 로키산맥을 탐사하던 찰스 둘리틀 월콧은 버제스 셰일을 발견했다. 스티븐 제이 굴드의 1989년작『원더풀 라이프: 버제스 혈암과 역사의 본질』을 통해 대중에게도 널리 알려진 이 전설적인 화석산지는 전대미문의 세밀함과 풍부함을 갖춘 경이로운 캄브리아기 화석들이 처음으로 발견된 곳이다. 우리가 알고 있는 캄브리아기 생물 지식의 대부분은 버제스 셰일 화석 연구에서 비롯

* '푹시안후이아'는 중국 윈난성의 호수 '푸셴후(Fuxianhu, 撫仙湖)'에서 딴 이름이다.

BOB NICHOLLS 202

했다. 이 지역의 화석들은 청장보다 조금 이른 5억 800만 년 전의 것이다. 월콧은 6만 5000여 개에 달하는 어마어마한 양의 표본을 모으고, 1912년에 발견된 왑티아 필덴시스*Waptia fieldensis*를 포함해 수많은 신종에 이름을 붙였다. 왑티아 필덴시스라는 이름은 이 화석을 발견한 지점이 왑타산Mount Wapta과 필드산Mount Field에 가까웠던 데에서 붙여졌다. 긴 꼬리를 갖고 있으며 현생 새우와 매우 닮은 이 동물은 최대 몸길이가 약 8센티미터로, 지금까지 수천 개의 표본이 발견되었다. 첫 표본은 약 한 세기 전에 보고되었지만 2015년에 이르러서야 번식방식이 밝혀졌다.

1845개의 왑티아 표본을 정밀하게 분석한 결과, 그중 5개가 몸 안쪽 감춰진 부분에 알을 품고 있었다. 몸 양쪽에 위치한 머리 근처의 껍데기 아래에 최대 12개의 알로 이루어진 작은 무리가 있었는데, 이는 암컷 한 마리와 함께 최대 24개의 알이 보존되었을 가능성을 보여준다. 알들은 평균 지름 2밀리미터로 꽤 큰 편이었고, 무엇보다 안에 발달 중인 작디작은 배아가 들어 있었다. 이는 어미가 자신의 알, 배아와 함께 발견된 가장 오래된 증거다.

왑티아와 쿤밍겔라는 크기와 몸의 구조뿐만 아니라 한 배에 낳는 알의 수와 그 크기 부문에서도 차이가 날뿐더러 어미가 알을 어디에 어떻게 품는지도 다르다. 푹시안후이아 화석은 화석기록으로 남은 가장 오래된 확장된 양육의 증거다. 이 세 가지 서로 다른 양육방식은 5억년보다 더 전에 이미 복잡한 행동양식이 어떤 식으로 진화하고 있었는지를 알려준다.

오래된 양육

그림 2.4 (앞페이지) 푹시안후이아 프로텐사 성체가 해저의 안식처에서 자신의 옆에 바싹 붙은 여러 마리의 새끼를 돌보고 있다.

땅 위에 둥지를 튼 익룡

익룡은 선사시대 생명체 가운데 가장 독특하면서도 경외심을 불러일으키는 존재다. 이들은 날개를 진화시킨 최초의 척추동물로, 이후 새와 박쥐만이 이 위업을 달성했다. 약 2억 2000만 년 전인 트라이아스기 중기에 익룡이 처음으로 등장했을 때, 하늘은 이미 곤충이 차지한 지 오래였다. 두 세기에 걸친 자세한 연구에도 불구하고 이 날개 달린 파충류의 어린 시절 생태는 줄곧 수수께끼로 남아 있었지만, 얼마 전에 지금껏 발견된 가장 중요한 익룡 화석들 중의 하나가 나오면서 사정이 달라졌다. '과알장'(eggxaggeration: 과장이라는 뜻의 exggeration과 알egg을 합친 합성어—옮긴이)이 아니다.

익룡은 파충류이므로, 아마도 둥지에서, 분명히 알을 낳았을 것이라고 여겨져왔다. 하지만 이를 뒷받침하는 확실한 증거를 찾기 어려웠다. 그런데 마치 버스처럼—요즘 세대에는 메신저 어플이 더 적합한 비유일지도 모르겠지만—한참 동안 한 대도 안 오더니 갑자기 세 대가 한꺼번에 도착하는 상황이 벌어졌다.

2004년, 작은 익룡 태아를 품고 아주 아름답게 보존된 알 화석 세 개가 발견되면서 익룡이 난생이라는 것이 기정사실화되었다. 알 두 개는 중국 랴오닝성의 진장산錦江山 지역 백악기 지층에서 발견되었다. 그중 하나는 현생 파충류 대부분이 갖고 있는 난각卵殼, leathery shell까지 고스란히 남을 정도로 아주 잘 보존된 상태였다. 몇 년 뒤, 생각지도 않은 곳에서 다시 한 번 놀라운 소식이 전해졌다. 그 지역의 농부가 또다른 알을 가지고 있다는 것이었다. 이 농부가 수집한 알은 랴오닝성의 쥐라기 지층에서 나온 것이었다. 이번 알은 어미와 여전히 연결된 채로 발견되어, 익룡의 산란능력에 대한 일말의 의구심마저 지웠다.

찰스 다윈의 이름을 딴 속인 다르위놉테루스*Darwinopterus*의 거의 완전한 표본으로 남은 이 개체는 'T여사'라는 별명이 붙었다. 화석 뼈대는 두 면이 모두 보존되어 있었으며 한 면이 다른 한 면보다 더 완전한 상태였다. T여사의 타원형 알은 어미의 꼬리 시작점 부근 골반에 이어진 채 다리 사이에 놓여 있었다. (알은 3센티미터 길이였고, 무게는 6그램으로 추정된다.) 위치를 보건대 알은 어미의 사체가 부패하는 동안 몸속에 찬 가스 탓에 몸 밖으로 밀려나온 것 같다. 덜 완전한 상태로 산출된 다른 한 면에 대한 후속 연구를 통해 어미 몸속에 있는 두 번째 알이 발견되면서 익룡이 대부분의 현생 파충류처럼 난관 두 개를 갖고 있었음이 밝혀졌다. T여사는 죽기 직전 알을 낳을 준비를 하고 있었을 가능성이 크다.

이 익룡 화석은 또한 익룡의 성적이형을 처음으로 확실히 밝혀주었다. 다시 말해 이전에 발견된 또다른 다르위놉테루스 표본과 달리, 엄마 익룡은 머리의 볏이 없는 데다 골반도 훨씬 넓었다. 이전의 표본은 그 종의 수컷을 대표하는 것으로 추정되어왔는데, 이번에 엄마와 알이 함께 발견됨으로써 그 추정이 사실로 확인되고, 두 개체의 차이점은 성적이형으로 확정되었다.

중국에서 이루어진 참으로 흥미진진한 이 발견들은 익룡의 생태에 대한 정보의 빈 부분을 꽤 많이 채워주었다. 하지만 가장 많은 정보를 제공한 화석은 중국 북서부 신장新疆 지구의 그 유명한 톈산天山산맥 부근에서 발견된 1억 2000만 년 전의 것이다. 2006년부터 산맥 바로 남쪽의 투르판-하미분지에서 진행된 광범위한 현장조사에서 수천 개의 암수 익룡 골격과 입체적으로 보존된 배아들을 일부 포함한 수백 개의 알이 대규모로 집단 사망해 묻힌 화석산지가 발견되었다. 다르위놉테루스처럼 수컷과 암컷은 머리볏의 크기, 생김새, 그리고 견고한 정도가 달랐다. 수컷의 머리볏이 훨씬 더 크고 눈에 띄었다.

실제로는 수백 마리일 수도 있지만, 적어도 40개체가 골층(骨層, bone

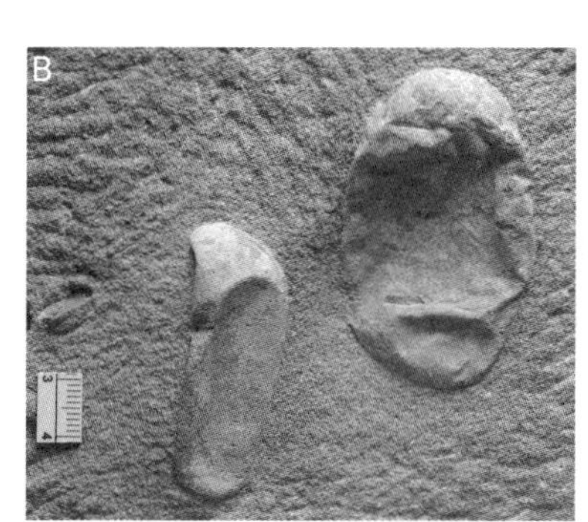

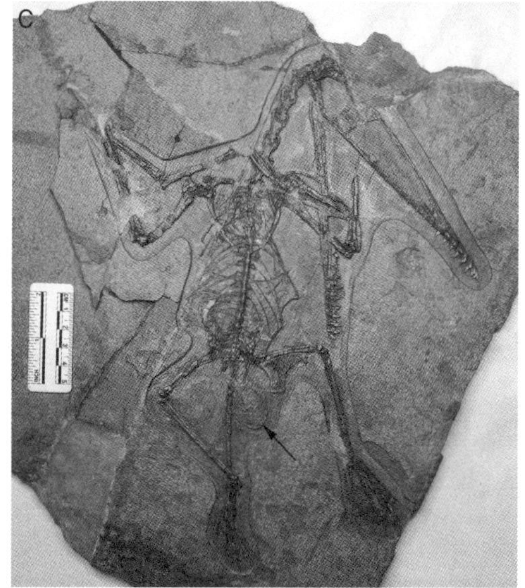

그림 2.5 (A) 투르판-하미분지에서 발견된 대규모 하밉테루스 티안샤넨시스 골격과 알 무더기. (B) 이례적인 알 두 개의 접사 사진. (C) 암컷 다르위놉테루스('T여사')와 어미 옆에 있는 완전한 알. 알은 화살표 끝에 있다. (사진 제공: [A-B] 왕샤오린汪筱林과 가오웨이; [C] 데이브 언윈)

BOB NICHOLLS 2020

bed: 척추동물의 뼈를 비롯한 생물의 뼈대가 다량 묻혀 있는 지층—옮긴이)에서 확인되었다. 이 뼈대는 신종으로 동정되어 하밉테루스 티안샤넨시스*Hamipterus tianshanensis*라는 이름이 붙여졌다. 날개의 길이는 최대 3.5미터로 현생 조류 가운데 가장 날개가 긴 알바트로스에 육박한다.

이곳에서는 무려 300개가 넘는 하밉테루스의 알이 발견되었다. 약간 변형되고 찌그러지긴 했지만 입체적으로 보존된 알들은 세부까지 아주 멋지게 남아 있다. 알의 표면에는 수많은 작은 균열이 있었는데, 이는 알이 부드럽고 가죽처럼 질기면서도 매우 얇고 섬세한 무기질 껍질로 둘러싸여 있었다는 것을 뜻한다. 총 42개가 내용물이 온전한 상태로 발견되었고, 그중 16개는 다양한 발달 단계를 식별할 수 있는 배아 뼈대를 포함하고 있었다.

암수 양쪽의 성체, 아직 어린 개체들과 갓 알을 까고 나온 새끼들, 아주 많은 양의 알이 한꺼번에 포함된 수많은 개체의 집합을 보면, 둥지 구역이 바로 근처에 있었을 것이다. 또한 이 종이 대규모로 무리를 이룬 채 강이나 호수 가장자리에 떼를 지어 둥지를 틀었으리라 추측할 수 있다. 다른 파충류들처럼 하밉테루스 역시 알이 마르지 않도록 모래 속에 알들을 묻었을 가능성이 크다. 많은 수의 수컷과 암컷이 함께 발견된 것은 이들이 둥지 주변에서 새끼들을 양육하고 포식자로부터 보호했다는 것을 시사한다.

알은 익룡의 뼈대가 쌓여 있는 곳의 가장자리를 따라 묻혀 있었다. 아주 강하고 거센 폭풍이 둥지 구역에 몰아치면서 둥지에 놓여 있던 알들이 호수 쪽으로 쓸려나갔을 것이다. 일반적으로 익룡 화석이 희귀하고 뼈대 화석의 수도 부족하며 알은 사실상 거의 발견되지 않는다는 점에 비추어볼 때, 이 집단 사망지는 날개가 달린 경이로운 생명체의 삶에 대한 전례없는 통찰을 이끌어내는 진정 놀라운 발견이다.

강풍에 휩쓸린 둥지, 그리고 알

그림 2.6 (앞페이지) 하밉테루스 티안샤넨시스 군집과 이들의 알이 있는 익룡 둥지 구역이 돌풍에 엉망진창이 되었다. 알 몇 개는 호숫가와 호수로 굴러떨어졌다.

메갈로돈 어린이집

화석 마니아들에게 이미 멸종한 거대 포식자의 이름을 물어보면 '메갈로돈'이 상위권을 차지할 것이다. 이 커다란 이빨을 가진 생물이 몸길이 16미터에 영화 〈죠스〉의 주인공 백상아리보다 두 배나 큰 몸집을 자랑했던, 지금껏 존재했던 것 가운데 가장 큰 상어라는 사실을 생각하면 전혀 놀랄 일이 아니다. 그렇다, 이 상어는 그 정도로 컸다. 그 웅장한 크기가 대중의 인기를 끄는 비결이다. 사람들은 늘 가장 크거나 가장 정점에 위치한 포식자를 밝히는 데에 흥미가 있기에 메갈로돈은 과학계와 대중, 양쪽 모두의 관심을 받아왔다.

이 거대 생명체의 크기를 둘러싼 온갖 과장된 소문에 더해, 이들의 이빨은 사람 손만 한 데다 이들이 고래를 잡아먹었다는 증거도 남아 있다. 그런 까닭에 정작 메갈로돈의 삶에 대해서는 간과하기 쉽고, 실제로 곧잘 간과하는 것도 충분히 이해가 간다. 메갈로돈에 대한 정보를 주는 정보원은 전 세계에서 널리 발견되는 이빨뿐이기에, 섭식 행위를 제외한 생태에 대해 알 수 있는 것은 거의 없다. 그럼에도 불구하고 중앙아메리카 파나마에서 아주 흥미로운 발견이 이루어진 덕분에 메갈로돈이 어떻게 새끼를 보호했는지 밝힐 수 있게 되었다.

과학자로서 '메갈로돈'이라는 이름이 학명 오토두스 메갈로돈*Otodus megalodon*(가끔은 카르카로클레스 메갈로돈*Carcharocles megalodon*이라고도 부른다)에서 나왔다는 사실을 알리지 않는 것은 직무태만일지도 모른다. 그러니 우리가 아는 이름만큼 매력적이진 않지만 이 친구들을 오토두스나 오토두스 메갈로돈*O. megalodon*이라고 부르기로 하자. 또 하나, 메갈로돈에 대한 대중의 관심이 높아지면서, 이 친구들이 아직도 살고 있다는 가설이 대중매체의 주요 이야깃거리가 되었다. 하지만 사실이 아니다. 지질학적 시간으로 보면, 메갈로돈은 아주 최근에, 그러니까 약 360만 년 전에 멸종했다. 하여 현생인류의 조상인 화석인류化石人類, hominid는 아마도 살아 있는 메갈로돈을 자주, 하다못해 해변에 나타난 한 마리쯤은 봤을 것이다.

북아메리카와 남아메리카를 연결하는 좁고 긴 땅 파나마 지협에는 다양한 상어 화석이 풍부하게 나오는 해성층 가툰Gatun이 있다. 신생대 마이오세인 1000만 년 전, 이 지역은 지금은 지협으로 갈라진 태평양과 카리브해를 잇는 약 25미터 깊이의 얕고 따뜻한 바다였다.

가툰에서 상어 화석은 자주 발견되지만, 메갈로돈 이빨은 그리 흔하지 않다. 파나마 북부의 화석산지 라스 로마스와 이슬라 파야르디에서 2007년부터 2009년까지 진행한 현장조사에서 28개의 메갈로돈 이빨이 산출되었다. 고생물학자이자 메갈로돈 전문가인 카탈리나 피미엔토가 이끄는 플로리다 자연사박물관 팀이 이 이빨들을 연구했다. 또다른 현장조사에서 22개의 이빨이 추가로 발견되었으나 연구를 할 수 있을 만큼 상태가 괜찮은 것은 12개에 불과했다. 놀랍게도 이빨은 대부분 작거나 아주 작았으며, 그중 일부는 큰 이빨 표본에서는 찾아보기 어려운 2센티미터 이하 높이의 치아머리(crown: 법랑질로 덮인 치아의 윗부분—옮긴이)가 남아 있었다.

메갈로돈 턱에는 여러 크기의 이빨들이 늘어서 있기 때문에 작은 이빨들도 턱 안에 제자리를 가질 수 있다. 이 가설을 확인하기 위해 연구팀은 플로리다와 노스캐롤라이나에서 발견한, 어린 개체부터 성체에 이르는 여러 연령대의 메갈로돈 이빨들을 비교용으로 준비했다. 가툰 이빨들의 대다수는 몸길이가 2~10.5미터인 어린 개체와 갓 태어난 신생아 것이었고, 그중 가장 작은 이빨은 태아 것으로 추정되었다. 청소년기 메갈로돈 중 일부는 6~10미터가량으로 꽤 큰 편이었지만 그래도 아직까지는 메갈로돈 성체의 한입거리에 불과했다. 태아, 신생아, 그리고 어린이부터 청소년기까지 어린 개체들의 이빨이 한 자리에서 이례적으로 많이 발견된 것은 가툰 지역이 고대의 보육공간이었음을 뜻한다.

많은 현생 상어들이 보통 보육공간에서 신생아와 어린 개체를 양육하며, 여러 종이 함께 어울려 사는 경우도 흔하다. 보육공간은 아직 포식자(주로 더 큰 상어 성체)의 공격에 취약한 어린 상어들에게 필수적인 서식지로, 이들을 안전하게 보호할 뿐만 아니라 먹이도 풍부하게 제공함으로써 어린 개체들이 살아남을 가능성을 높여준다.

가툰의 이 고대 어린이집에서는 어린 메갈로돈의 먹이였을 다양한 어류와 상어의 뼈대가 함께 나온다. 거대한 성체와 다른 상어들의 위협 때문에 어린 개체들은 성체 크기에 이르러서야 비로소 거대 해양 포유류를 사냥했을 것이다. (우연히도, 가툰에서는 해양 포유류 화석을 찾기 어렵다.) 비슷하게, 아직 어린 백상아리들은 대부분 (다른 상어들을 포함한) 어류를 먹고 살며 성체가 되어서야 포유류를 잡아먹을 수 있다. 비록 확실한 연관관계가 밝혀지진 않았지만 이빨과 척추, 생김새와 섭식 습성의 유사성에서 봤을 때 백상아리는 메갈로돈의 생태를 보여주는 좋은 예시가 될 수 있다.

몸길이 10.5미터가 넘는 성체 메갈로돈의 큰 이빨 여러 개도 보육공간에서 함께 발견되었다. 성체가 어린 개체와 함께 있었다는 사실은 전혀 뜻밖의 일이 아니다. 상어는 평생 이빨이 빠지고 또 새로 나기 때문에 암컷 메갈로돈이 보육공간에 알이나 새끼를 낳는 동안 빠진 어미의 이빨이 그 자리에서 발견되었을 가능성이 있다. 또한 보육공간이 어린 개체의 피난처일 수는 있지만 덩치가 큰 개체가 그 지역을 벗어나지 않으리라는 보장이 없으므로 일부 어린이와 청소년 메갈로돈은 성체의 먹이가 되었을 수도 있다.

피미엔토 팀이 연구결과를 발표한 지 10년이 지난 2020년, 또다른 연구팀이 스페인 북동부 타라고나 지역에서 새로이 발견된 메갈로돈 어린이집으로 추정되는 장소를 보고했다. 이 팀 역시 메갈로돈 이빨이 발견된 것으로 이미 잘 알려져 있었던 화석산지와 지층 여러 곳을 재조사했고, 신생아

그림 2.7 가툰층에서 나온 오토두스 메갈로돈의 이빨들. 어린 개체부터 성체까지 골고루 섞여 있다. (Pimiento, C., et al. 2010. "Ancient Nursery Area for the Extinct Giant Shark Megalodon from the Miocene of Panama." *PLOS One* 5, e10552의 사진을 일부 수정해 실었다.)

ICHOLLS 2020

부터 청소년까지의 개체 비율이 높은 정도를 바탕으로 (가툰과 타라고나에 더해) 보육공간으로 추정되는 곳 세 군데를 추가했다. 두 곳은 미국 메릴랜드와 플로리다에 있고 나머지 한 곳은 파나마에 있다. 다섯 산지의 연대는 모두 1550만 년 전에서 470만 년 전 사이다.

이 발견들은 메갈로돈이 수백만 년 동안 넓은 지역에 걸쳐 일반적으로 어린이집을 운영했고, 그 어린이집이 종의 생존에 핵심적인 역할을 했다는 사실을 보여준다. 메갈로돈 보육공간의 발견을 통해 우리는 가장 인상적인 슈퍼 포식자의 행동양식을 아주 다른 관점에서 볼 수 있게 되었다.

거대한 이빨로부터 안전한 즐거운 어린이집

그림 2.8 (앞페이지) 오토두스 메갈로돈 성체가 깊은 바닷속을 누비는 동안 수많은 어린 개체들은 얕은 바다의 어린이집에서 안전하게 놀고 있다.

베이비시터

아이를 낳는다면, 아이를 키우는 과정에서 아이를 함께 돌봐줄 누군가가 필요해질 것이다. 그때가 오면 부모님을 부르거나 형제자매에게 구조요청을 보내거나 도움을 줄 수 있는 친구를 찾게 된다. 사람만 그런 게 아니다. 수백 종의 동물들도 역시 아이돌보미가 필요하다. 요정굴뚝새fairy wren, 미어캣, 사자, 고래 등은 공동체 구성원이 자기 자식이 아닌 어린 개체들을 함께 돌본다.

잠깐이라도 자기 아이를 다른 사람에게 맡긴다는 건 매우 힘이 들고 겁도 나는 일이다. 비록 그동안 부모가 먹을거리를 구하고 사회생활을 하고 휴식을 취해 자식을 제대로 챙길 수 있도록 해주는 중요한 요소라 하더라도 말이다. 실제로 아이돌보아주기는 자신을 희생해서 협력하는 **이타적** 행위로, 그 개체는 흔히 그 어떤 명백한 보상도 없이(비록 10대들의 아이돌봄 서비스는 늘 돈이 원동력이긴 하지만) 자신의 비용을 투자해 남을 돕는 쪽을 선택한다.

화석에서 이타적 행위의 뚜렷한 증거를 찾기는 매우 어렵다. 같은 종의 크고 작은 개체들이 서로 뒤엉킨 채 한꺼번에 발견되더라도, 그저 단순히 사체가 쌓인 건지 다른 행위 때문에 일어난 일인지 알 수가 없다. 그렇기에 증거 몇 가지가 함께 남아야 하고 화석 또한 확실한 해석을 이끌어낼 수 있을 만큼 아주 잘 보존되어야 한다. 이런 놀라운 골층이 중국 랴오닝성의 약 1억 2500만 년 전 백악기 암석에서 발견되었다. 화산쇄설물 또는 라하르(화산 분화구에서 나온 화산재와 진흙, 뜨거운 지하수가 섞여 물처럼 흘러내리는 것–옮긴이)에 공룡 무리가 산 채로 한꺼번에 묻혀 이례적으로 보존된 화석이다.

문제의 공룡은 래브라도 리트리버 크기의 원시적인 이족보행 각룡류 프시타코사우루스*Psittacosaurus*다. 이 친구는 수백~수천 개의 화석기록이 남아 있을 정도로 아시아에서는 가장 흔히 발견되는 공룡 가운데 하나다. 한 특별한 표본은 깃털같이 생긴 꼬리의 빳빳한 털과 선명한 무늬가 새겨진 피부가 고스란히 남아 있었다. 이 화석 덕분에 예술가 밥 니콜스를 포함한 과학자들이 몸 위쪽은 어둡고 아래쪽은 밝은빛을 띤 공룡을 가장 사실적으로 정확하게 복원할 수 있었다. 각 개체의 입체적인 모습을 숨길 수 있도록 구성된 이런 색배치를 카운터셰이딩countershading, 防禦被陰이라고 하는데, 현생 동물에도 공통으로 나타나는 위장 형태다. 카운터셰이딩을 보건대, 프시타코사우루스는 뼈대가 묻힌 지층에서 함께 발견되는 식물들이 풍성하게 자라난 숲에서 살았을 것이다.

2004년에 프시타코사우루스 골층이 공식적으로 보고되면서, 고생물학계가 웅성거렸다. 지름 60센티미터에 불과한 작은 공간에 두개골 길이 3~5센티미티 정도의 고만고만한 크기의 어린 개체 34마리가 몸집이 훨씬 크고 나이도 더 많은 게 분명한 같은 종의 한 개체와 한데 얽히고설켜 한덩어리로 놓여 있었다. 각 개체는 마치 살아 있는 것처럼 고개를 비스듬히 들고 직립한 형태 그대로 놓여 입체적으로 보존되었다. 연구자들은 생김새의 유사점과 얽힌 상태를 바탕으로 이들이 부모자식간이라고 판단했으며, 이는 곧 이 공룡이 알에서 깨어난 새끼들을 돌봤다는 증거였다. 엄청난 발견이었다.

일부 고생물학자들은 이를 확신하지 못하고 화석의 진위와 화석 속 공룡들의 생태에 의문을 표했다. 한 연구팀은 청소년기의 개체 30마리밖에 식별할 수 없었는데, 그중 6마리는 두개골뿐이었다. 이 두개골들은 다른 개체들과 크기나 보존상태가 거의 같았지만 암석으로 완전히 덮여 있지는 않았다. 슬프게도, 민간 화석거래시장에는 화석 표본을 불법적으로 수집하거나 팔고 가끔 제멋대로 개조하기까지 하는 그늘이 있다. 수집가가 원래의 골층 표본에 두개골을 추가해 '감탄할 요소'를 늘리고 더 높은 가격을 불렀으리라는 의심이 든다. 사실이든 아니든, 연구팀은 무리에 확실하게 함께 속한 어린 개체는 24마리에 불과하고 이들만이 진짜라고 판단했다. 큰 개체도 마찬가지로 다시 살펴봐야 했지만, 두개골과 뼈대 일부가 골층 바닥에 단단하게 박혀 있었고 어린 개체와도 얽혀 있었다.

행동 측면을 보자. 같은 지역에서 나온 다른 프시타코사우루스 표본과 비교했을 때, 골층의 큰 개체는 아직 성체가 되기 전으로 추정된다. 예를 들어 이 개체의 두개골 길이는 11.6센티미터로, 지금까지 알려진 가장 큰 프시타코사우루스 두개골의 20센티미터가 넘는 길이에 비하면 겨우 절반에 지나지 않는다. 반면 기록으로 남은 가장 작은 두개골은 길이가 3센티미터 이하다. 더욱이, 프시타코사우루스 화석들이 풍부하게 나와 있어서 뼈조

그림 2.9 왼쪽에 있는 큰 두개골로 식별되는 청소년 프시타코사우루스 '베이비시터'는 어린 프시타코사우루스 여러 마리의 완전한 골격과 함께 보존되었다. (사진 제공: 브랜던 헤드릭)

직학을 이용한 연령 추정 연구가 이미 상당히 진행된 상태였다. 이 데이터들과 골층 표본을 비교한 결과, 이 개체가 죽었을 때의 나이는 대략 4~5살이었다. 같은 연구들이 밝혀낸 바에 따르면, 프시타코사우루스는 적어도 8~9살이 되어서야 성적으로 성숙했다. 그러므로 이 큰 개체는 아직 짝짓기를 하기엔 이른 나이였으며, 이는 곧 이 친구가 주변 새끼들의 부모가 아니라 무리 속의 어린 개체들을 잠깐 맡아서 돌보고 있던 청소년이거나 이 개체들의 나이 많은 형제자매라는 사실을 의미한다.

이 발견은 프시타코사우루스가, 새끼가 부화한 뒤, 부모가 자신의 볼일을 보는 사이 새끼들을 동료에게 맡겨 돌보게 하는 협력 전략을 구사했음을 암시한다. 조류도 다수가 이런 식으로 공동육아를 하긴 하지만, 프시타코사우루스와 가장 비슷한 방식으로 협력하는 현생 동물은 바로 미어캣이다. 큰 규모의 공동체에서 살면서 굴속에서 새끼들을 돌보는 베이비시터 미어캣은 사자, 하이에나, 독수리를 비롯한 포식자와 악천후로부터 새끼들을 지켜내야 한다. 결코 쉬운 일이 아니다. 24시간교대제로 근무하는 동안 베이비시터 미어캣은 계속해서 먹이를 찾는 다른 미어캣에 비해 평균 1.3퍼센트가량 몸무게가 줄어든다. 흥미롭게도, 새끼를 낳은 부모는 절대로 자신들의 새끼를 돌보지 않는다. 물론 포유류인 미어캣과 파충류인 프시타코사우루스의 특징을 비교하는 데에는 꽤 무리가 따르지만, 미어캣의 생태를 통해 새끼들을 공동육아할 때 들어가는 노력과 에너지에 대한 아이디어를 얻을 수 있다.

나이가 서로 다른 프시타코사우루스 청소년들의 집단도 별도로 보고되어 왔고, 이들의 사회성을 나타내는 또다른 증거도 존재한다. 베이비시터 화석은 공룡에서는 그때까지 알려진 바 없었던 특이한 습성에 대한 기록일 뿐만 아니라, 다른 프시타코사우루스 화석들과 함께 이 종의 복잡한 사회적 행동을, 그리고 공룡의 가족생활을 더 완전하게 그려낼 수 있게 해준다.

얘들아, 내 뒤에 바짝 붙어 따라와야 해~!

그림 2.10 (오른쪽 페이지) 베이비시터 프시타코사우루스가 뒤에서 조심스레 따라오는 어린 것들을 인도하며 빗속의 울창한 숲을 지나가고 있다.

공룡들을 삼킨 죽음의 덫

1993년, 영화 〈쥬라기 공원〉의 개봉과 함께 무리지어 사냥하는 사납고 흉폭한 벨로키랍토르*Velociraptor*가 세계를 열광시켰다. 같은 해 고생물학자들을 열광시킨 건 거대한 벨로키랍토르, 즉 유타랍토르*Utahraptor*의 등장이었다. 길이 7미터로 추정되어 〈쥬라기 공원〉에 과장된 크기로 등장하는 벨로키랍토르보다도 큰 이 드로마이오사우루스과dromaeosaur('랍토르') 공룡은 현실판 벨로키랍토르(실제로는 칠면조 크기였다)를 더욱 왜소하게 만들었다.

유타랍토르는 완전한 화석을 찾지 못한 채 두개골, 따로따로 떨어진 뼈대, 턱뼈의 파편만 산출되었기 때문에 거의 알려진 바가 없는 상태였다. 하지만 얼마 전에 9톤짜리 사암 덩어리 안에 꽉꽉 들어찬 유타랍토르 골격들이 발견되어, 지금까지의 공룡 연구사상 가장 엄청난 발견들 가운데 하나로 자리잡아가고 있다. 이 화석은 유타랍토르의 전체 생김새뿐만 아니라 이 공룡이 같은 종의 구성원들과 어떻게 상호작용했는지도 알려주었다.

"벨로키랍토르는 정말 무리지어 사냥했나요?" 거의 모든 고생물학자가 이런저런 상황에서 몇 번이고 받아온 질문이다. 〈쥬라기 공원〉의 성공 이후, 대중의 머릿속에는 이 사회적 행동이 완전히 기정사실화되었다. 하지만 드로마이오사우루스들이 무리지어 사냥했다거나 사회적 상호작용을 했다는 사실을 알려주는 확실한 증거는 아직까지 거의 없다.

무리지어 사냥하는 행동의 기원은 대중적으로 잘 알려진 북아메리카의 드로마이오사우루스인 데이노니쿠스*Deinonychus*(〈쥬라기 공원〉에 나오는 '랍토르'들의 실제 모델이다) 여러 마리가 초식공룡 테논토사우루스*Tenontosaurus*와 나란히 묻혀 있는 화석이다. 이 구성 때문에 데이노니쿠스가 자신보다 훨씬 몸집이 큰 먹잇감을 잡기 위해 협동작전을 펼쳤다는 가설이 탄생했다. 예상했겠지만, 정반대 해석도 있다. 예를 들어 데이노니쿠스들이 그냥 초식공룡의 사체를 뜯어먹고 있었을 수도 있고, 아니면 다들 함께 물에 쓸려내려갔을 수도 있다. 그래도 데이노니쿠스와 테논토사우루스가 함께 묻혀 둘이 서로 관련되어 있었으리라 추정할 수 있게 해주는 또다른 화석이 있긴 하다.

2007년 중국 산둥山東성에서 두 발가락만으로 걸은 여러 개의 발자국이 발견되면서 사회적 상호작용에 대한 직접적인 증거가 등장했다. 드로마이오사우루스는 셋째발가락과 넷째발가락만으로 서며, 이때 낫 모양의 '살해 발톱killing claw'으로 유명한 둘째발가락은 몸쪽으로 집어넣은 채 땅에 닿지 않게 위로 치켜든다. 같은 방향으로 바싹 붙어 나란히 걸어간 여섯 줄의 평행한 발자국들 중 가장 큰 개체의 발 크기는 28.5센티미터였다. 이 표본은 몸집이 큰 드로마이오사우루스들의 소규모 무리가 나란히 걷고 있던 흔적을 나타내며, 이들이 떼지어 이동하거나 가족끼리 모여 다녔다는 사실을 시사한다.

새로운 유타랍토르 화석으로 돌아가보자. 2001년, 지질학과 학생 맷 스타익스는 유타 중심부의 동쪽, 아치스 국립공원 북부에 있는 모압 마을 부근에서 마치 인간의 팔뼈처럼 보이는 뭔가가 툭 튀어나온 커다란 바위를 우연히 발견했다. 이곳은 스타익스 화석산지로 불리게 되었다. 이 발견을 보고받은 고생물학자들은 바위를 조사하고 이 뼈가 공룡 다리의 일부라는 사실을 확인했다. 또다른 뼈까지 발견한 뒤, 연구팀은 이번 발견이 굉장히 특별한 것임을 깨달았다. 하지만 바위 안에 숨겨져 있을 것으로 짐작되는 공룡 보물을 찾아내고 미친 듯이 흥분하기까지, 연구팀은 광막한 능선(지금은 '유타랍토르 능선'이라고 부른다)의 꼭대기 근처에서 연약한 뼈대를 하나도 망가뜨리지 않으면서 이 거대한 바위 덩어리를 캐내고 옮기는 까다로운 작업을 감당해야 했다.

발굴이 시작되고 10년도 훌쩍 넘은 2014년, 유타주의 고생물학자이자 1993년에 유타랍토르라는 이름을 붙인 과학자 가운데 한 명인 짐 커클랜드를 비롯한 유타 지질조사국 소속 고생물학자들은 9톤 무게의 바위 덩어리를 드디어 지층에서—한덩어리로—떼어내어 땡스기빙포인트 고생물박물관Thanksgiving Point Museum of Ancient Life으로 옮겼다. 이 덩어리는 곧 솔트레이크시티에 있는 유타 지질조사국 연구센터로 옮겨졌다. 덩어리의 준비작업preparation이 완전히 끝나 그 안의 이야기가 전부 세상으로 나오기까지는 아주 오랜 시간이 걸리겠지만, 꼼꼼한 준비작업이 진행돼온 1억 2500만 년 전 백악기의 암석은 이미 공룡들의 대형 공동묘지를 드러내고 있었다.

이 빽빽한 덩어리 안에는 유타랍토르 여러 마리의 두개골과 뼈대에 더해 테논토사우루스 비슷한 초식공룡이 적어도 두 마리 이상 들어 있었다. 이것만으로도 엄청난 발견이지만, 믿기지 않을 만큼 더 굉장한 것은 유타랍토르의 연령대가 다양했다는 점이다. 지금껏 기록된 뼈대 발육 상태를 보면 이 안에는 정말 놀랍게도 커다란 성체 한 마리, 준準성체 한 마리, 2살쯤 된 개체 다섯 마리, 아직 1살도 채 되지 못한 아주 어린 개체 다섯 마리가 함께 있다. 성장 속도나 자라면서 나타나는 변화를 포함해 유타랍토르의 성장과정을 연구하기에 충분한 자료다. 거기에 더해 각 개체 사이의 관계나 가족집단의 존재 여부를 확인할 바탕도 마련되었다. 게다가 이 덩어리 표면의 암석만 제거했는데도 이만큼 나왔으니, 그 안쪽에는 몇 배나 많은 표본들이 들어 있을 것이다.

닭만 한 아기 공룡을 포함해 여러 연령대의 개체들이 함께 있는 걸로 보아 이들, 적어도 그 일부는 가족이었을 가능성이 크다. 하지만 표본이 발견된 곳의 지질구조와 너무나도 깨끗한 상태로 보존된 뼈대를 품은 사암 덩어리는 이 가족이 맞이했던 아주 처참하고도 끈적끈적한 최후를 보여준다. 이들은 퀵샌드(입자 사이에 물이 침투해 거의 액체처럼 변한 모래로, 생물이 빠지면

그림 2.11 광야에서—유타 아치스 국립공원 부근에 있는 스타익스 화석산지. 확대한 사진은 발굴을 마치고 덩어리째 떼어낸 9톤짜리 사암 덩어리로 이 안에 유타랍토르 골격들이 들어 있다. (사진 제공: 짐 커클랜드)

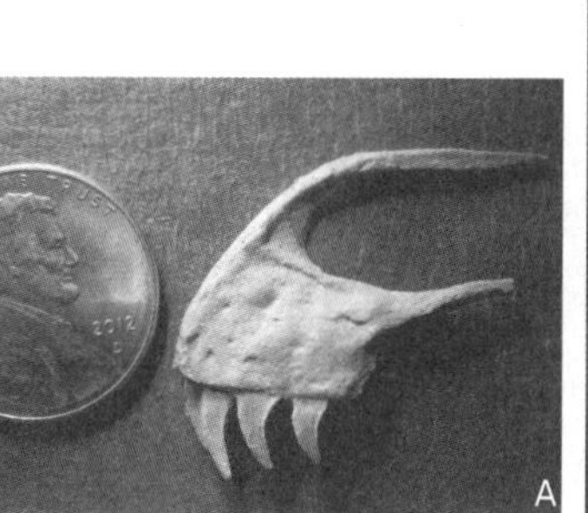

그림 2.12 (A) 스타익스 화석산지에서 발견한 유타랍토르 새끼의 작은 전악골(주둥이 앞쪽). (B) 유타랍토르 성체의 뼈대. (사진 제공: [A] 스콧 매드슨, [B] 가스통 디자인 회사)

BOB NICHOLLS 2020

헤어나오지 못한다-옮긴이)에 빠지고 말았던 것이다.

이 장대한 화석은 전형적인 포식자의 덫으로 보인다. 아마도 초식공룡들이 먼저 퀵샌드에 빠졌고, 이 손쉬운 먹잇감에 사로잡힌 유타랍토르 무리가 하나씩 늪으로 걸어들어갔을 것이다. 유타랍토르가 무리를 이루고 살면서 새끼들을 돌보았으리라는 가족 시나리오가 가장 그럴싸하지만, 한 가족과 여러 독립 개체들이 같은 곳에서 죽음을 맞이했을 거라는 해석도 있다. 어느 가설이 이들의 진정한 최후에 들어맞든, 이 지지리도 운이 나쁜 랍토르들은 갇히고 죽은 뒤 묻혀서, 퀵샌드에 희생된 채 발견된 첫 번째 공룡 집단으로 남게 되었다.

이 강렬한 화석은 드로마이오사우루스의 무리사냥과/또는 사회성과 양육의 가장 훌륭한 증거가 될지도 모른다. 그렇지만 암석 무덤에 묻힌 표본이 모두 자유를 찾고 화석에 숨겨진 전체 이야기가 세상에 알려지기까지는 앞으로도 수년간에 걸친 아주 섬세하고 숙련된 준비작업, 그리고 연구자금이 필요할 것이다.

수렁의 사이렌

그림 2.13 (왼쪽 페이지) 유타랍토르 가족은 썩어가는 공룡의 지독한 악취에 끌리지만, 지나치게 고기를 탐하다가는 퀵샌드에 빠지게 되고, 이제 탈출은 불가능하다.

선사시대 폼페이:
시간에 갇힌 생태계

옐로스톤 국립공원은 세계에서 가장 아름다운 곳 가운데 하나다. 와이오밍에 위치한 이 9000제곱킬로미터 넓이의 황홀한 공간은 경이로운 간헐천, 기막힌 풍광, 그리고 풍요롭고 다채로운 야생생물을 자랑하며 매년 수백만 관광객을 끌어들이고 있다. 하지만 옐로스톤이 원래 화산, 그것도 1000세제곱킬로미터 이상 분출하는 슈퍼화산이 있던 곳이라는 사실을 아는 이는 드물 것이다. 지금의 옐로스톤은 정확히 말해 화산이 분화한 뒤 분화구가 아래로 내려앉으며 생긴 칼데라다. 화산이 마지막으로 분화한 것은 60만 년 전이었다.

이 슈퍼화산은 땅을 뒤집어놓고 생태계를 궤멸시키며 가는 길 곳곳에 철저한 파괴의 흔적을 남겼다. 조금 거슬러올라간 약 1200만 년 전의 장엄한 분화가 남긴 결과물은 지금도 볼 수 있다. 당시 물웅덩이 주변에 모여 지내던 수백 마리의 동물들은 슈퍼화산이 폭발하며 쏟아져나온 화산재에 목숨을 잃고 몇 미터 두께의 화산재층에 그대로 묻혀버렸다.

네브래스카에 있는 이 세계적으로 유명한 화석산지는 애시폴 화석층 Ashfall Fossil Beds이라는 딱 어울리는 이름으로 불리며, 국가자연경관으로도 지정되었다. 화산 폭발은 이곳에서 수천 킬로미터 떨어진, 지금의 아이다호 남서부에 위치한 브루노-자르비지 칼데라에서 시작되었다. 이 칼데라는 수백만 년 동안 북아메리카판과 함께 이동한 결과 지금은 옐로스톤 칼데라 밑에 잠들어 있는 옐로스톤 열점의 일부다. 화산에서 솟아오른 치명적인 화산재 구름은 대평원을 가로질러 동쪽으로 이동한 뒤 내려앉기 시작했다. 한때 사바나 생태계에서 번성하던 동물들은 연이어 목숨을 잃고 죽었을 때 모습 그대로 화산재 속에 보존되었다. 그야말로 선사시대의 폼페이다.

자연재해가 불러온 대재앙의 증거가 처음 밝혀진 것은 1971년이었다. 지질학자인 아내 제인과 함께 농경지를 산책하던 고생물학자 마이크 부어하이스는 화산재층에 아주 온전한 상태로 보존된 코뿔소 새끼의 두개골 화석을 발견했다. 인생이 바뀌는 발견의 순간이었다. 그는 어쩌면 이건 대단히 중요한 발견일 수 있고 아마 화석들이 더 있을 거라고 생각했다. 그 판단은 옳았다. 이후 대규모 발굴이 시작되기까지는 6년이 걸렸지만, 기다릴 만한 가치가 있었다. 두개골은 뼈대 전체와 이어져 있었고, 주변에는 마찬가지로 완벽한 형태를 갖춘 뼈대들이 널려 있었다. 이곳에서 초기의 코뿔소, 낙타, 말을 비롯한 온갖 종류의 동물들이 가족들이나 공동체 구성원과 함께 화산재를 흡입하고 비명횡사했다. 누구라도 그때 무슨 일이 벌어졌던지를 제대로 인식하고 배우고 이해할 수 있도록, 여러 동물들의 입체적인 골격을 발견했을 당시 그대로 두고 그 위에 건물을 세웠다. 이곳에서는 지금도 발굴이 이루어지고, 새로운 화석이 발견된다.

화산재는 아주 미세한 유리 입자를 포함하고 있다. 이걸 들이마셨을 때 며칠이 아니라 몇 주 동안 폐에 무슨 일이 일어날지 상상해보라. 이 선사시대 동물들은 화산재를 흡입하곤 고통 속에서 몸부림치다가 하나씩 죽어갔다. 실제로 말, 낙타, 코뿔소는 폐가 극심하게 손상된 탓에 뼈대의 성장이 비정상적이었다. 마리병(비대성 뼈형성장애)이라고 불리는, 호흡기 질환으로 인한 폐기능부전증의 증상과 같다.

거북이, 새, 사향노루를 비롯해 몸집이 작은 동물들은 3미터 두께의 화산재층 밑바닥에서 발견되었다. 이들이 최초의 희생자였다는 이야기다. 심지어 산 채로 묻힌 개체들도 있었다. 이들의 작은 폐는 화산재를 오랫동안 버텨낼 힘이 없었고, 결국 화산재가 땅으로 떨어지자마자 거의 곧바로 질식사했다. 몸집이 중간 크기인 원시 말이나 낙타는 최대 2주가량의 짧은 기간이나마 생존했지만 지속적으로 유독가스를 흡입하며 천천히, 그리고 고통스럽게 죽어갔다. 이 동물들의 뼈에는 죽은 뒤 물린 흔적이 있었는데, 아마도 멸종한 식육목인 '뼈를 으스러뜨리는 개' 같은 육식동물(보로파구스아과 Borophaginae를 가리킨다. 제4장「뼈를 으스러뜨리는 개 사건, 해결」참조–옮긴이)이 사체를 열심히 먹어치운 것으로 보인다. 이 식육목 역시 수가 적긴 하지만 이곳에서 발견되고 있다.

마지막은 이곳 생태계에서 가장 거대한 동물, 즉 코뿔소 차례였다. 평소 독립생활을 하다가 필요할 때만 크래시crash라고 하는 작은 무리를 만드는 현생 코뿔소와 달리, 텔레오케라스 마요르*Teleoceras major* 종에 속하는 이 선사시대 코뿔소들은 100마리가 넘는 개체의 거의 온전한 뼈대들이 떼지어 함께 발견되었다. 텔레오케라스 마요르는 하마처럼 생겼고 몸통이 두꺼우며 짧은 다리를 가진 종으로, 많은 시간을 물가에서 보냈다. 두개골, 특히 수컷 두개골은 매우 크고, 그 앞쪽에 작은 코뿔 하나가 달려 있다. 어린 개체부터 나이먹은 성체까지 여러 연령대로 이루어진 무리의 상당수는 암컷과 새끼 들이었으며, 수가 적긴 했지만 늙은 수컷도 함께 있었다. 어미들 일부는 자기 옆에 누운 새끼와 함께 묻혔고, 또 어떤 개체들은 식사 중에 풀을 입에 그대로 문 채 죽었으며, 또 어떤 코뿔소는 화산재에 최후의 발자국을 남겼다. 믿을 수 없게도, 태아가 산도에 걸려 있던 코뿔소 임부도 있었다. 한창 진통에 시달리며 새끼를 낳던 도중에 갑작스럽게 죽음을 맞이했을 것이다. 이 표본은 새끼 여러 마리와 함께 있었는데, 이는 곧 텔레오케라스 마요르가 지금의 들소처럼 1년에 몇 번씩 번식기를 맞았다는 사실을 알려준다.

코뿔소의 나이, 성별, 그리고 개체수를 보면 이 선사시대 무리는 사회구조를 갖추고 있었음에 틀림없다. 이들이 1년 내내 공동체를 이루며 살았는지는 알 수 없지만, 삶도 죽음도 함께한 것은 확실하다. 젊은 수컷 성체는 없고 나이든 수컷 역시 암컷에 비해 수가 지나치게 적다는 점은 이들이 무리의 지배자 격인 몇몇 수컷들이 여러 암컷과 교미하는 다처제 사회를 이루

그림 2.14 (A) 텔레오케라스 마요르 여러 개체의 완전한 뼈대가 죽었을 때 모습 그대로 발견되었다. 이들은 화산재에 질식한 뒤 그대로 묻혔다. (B) 다양한 뼈대가 널린 화석산지의 전체 모습. (사진 제공: 리 홀)

BOB NICHOLLS

고 살았다는 사실을 암시한다.

잠시만 시간을 내어 이 이례적인 이야기를 생각해보길 바란다. 참혹하고 치명적인 슈퍼화산 덕분에 아주 잘 보존된, 세상에서 가장 놀라운 거대 화석산지 중 하나가 만들어졌다. 화산재는 한때 번성했던 생태계의 독특한 단면을 남겼고, 이 생태계의 동물들은 자기네 터전의 물웅덩이를 떠나기 주저했을 뿐인데 결국 숨이 막혀 그곳에 영원히 갇히게 되었다. 수백만 년 후 우연히 발견될 때까지.

저기, 저 멀리, 종말의 재앙이 다가오건만…

그림 2.15 (왼쪽 페이지) 몸통이 통통한 코뿔소, 낙타, 말, 거북이 떼의 일부를 포함한 동물들의 공동체가 '뼈를 으스러뜨리는 개'가 지켜보는 가운데 큰 연못을 둘러싸고 일상을 즐기고 있다. 저 멀리 죽음을 불러오는 거대한 화산재 기둥이 보인다.

대왕조개에 갇힌 물고기들

남태평양과 인도양의 따뜻한 바닷속에는 지구상에서 가장 큰 연체동물인 대왕조개가 살고 있다. 무게 200킬로그램이 넘고 길이도 1미터에 이르는 거대한 연체동물이다. 이들은 생물종이 풍부한 산호초에서 사는데, 커다란 껍데기, 즉 패각은 포식자를 피하려는 여러 동물들의 쉼터나 피난처가 되어준다. 특히 물고기의 보육공간으로 딱이다. 대왕조개와 물고기는 편리공생, 더 정확히 말해 내생內生, inquilinism 관계를 맺고 있다. 두 종이 서로 어울려 살되, 한 종은 이득을 얻지만 다른 한 종은 그저 피해를 받지 않을 뿐인 공생 관계다.

조개, 즉 이매패류는 다양한 어류에게 자신의 공간을 내어준다. 편리공생은 동물계에 널리 퍼져 있으며, 선사시대에도 비슷한 관계가 존재했으리라 추정할 만한 분명한 이유가 있다. 하지만 명확한 증거를 찾는 건 또다른 문제다. 서로 다른 종이 함께 있는 화석은 자주 발견되지만, 이들이 우연히 같이 묻혔는지 아니면 서로 특별한 관계를 형성해 뭔가를 주고받았는지 단정하기는 어렵다.

이노케라미드Inoceramid는 이미 멸종한 이매패과科로 세계 곳곳에서 흔히 발견된다. 지금까지 발견된 이매패 중 가장 거대한 플라티케라무스 플라티누스*Platyceramus platinus*도 이 과에 속한다. 다 자라면 최대 3미터에 달하는 종이다. 플라티케라무스의 완전한 표본은 흔하지만, 보통 납작하게 눌리고 패각도 얇은 상태로 산출되어 조각조각 부서지거나 망가지기 일쑤라 온전한 상태로 발굴하기는 어렵다.

1929년, 캔자스의 스모키힐 백악층이라 알려진 백악기의 백악질 지층에서 발굴된 8500만 년 전의 플라티케라무스 플라티누스 화석이 보고되었다.

플라티케라무스 안에는 신종 어류 세 마리가 들어 있었다. 하지만 1960년대까지는 이 둘의 조합을 거들떠보는 이 아무도 없었다. 뒤늦게 이 신종 어류들이 이노케라미드 껍데기 안에서 흔히 발견된다는 사실을 알아챈 고생물학자들이 그제야 왜 그런지를 파고들었으니까. 그들이 이매패와 어류 조합을 본격적으로 찾아나서자 표본들이 계속해서 등장했고, 몇몇 신종 어류가 새로이 발견되었다. 아주 참신한 화석 낚시였다.

정말 놀랍게도, 스모키힐 백악층에서만 어류를 품은 이노케라미드 화석이 100개 이상 발견되었다. 그리고 더더욱 놀랍게도, 이 이매패들 안에 들어 있는 어류 개체는 모두 1200마리가 넘었다. 비슷한 표본이 콜로라도주에서도 발견되었다. 같은 상태인 표본이 이 정도로 많다면, 그건 단순한 우연이 아니라 서로 다른 두 종이 모종의 상호작용을 한 증거라고 봐야 옳다.

플라티케라무스 플라티누스와 다른 이매패류의 거대한 패각 안에서는 아미아(bowfin fish: 북아메리카 오대호에서 사는 민물고기류—옮긴이), 얼게돔squirrelfish, 금눈돔beardfish과 유사한 아홉 종의 어류와 장어류 한 종이 발견되었다. 대부분 이매패 하나에 어류 한 종의 수많은 개체들이었지만, 어떤 껍질에는 복수의 종들이 들어 있었다. 이는 어류가 이매패류뿐만 아니라 같은 공간을 쓰는 다른 종의 어류와도 상호작용을 했다는 뜻이다. 정말 굉장한 표본 하나는 무려 104마리의 조그마한 어류를 품고 있는데, 이들은 모두 비슷한 크기의, 같은 종으로 이루어진 전형적인 물고기떼였다.

이 표본들을 보면 플라티케라무스 플라티누스가 여러 어류 종과 편리공생 관계를 맺었음을 알 수 있다. 일부 패각에는 아가미의 흔적이 남아 있는데, 이는 이매패가 살아 있을 때 어류와 공생하고 있었다는 사실을 의미한다. 반면 아가미의 흔적이 없는 패각도 있다. 물고기들은 아마도 살아 있는 이매패와 죽은 뒤 벌어진 패각만 남은 이매패 둘 다를 거주공간으로 삼았던 것 같다. 그 안에서 물고기들은 포식자의 눈으로부터 몸을 숨기는 한편, 짝짓기나 먹이찾기 같은 다른 행동들도 했을 것이다. 그런데 왜, 이 많은 물고기들이 패각 안에 남은 채 화석으로 변한 걸까?

둘의 공생 관계는 (내생 관계니까 당연히–옮긴이) 어류에게 더 유리했는데, 어쨌든 그것은 분명 치명적인 파국을 맞았다. 그렇다고 이노케라미드가 어

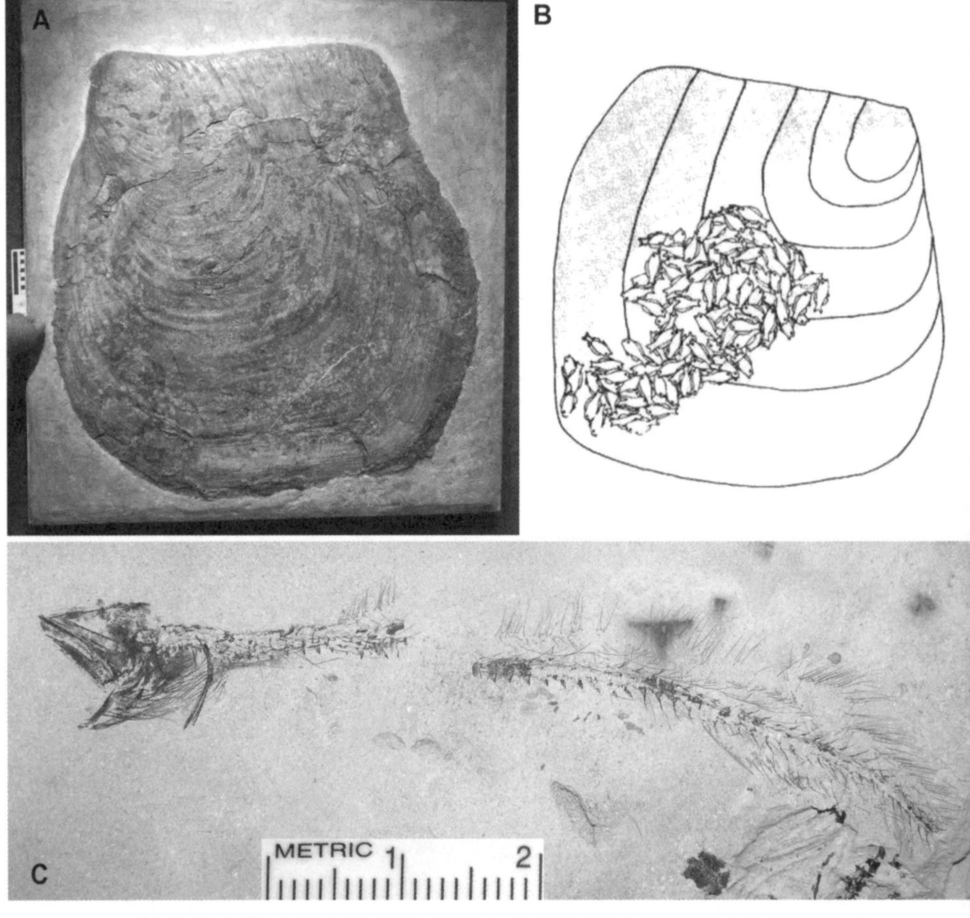

그림 2.16 (A) 커다랗고 완전한 플라티케라무스 플라티누스. (B) 플라티케라무스 껍데기 안에 수많은 물고기들이 들어 있는 모습을 담은 그림. (C) 거대한 이매패 안에서 발견된 아주 잘 보존된 물고기의 사례 중 하나인 장어 우렌켈리스 아브디투스*Urenchelys abditus*. (사진 제공 및 출처: [A] 저자가 직접 촬영; [B] 다음 사진을 일부 가공했다 Stewart, J. D. 1990. "Niobrara Formation Symbiotic Fish in Inoceramid Bivalves." In *Society of Vertebrate Paleontology Niobrara Chalk Excursion Guidebook*, ed. S. Christopher Bennett, 31–41. Lawrence, KS: 국립 자연사박물관과 캔자스 지질 조사국; [C] 마이크 에버하트)

BOB NICHOLLS 2020

류를 미끼로 삼거나 잡아먹은 건 아니었다. 실은, 이매패가 죽거나 이들의 패각을 열린 채로 유지하는 근육과 인대가 포식자에게 잡아먹힌 탓에 패각이 굳게 맞물리면서 안에 있던 생물들이 그대로 갇혀버린 것이었다. 그러므로 출구가 사라진 그 순간에, 패각 안의 물고기들은 아직 살아 있었을 것이다. 대다수의 물고기들이 패각이 가장 부풀어오른 지점에서 발견된다는 사실로 보아, 물고기들은 마지막까지 산소가 남아 있던 곳에 모여 있었을 것이다. 수많은 현생 산호초 어류들이 대왕조개 안에서 발견되는 것만큼이나, 이와 유사한 공생 관계는 선사시대 생태계에도 흔했다. 비록 죽음의 위험을 안을지라도.

오오, 내 삶의 터전…이자 무덤이여!

그림 2.17 (앞페이지) 아미아, 얼게돔, 금눈돔과 유사한 수많은 물고기들과 장어 한 마리가 플라티케라무스 플라티누스의 거대한 껍데기와 그 주변에서… 산다.

스노우마스토돈: 작은 동물들의 은신처

고생물학계에서는 흔한 일이지만, 경이로운 화석의 상당수는 우연히 발견된다. 때로는 특이한 장소나 희한한 상황에서 나타나기도 한다. 세계에서 가장 중요한 고지대 빙하기 화석 산지는 아름다운 콜로라도 쪽 로키산맥에 그림같이 펼쳐진 복합 스키리조트 스노우매스 마을 근처의 저수지를 넓히는 공사 중에 발견되었다.

지글러 저수지 화석산지, 또는 간단히 스노우마스토돈Snowmastodon의 연대는 신생대 플라이스토세인 14만 년 전~5만 5000년 전 사이이다. 그 무렵 이 지역은 처음에는 따뜻한 호수 주변에 펼쳐진 송백류松柏類숲이었다가 점점 추워지고 건조해지는 습지대로 바뀌어간, 그곳에서 살고 죽은 많은 선사시대 동물들이 사랑해 마지않는 서식지였다.

2010년 10월 14일, 불도저 기사 제시 스틸은 일생일대의 발견을 해냈다. 여느때와 다름없이 흙을 밀어내던 중, 갑자기 커다란 갈비뼈 두 개가 불도저 날에 홱 뒤집혔다. 그는 주변을 살펴 흙 속에 묻혀 있던 뼈 몇 개를 더 찾아냈다. 놀랍게도 그는 콜롬비아 매머드의 거대한 뼈대를 타넘고 있었던 것이다. 덴버 자연 · 과학박물관 고생물학자들이 이 발견에 흥미를 느끼고 대규모 발굴 허가를 받았다. 겨울이 성큼 다가오며 날씨는 궂어져만 갔고, 2011년 7월 1일에 공사를 재개하기로 합의한 상황이었으므로, 발굴팀은 가능한 한 많은 화석을 발굴하기 위해 그야말로 시간싸움을 벌여야 했다. 이런 발견은 그리 자주 오는 게 아니기에 고생물학자들은 모든 기회를 최대한 살려야 한다.

거의 즉시 발굴이 시작되고, 화석화된 뼈들이 여기저기에 흩어진 채 발견되었다. 그러나 폭설과 얼어붙은 땅이 작업을 가로막았고, 연구팀은 고통스러운 6개월 동안 흥분을 억누르며 꾹꾹 참아야만 했다. 발굴을 기다리는 바로 눈앞의 수많은 화석들을 보면서도 이렇게 참고 기다릴 수밖에 없다는, 고생물학자에게 가장 답답한 일 중 하나였다. 발굴이 다시 시작되었을 때, 그들에게 남은 시간은 딱 7주뿐이었다.

과학자, 자원봉사자, 건설공사 인부를 포함한 수백 명이 한 팀을 이루어 콜로라도주 사상 최대의 화석 발굴작업에 달려들었다. 콜로라도가 화석을 풍부하게 품고 있는, 세계에서 쥐라기 공룡을 발견하기 가장 좋은 곳 중 하나라는 사실을 고려할 때 아주 뜻깊은 일이었다. 발굴팀은 7000미터 가까운 거리의 흙을 대부분 손으로 들어냈다. 잘 보존된 식물과 무척추동물을 포함해 3만 개가 넘는 뼈가 수집되었다. 과거의 한때 콜로라도에 서식했으나 지금은 멸종된 낙타, 들소, 거대한 땅나무늘보에 더해 지금도 콜로라도에 많이 살고 있는 사슴, 흑곰, 코요테, 큰뿔양 등이 포함된 인상적인 거대동물군이었다.

모든 화석 가운데 가장 큰 동물은 현생 코끼리의 사촌들인 거대 마스토돈과 매머드였다. 포유류의 대다수는 적어도 35마리가 발굴된 아메리칸마스토돈인 맘무트 아메리카눔*Mammut americanum*이었다. 그때까지 콜로라도 전체에서 발견된 마스토돈이 단 3마리였으니, 이것이 얼마나 중요한 발견인지 알 수 있다. 이보다 조금 더 큰 컬럼비아매머드 맘무투스 콜룸비 *Mammuthus columbi* 역시 뼈대의 일부가 적어도 4개 이상 발굴되었다. 이들은 플라이스토세 시절 육상을 누비고 살았던 가장 거대한 동물로, 한 마리의 사체만으로도 크고 작은 육식동물의 배를 몇 주간 채울 수 있었을 것이다. 그러면 먹히고 남은 뼈는 어떻게 되었을까? 음, 더 작은 동물의 피난처나 집이 되었다. 동물들은 뼈 사이에서 살고, 또 죽었다.

비록 굉장히 인상적이긴 하지만, 이 거대동물군이 스노우매스의 유일한 화젯거리는 아니었다. 아주 다양한 작은 동물들의 군집도 발견되었으니까.

발굴팀은 지금도 이 지역에 서식하는 땃쥐, 비버, 청서squirrel, 줄무늬다람쥐chipmunk처럼 크기가 작은 포유동물 화석과 함께 다양한 새, 파충류, 양서류를 발굴했다. 작은 동물들 가운데 가장 흔한 종은 2만 2000개 이상의 뼈가 나온 호랑이도롱뇽 암비스토마 티그리눔*Ambystoma tigrinum*이었다. 이 종은 지금도 북아메리카에 살고, 보통 반려동물로 기른다. 콜로라도의 유일한 토종 도롱뇽이기도 하다. 발굴이 끝나갈 무렵이라 마지막 발견인 듯했지만, 화석은 비밀을 아주 천천히 드러내는 경향이 있다.

갓 발굴한 뼈들을 청소하는 과정에서 다양한 작은 동물의 조그맣고 섬세한 유골들이 뼛속 깊이 묻힌 채로 발견되었다. 예상치 못한, 놀라운 행운이었다. 마스토돈을 보존처리하던 중, 마스토돈 엄니의 치수강(부드러운 치수로 채워져 있는 상아질 안쪽의 공간—옮긴이) 안에서 보존상태가 좋고 일부분은 거의 완전한 형태를 유지하고 있는 호랑이도롱뇽 한 마리의 뼈대를 찾았다. 이 도롱뇽은 포식자나 악천후를 피하기 위해 피난처에 잠시 몸을 숨긴 걸까, 아니면 '집' 안에서 쉬고 있었을까? 다른 여러 마스토돈 엄니도 작은 도롱뇽 뼈들로 가득차 있다는 사실이 밝혀졌다. 지금도 여전히 살아가며 번성하고 있는 같은 종의 후손들은 선사시대 선조들의 활동을 알아내는 데에 도움을 줄 수 있다.

호랑이도롱뇽은 지하의 굴이나 바위 밑 또는 연못, 호수, 개울 근처에 있는 통나무 안에서 산다. 마스토돈이 물 근처나 물속에서 죽었다는 사실을 고려하면 통나무 모양의 거대한 뼈와 엄니는 이상적인 환경을 갖춘 완벽한 피난처였을 것이다. 엄청난 수의 뼈에서 알 수 있듯이, 선사시대의 스노무매스는 도롱뇽이 살기 좋은 곳이었다. 마찬가지로 뼈와 엄니 내부에서 잔뜩 발견된 같은 시대의 작은 동물 뼈화석을 보면, 이들도 도롱뇽처럼 거대한 뼈대의 안팎에서 살아갔다는 것을 알 수 있다.

이 진기하고 독특한 관계는 이 동물들이 서로, 그리고 환경과 어떻게 상호작용했는지를 보여주는 확실한 생태적 증거다. 도롱뇽이 엄니 안에 숨어

BOB NICHOLLS

서 태양의 뜨거운 열기를 피하거나, 청서와 다람쥐가 뼈들의 안팎을 오가며 위아래로 뛰어다니는 모습을 쉬이 떠올릴 수 있다. 그럴싸하지만 화석으로는 찾을 수 없으리라고 생각했던 이야기다. 하지만 이젠 아니다. 바로 여기 있다. 이것은 수만 년의 시간을 가로질러 다른 동물들과 상호작용하고, 늙고 죽은 위대한 거인들에게 새 삶을 불어넣은 한 동물 군집이 남긴 극적인 한순간임에 틀림없다.

스노우마스토돈 공동체

그림 2.18 (왼쪽 페이지) 오래전에 죽은 아메리칸마스토돈 맘무트 아메리카눔 두 마리의 뼈대와 그 주변에 살고 있는 다양한 작은 동물들. 그림 속에 있는 녀석들은 학, 핀치, 도마뱀, 줄무늬다람쥐 가족, 회색다람쥐grey squirrel, 쥐, 들쥐 2마리, 뱀, 호랑이도롱뇽들, 그리고 수백 마리의 날도래다.

거대한 부유 생태계:
쥐라기 바다를 둥둥 떠다녔던 바다나리 군체

박물관 안을 거닐며 전시물을 감상하다가 숨이 멎을 만큼 강렬한 무엇인가를 만난 순간, 눈앞에 펼쳐진 풍경은 영원한 기억으로 남게 된다. 나는 고생물학자로서 멋지고 굉장한 화석을 여럿 봐왔지만, 가장 장관이었던 것 가운데 하나는 세계에서 가장 거대한 해백합 군체였다. 이 쥐라기의 거인은 100제곱미터가 넘는 크기를 자랑한다.

해백합과 갯고사리로 대표되는 바다나리류crinoid는 곧잘 식물로 오해받는다. 하지만 이들은 극피동물의 일종으로, 성게와 불가사리의 친척에 해당한다. 여과섭식을 하는 이 해양 동물들의 가장 오래된 화석기록은 4억 5000만 년 전 이전의 것으로, 오늘날에는 약 600종이 전 세계의 얕고 깊은 바다 여러 곳에서 살고 있다.

2017년 3월, 독일 남부 연구여행의 일환으로 친구이자 동료 고생물학자인 스펜 작스와 함께 하우프 선사세계박물관을 방문했다. 쥐라기 초기의 화석 산지로서 세계적으로 유명한 작은 마을 홀츠마덴에 있는 이 박물관은 하우프 가문이 4대에 걸쳐 수집한 이 지역 최고의 화석 표본들을 보유하고 있다. 지금은 박물관 책임자인 롤프 베른하르트 하우프가 이 박물관의 운영과 화석 수집 및 전시, 연구를 이어가고 있는데, 우리를 데리고 박물관 내부를 안내하며 거대한 바다나리 화석을 만나게 해주었다. 1908년에 발견한 이 화석은 표본 처리에만 18년이 걸렸다고 했다.

자연이 낳은 예술작품의 아름다운 한 조각과도 같은 이 어마어마한 군체는 수백 마리의 크고 작은 바다나리로 이루어져 있다. 개중에는 길이가 20미터를 넘고 크라운crown 지름만 1미터에 달하는 매우 인상적인 개체들

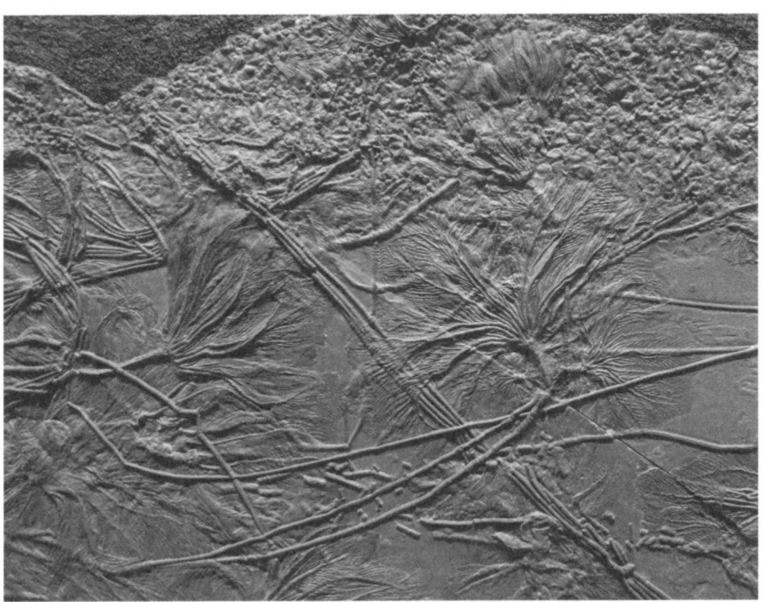

그림 2.19 거대한 부유 바다나리 세이로크리누스 수방굴라리스의 하우프 표본과 그 일부를 자세히 보여주는 확대사진. 이 화석은 독일 홀츠마덴의 하우프 선사세계박물관에 전시되어 있다. (저자가 직접 촬영)

도 존재한다. 이들은 밧줄같이 생긴 긴 자루 위에 커다란 컵과도 같은 크라운을 달고 수많은 깃털 모양의 팔로 물속을 떠다니는 먹이를 잡아먹었으며, 모두 세이로크리누스 수방굴라리스*Seirocrinus subangularis*라는 종에 속한다. 이들은 해저가 아니라 12미터 길이의 거대한 나무줄기에 자리를 잡았다. 바다를 떠다니던 통나무는 생명체들을 위한 거대한 기질基質이 되었다. 바다나리들은 대부분 통나무의 아랫면에 붙었고, 그 반대쪽은 셀 수 없이 많은 굴들이 차지했다. 바닷속을 향해 거꾸로 매달린 바다나리들은 따스한 열대 바다를 자유롭게 돌아다닐 수 있는 공짜 여행권을 얻는 동시에 번식능력을 갖춘 성체들로 이루어진 엄청난 규모의 여과섭식 군체를 키울 바탕을 마련했다.

한번 기질에 붙은 세이로크리누스는 다른 곳으로 이동하지 못한다. 그러므로 자유롭게 떠다니는 유생들은 성체로 성숙하고 거대한 군체로 자라기 전에 우선 커다란 통나무에 붙어야 했다. 나무에 붙어 있는 바다나리들의 대다수는 성체다. 세이로크리누스의 현생 친척종과 이들의 성장 정도를 비교한 결과 이 부유하는 거대 군체의 나이는 10년 이상, 어쩌면 20년에 가깝다는 사실이 밝혀졌다. 이와 비슷한 현생 부유 생태계의 예상수명을 훨씬 뛰어넘는 수치다.

통나무는 바다를 떠도는 긴 시간 동안 물을 잔뜩 흡수했다. 거기에 바다나리들과 굴을 비롯한 이웃 주민들의 무게까지 합쳐지며 결국 통나무는 바닷속으로 가라앉고 말았다. 바다나리들과 이웃 주민들도 모두 죽고, 산소가 없는 해저에 묻혀, 그대로 완벽하게 보존되었다. 이 군체는 지금까지 화석기록으로 남은 가장 큰 무척추동물의 원지(in situ: 라틴어로 '제자리에', '원래 그대로'의 뜻으로, 원래 모습 그대로 보존된 상태를 말한다-옮긴이) 군집 화석 가운데 하나다.

부유 군체가 고스란히 보존될 가능성이 희박하다는 걸 고려했을 때, 이 거대한 군체가 유일한 화석이 아니라는 사실을 알면 놀랄지도 모르겠다. 현실은 오히려 반대다. 하우프 표본만큼 크진 않지만, 지금까지 발견된 이처럼 이례적인 군체 화석이 100개쯤 된다. 크기는 꽤 다양하지만 이 화석들은 사실상 모두 홀츠마덴과 그 부근에서 나왔고, 다른 종의 바다나리라 할지라도 세이로크리누스 수방굴라리스와 마찬가지로 통나무에 들러붙어 있었다. 세계 곳곳에서 표본이 발견된 것을 보면, 이처럼 특별한 적응이 바다나리들로 하여금 고대의 바다들을 종횡무진 누빌 수 있게 해주었던 것 같다.

오늘날의 부유 군집에도 같은 유추를 해볼 수 있다. 바다로 쓸려간 나무는 이매패, 말미잘, 그리고 따개비 같은 갑각류를 비롯한 수많은 동식물들의 중요한 서식처가 된다. 이 떠다니는 뗏목은 뗏목 주민을 먹이로 삼는 어류, 바다거북, 바닷새 등도 유혹한다.

지금 존재하는 먼 후손처럼, 선사시대 바다를 부유하던 거대 뗏목은 바다나리의 떠다니는 집일 뿐만이 아니었다. 이 뗏목은 거대한 크기로 풍요로운 동물 생태계를 멋지게 일궈냈을 것이다. 연관성이 확실히 밝혀지지 않았지만, 바다나리 군체가 있는 암석에서는 오징어를 닮은 암모나이트와 벨렘나이트, 어류, 익룡과 같은 해양 파충류 등 아주 많은 수의 해양 동물 화석이 함께 나온다. 현생 생물들이 뗏목과 상호작용하듯이 이들 역시 바다나리 뗏목과 이런저런 관계를 맺었을 테고, 이 1억 8000만 년 전의 군체 화석들은 비범한 옛 생태계의 한 단면을 그렇게 오롯이 담아내고 있다.

떠다니는 오아시스

그림 2.20 (뒷페이지) 거대한 세이로크리누스 수방굴라리스 너벅선이 바다를 떠다니며 암모나이트, 벨렘나이트, 어류를 비롯한 수많은 동물들의 서식처가 되었다. 호기심 넘치는 익티오사우루스(수에볼레비아탄*Suevoleviathan*) 두 마리가 대형 뗏목 주변을 맴돌며 살펴보고 있다.

BOB NICHOLLS 2020

제3장

이동과 집짓기

- 방랑하는 포유류: 강 건너다 벌어진 비극
- 삼엽충들이여, 나를 따르라!: 최초의 집단 이동
- 나는 쉬네, 쥐라기 해변에 앉아
- 죽음의 행진: 쥐라기 투구게의 마지막 한 걸음
- 나방의 대량이주
- 공룡이 파놓은 죽음의 구덩이들
- 껍데기를 벗고, 나아가라
- 트라이아스기 초기의 이 기묘한 커플
- 악마의 타래송곳
- 땅속에 굴을 파는 공룡
- 엄청나게 큰 나무늘보가 땅속에?

세렝게티 평원 일대의 누 대이동Great Wildebeest Migration은 자연에서 펼쳐지는 가장 경이로운 사건들 중 하나로 꼽힌다. 100만 마리 이상의 누와 수천 마리의 다른 동물들이 케냐와 탄자니아 사이를 1년에 걸쳐 오가는 이 아름답고 장대한 연례행사는 지구상에서 가장 큰 규모의 육상 포유류 집단이동이다. 그러나 왕복 1000킬로미터의 여행 곳곳에 위험이 도사리고 있다. 누 떼는 갓 태어난 새끼들을 돌보면서 악어가 우글거리는 급류를 건너고 세계에서 가장 규모가 큰 사자무리 중 하나를 피해야 한다. 포식자, 질병, 굶주림, 목마름, 그리고 궁극적으로는 탈진 탓에 수십만 마리가 이주 도중에 사라진다.

좋아하는 먹이를 찾아 멀리 여행을 떠나 길 따라 새로운 곳들을 탐험하는 동안 이 포유류들은 짝을 찾고 자손에게 유전자를 물려주며 경쟁자들을 제낀다. 이런 이익들이 피할 수 없는 치명적인 위험을 넘어선다. 하지만 누와 다른 야생동물들이 드넓은 땅을 가로질러 이동하든, 새가 이동기록을 갱신하며 아주 머나먼 거리를 날아가든, 고래가 수천 킬로미터를 헤엄치든, 그 어떤 경우에도 이주행위의 핵심은 생존이다.

계절에 따른 날씨 변화, 먹이 구하기, 짝 찾기, 탈출, 또는 그저 다리(물론, 갖고 있다면…)를 쭉 뻗는 것 등등, 그 동물들이 벌떡 일어나 움직이게 만드는 이유는 제각각이다. 그때 동물들은 곧잘 흔적을 남기는데, 가장 대표적인 것은 발자국을 포함한 이동궤적이다. 발자국의 형태와 크기, 그리고 주변의 환경을 살펴보면 어떤 동물이 발자국을 남겼는지, 혼자 이동했는지 아니면 무리지어 움직였는지, 얼마나 빨리 이동했는지에 더해 사냥을 했거나 당했을 가능성까지 알아낼 수 있다.

비슷하게, 동물의 보금자리는 그 동물의 삶을 담고 있다. 잠시 머무르든 평생 살든, 집안에서 생활하는 것은 많은 동물들이 자신의 생존을 위해 진화하고 적응한 결과다. 땅에 있는 구멍, 동굴이나 나무 안에 뚫린 공간처럼 단순한 것부터 깊고 넓은 굴이나 얽히고설킨 둥지처럼 복잡한 것까지, 보금자리의 구조와 형태는 다양하다. 보금자리, 즉 집이라는 피난처는 포식자와 악천후로부터 자신을 보호해주고, 새끼를 키우고 먹이를 보관할 수 있게 해주며, 편안한 쉼터가 되어준다.

이상적인 장소를 찾아 낯설고 먼 곳으로 여행을 떠나든 아니면 단순히 정착지 근처의 가장 좋은 나무나 바위틈을 찾든, 집을 지을 장소와 시기를 까다롭게 고르는 것은 동물 건축가들이 내려야 하는 가장 중요한 결정 중 하나다. 하지만 주문제작 주택에 사는 동물들이 건축가 당사자가 아닌 경우도 있다. 건축 과정이 끝날 때까지 끈질기게 기다렸다가 하숙생으로 기어들어가는 녀석들이 있는가 하면, 원래의 거주자들을 내쫓고 집을 차지하는 종도 있다.

집은 평생 살 생각으로도, 혹은 특정한 목적을 이룰 때까지만 살려고 지을 수도 있다. 예를 들어 조그마한 흰개미는 가장 뛰어난 건축가들 가운데 하나다. 흰개미의 일부 종은 땅속에 서로 연결된 방과 터널이 가득한 집을 짓고, 땅위로 10미터 넘게 솟아오른 거대한 진흙 탑을 쌓아올린다. 거대한 군집이 모여 사는 대단지를 완공하는 데에 몇 년씩 걸리곤 한다.

반면 북극곰 임부의 산실과 같은 임시 거처는 한 가지 주된 목적에만 집중한다. 겨울 동안 북극곰 암컷은 먹이를 사냥하는 대신 이글루처럼 생긴 눈굴을 파 산실로 삼는다. 암컷은 모든 것이 가장 취약한 기간에도 혹독한 환경과 포식자로부터 자신을 지켜, 안전하게 새끼를 낳고 돌본다. 때로는 엄청난 노력과 수고가 필요할 수도 있지만, 임시 거처는 대체로 구조가 단순하고 짓는 데에도 전혀/거의 힘이 들지 않는다. 쥐가 비를 피하는 통나무나 바위밑처럼 아주 단순할 수도 있고, 문어가 포식자나 먹이의 눈을 피하기 위해 들고 다니는 연체동물(또는 심지어 코코넛) 껍데기처럼 기괴할 수도 있다.

살아 있는 동물이 남긴 그런 흔적과 궤적을 연구하면 그 개체의 삶과 더불어 그 개체가 서식지와 어떻게 상호작용했는지를 더 완전하게 밝힐 수 있다. 발자국을 따라가서 그 동물의 종말을 확인하거나, 굴 안을 들여다보고 거기에 무엇이 들어 있는지 볼 수도 있다. 무엇보다도, 우리는 그 동물들이 자기 흔적을 남기는 과정을 실시간으로 들여다볼 수 있다. 그렇기에 그 흔적을 남긴 주인공을 찾는 게 그리 어려운 과업은 아니다. 하지만 현생종이 아니라 화석의 경우에는, 안타깝게도, 그게 쉬운 일이 아니다. 곰의 보금자리를 탐색하다가 살아 있는 곰과 맞닥뜨리는 것만큼 무섭지는 않겠지만!

동물 한 마리는 살아 있는 동안 수많은 이동궤적들과 몇 개의 보금자리, 그 밖의 다른 흔적들을 남길 수 있다. 하지만 뼈대는 오직 하나뿐이다. 여기서 절지동물은 예외다. 사체로 남는 건 하나뿐이지만, 허물을 여러 개 벗어놓기 때문이다. 이 논리를 화석에 적용하면, 흔적화석이 실체화석보다 더 흔한 까닭을 쉽게 이해할 수 있다. 대부분의 경우, 흔적을 남긴 동물이 어떤 종류인지까지는 파악할 수 있지만 정확히 무슨 종인지 알아내기란 거의 불가능에 가깝다. 한 개체가 남긴 흔적과 그 개체 자신이 함께 보존되어 있는 경우는 매우 드물다.

오래전에 멸종한 동물들이 어떻게 움직였고 또 어떤 식으로 집을 마련했는지 밝히는 것은 수천 년~수백만 년 전에 일어난 일들을 밝히는 데에 가장 중요한 단서가 될 수 있다. 하지만 크나큰 장벽들이 가로막는다. 화석으로 이 선사시대 동물들이 움직이고 집을 짓는 과정까지 지켜볼 수는 없다. 그렇다면 과거의 행동양식을 선명하게 보여주는 증거들은 충분할까? 현생종을 연구하고 그들의 습성을 해석할 때 쓰는 방법을 선사시대 동물들에게도 들이밀 수 있을까? 이론상으로는 가능하지만, 아주 힘든 일일 터다.

일반적으로, 화석으로 남은 이동궤적과 굴은 선사시대 동물들의 행동양식을 이해할 수 있게 해주는 가장 직접적인 증거들 가운데 하나다. 이동궤적을 포함해 흔적화석을 연구하는 분야를 생흔학生痕學, ichnology이라고 부른다. 예를 들어 발자국 화석의 생김새와 종류를 꼼꼼하게 살피고 연대가 같은 지층이나 선사시대 서식지에서 발견된 동물 화석과 해부학적 특징

또는 크기를 비교해보면, 발자국을 남긴 동물의 정체를 추정할 수 있다. 하지만 정확히 무슨 종이 흔적을 남겼는지 알아내는 것은 거의 불가능해 보인다. 그럼에도 우리는 한 걸음 더 나아갈 수 있다.

과학자들이 찾은 수백만 년 된 굴 안에 건축가가 여전히 들어앉은 채였다거나 선사시대 동물 대이동의 증거가 남아 있다는 내 말을 믿을 수 있겠는가? 그럴 것 같지 않지만, 분명, 이런 놀라운 화석들이 존재한다. 이 장에서는 선사시대 방랑자들과 건설업자들의 습성을 깊이 파고들 것이다.

방랑하는 포유류:
강 건너다 벌어진 비극

현생 포유류 떼의 행동을 이해하고 이들이 극복해야 할 장애물이 무엇인지를 파악하면, 이들의 선사시대 조상들에 대한 정보를 다량으로 뽑아낼 수 있다. 면밀하게 탐사되고 광범위하게 연구된 북아메리카 화석산지 다수에서 매우 경이로운 화석들이 산출되었다. 1970년, 그중에서도 아주 이례적인 경우로, 와이오밍 남부에서 화석을 찾던 시카고 필드 자연사박물관 연구팀이 놀라운 발견을 해냈다. 우연히, 100제곱미터도 안 되는 면적에 코뿔소를 닮은 브론토데어brontothere가 적어도 스물다섯 마리는 묻혀 있는 묘지가 눈에 띄었던 것이다. 발굴을 마치기까지는 뜨거운 여름날의 햇볕을 세 해 넘게 쪼여야 했다.

브론토데어는 지금은 멸종된 과로, 코뿔소, 말, 맥tapir의 친척에 해당한다. 몸집이 크고 덩치도 탄탄한 브론토데어는 코뿔소를 닮았고, 몇몇 종은 정교한 뿔을 가지고 있었다. 이들의 화석은 특히 북아메리카 서부와 중앙아시아에서 흔히 발견되었다. 와이오밍에서 발견된 화석들은 모두 말만 한 크기에 뿔이 없는 브론토데어 메타리누스*Metarhinus*에 속했다. 이들의 치아를 연구한 결과, 생후 2개월 정도로 추정되는 매우 어린 개체부터 늙은 암수 성체들까지 연령대가 매우 다양하다는 사실을 알아냈다.

한 종으로 이루어진 이 집합은 아마도 거대한 브론토데어 떼에서 떨어져 나온 작은 무리일 것이다. 뼈대가 모두 가까이 붙은 채 동일한 암반층에 있었으므로 이들이 한꺼번에 죽은 것은 분명하다. 하지만 이들에게 무슨 일이 일어났는지는 이들이 묻힌 바위 속에 꽁꽁 숨겨진 비밀이다.

묘지의 지질구조를 분석한 결과 이 동물들은 한 번의 홍수로 쌓인 범람원

퇴적물에 묻혀 있었다. 이 선사시대 홍수가 비극을 불렀다는 이야기다. 흥미롭게도, 크고 작은 다른 종류의 포유류나 척추동물은 이 층에서 발견되지 않았다. 딱 한 무리의 개체들만 순간적으로 떼죽음을 당했다는 뜻이다.

폭우가 쏟아졌다. 강둑이 터지고, 물이 흘러넘쳤다. 브론토테어 떼는 그 위험의 정도를 가늠하기 힘든 장애물에 도전하기로 했고, 그건 몇몇 개체들에게는 감당할 수 없는 과업이었다. 포유류 무리는 보통 아무 문제 없이 일상적으로 강을 건너지만, 가끔은 엄혹한 조건을 만나 구성원 일부가 심각한 난관에 처하기도 한다. 동물들이 떼지어 강을—특히 홍수가 나거나 급류가 흐르는 강을—건너던 중에 진창에 빠지거나, 동료들에게 짓밟히거나, 동료들에게 떠밀려 물속에 잠기거나, 심지어 반대편 강둑의 높이를 잘못 판단하는 건 흔한 일이다. 당연하게도 이런 상황에서는 아직 경험이 부족하거나 몸이 약하거나 늙을수록 치명적인 실수를 저지르기 쉽다. 이는 지지리도 운이 없었던 브론토테어 무리 구성원 상당수의 연령대와 일치한다.

무엇 때문에 강을 건너다 그리 되었는지는 몰라도, 이 가엾은 무리는 물에 휩쓸려 하류로 떠내려간 뒤 죽어 무더기로 쌓였다. 그래서 전부는 아닐지라도 다수가, 마지막 안식처에 도달하기 전에 이미 익사했을 가능성이 크다. 비록 시간대가 4000만 년가량 떨어져 있긴 하지만, 이들은 대이동 중 마라강을 건너려다 같은 결과를 맞이한 누 떼의 모습과 아주 흡사하다.

이 집단묘지는 한때 거대한 브론토테어 떼에 속해 있었던 작은 무리가 갑작스러운 선사시대 홍수에 휩쓸려 비명횡사하는 특별한 순간을 담고 있다. 동물들이 거대 무리를 이루는 이유는 다양한데, 그중에서도 구성원들을 보호해준다는 게 가장 중요하다. 다수가 모여 있으면 안전하기 때문이다. 사회적 행동은 집단마다 다르지만, 오늘날의 수많은 포유류 무리가 그렇듯이, 나이와 성별이 다른 여러 개체들로 이루어진 선사시대의 이 집단 역시—적어도 얼마간은—새끼들을 돌보며 함께 지냈을 것이다.

이 발견은 선사시대 포유류 집단의 사회성을 보여주는 가장 강력한 증거

중 하나다. 이 습성은 오늘날까지 이어져 군집 행동의 가장 중요하고도 근본적인 부분을 담당하고 있다.

폭풍우 몰아치는 강에서, 아아…

그림 3.1 (앞페이지) 브론토데어 메타리누스 떼가 홍수로 급격히 불어난 강의 급류를 건너다 비극적인 결말을 맞았다.

삼엽충들이여, 나를 따르라!: 최초의 집단이동

누구든 바로 알아볼 수 있는 화석 동물 중 하나인 삼엽충은 매우 다양하고 아주 매력적인 해양 절지동물이다. 삼엽충 화석은 모든 대륙에서 발견된다. 이들은 진화에 성공한 최초의 절지동물 중 하나로 그 풍부한 기록은 약 5억 2100만 년 전부터 시작되었다. 하지만 약 2억 5000만 년 전, 지구 역사상 가장 큰 규모의 대멸종이 일어난 페름기 말에 모두 멸종해버렸다. 공룡이 아직 나타나기도 전에, 삼엽충은 이미 발밑에 묻힌 화석이었다.

이들은 오늘날의 갑각류 친척들과 마찬가지로 먼 옛날 원시 해양에서 아주 흔하게 찾아볼 수 있었다. 지금까지 2만 종 이상이 기록되었지만, 넘쳐나는 화석과 그 화석에 대한 광범위한 연구에도 불구하고 습성을 보여주는 직접적인 증거는 거의 남아 있지 않다. 지그재그 행진, 다시 말해 '줄지은' 삼엽충의 발견이 매우 흥미로운 이유다.

눈이 없고 세 개의 가시가 돋아난 삼엽충 종인 암픽스 프리스쿠스*Ampyx priscus*가 줄지은, 말 그대로 맹인이 맹인을 이끌며 이동한 가장 오래된 증거가 모로코 남동부 자고라 마을 근처의 4억 8000만 년 전 오르도비스기 지층에서 발견되었다. 프랑스 남부에 있는 비슷한 연대의 지층에서도 같은 종의 행렬이 발견되었다.

줄지은 암픽스 수는 3마리에서 22마리까지 다양하고, 대부분 서로 몸이나 가시가 닿거나 겹치는 형태로 모두 같은 방향을 향한 채 한 줄로 나란히 정렬했다. 각 개체가 완전한 상태로 보존되어 있으며 관절이 떨어진 부분도 없는 걸로 보아, 이들은 탈피한 겉뼈대(탈피각)가 아닌 사체 그 자체다. 줄지어 이동하던 삼엽충들이 죽은 곳에 그대로 보존된 것으로 짐작된다. 아마 폭풍이 몰아치는 동안 산 채로, 아니면 죽자마자 바로 그대로 묻혔을 것이다.

한 종에만 국한된 현상이 아니다. 마찬가지로 줄지어 보존된 여러 종류의 삼엽충이 모로코뿐만 아니라 폴란드, 포르투갈 등지에서 발견되고 있다. 특히 폴란드 중부 홀리크로스산맥의 3억 6500만 년 전 데본기 지층에서는 각 개체가 서로 연결된 채 최대 19마리까지 나란히 정렬한 행렬 화석 78개가 발견되었다. 행렬을 이룬 삼엽충들은 모두 트리메로케팔루스*Trimerocephalus*라는 속에 속하는데, 이 속 역시 눈이 없다. 화석 속 트리메로케팔루스들은 암픽스 표본처럼 서로가 연결된 채 한 방향으로 늘어서서 살아 있을 때 모습 그대로 보존되었다.

무슨 까닭에 이런 죽음의 행렬이 생겼을까? 삼엽충이 굴속에 줄을 지어 늘어선 채 그대로 묻혔다는 주장이 있는가 하면, 해류에 밀려 삼엽충들이 나란히 정렬했다는 의견도 있다. 하지만 두 해석 다 이치에 맞지 않는다. 우선 삼엽충이 굴이나 터널 안에 늘어선 채 묻혔다는 증거나 흔적이 없다. 둘째로 매우 뛰어난 보존상태, 개체끼리의 연결, 그리고 한 방향으로 정렬한 삼엽충들의 모습은 해류가 이들을 무작위로 모았을 가능성도 지워버린다. 다시, 대체 무슨 일이 벌어진 걸까?

오늘날의 다양한 절지동물도 이와 비슷한 행렬을 이루며 이동한다. 가장 좋은 예는 계절성 폭풍을 피하거나 번식지로 가기 위해 대규모로 이동하는 닭새우다. 닭새우들은 앞선 개체의 부채모양 꼬리와 뒤따른 개체의 앞부분 부속지(보통은 더듬이)를 서로 맞댄 채 길고 긴 사슬 구조를 이루어 먼 거리를 이동한다. 때로는 며칠 동안 밤낮을 가리지 않고 이동하기도 한다. 긴 사슬 모양으로 움직이면 유체의 저항을 줄이고 에너지를 아낄 수 있으며, 포식자에게 잡아먹힐 가능성도 작아진다. 이러한 계절성 이주 행동은 삼엽충 행렬에 완벽하게 들어맞는다. 삼엽충 역시 (폭풍 같은) 환경의 압박을 피하고/피하거나 먼 곳에 있는 산란지까지 가기 위해 줄지어 이동했을 가능

그림 3.2 (A) 집단이동 중이었던 암픽스 프리스쿠스들이 줄지어 보존된 채로 발견되었다. 모로코 자고라 근처에서 산출된 화석이다. (B) 바하마에서 포착된 닭새우의 집단이주. (사진 제공: [A] 장 바니에르, [B] 부아제이 부아제요프스키)

성이 크다. 지도자를 따라 이동하던 눈먼 삼엽충들은 암픽스의 긴 가시와 같은 부속지의 물리적인 연결에 의존해서, 하지만 그것에 더해 화학적인 의사소통을 통해서 행렬의 위치를 찾고 합류해 앞의 동료를 따라갔을 것이다.

옛 절지동물 가운데 삼엽충만 이런 행렬을 이루는 것은 아니다. 절지동물의 집단행동에 대한 가장 오래된 증거는 중국 청장의 5억 2000만 년 전 캄브리아기 지층에서 발견된 새우 모양의 작고 기이한 절지동물 화석에서 나왔다. 시노팔로스 그시노스*Synophalos xynos*라는 이름이 붙여진 이 동물은 수없이 많은 표본들이 2~20마리씩 한 방향으로 줄지어 사슬처럼 엮인 상태로 발견되었다. 각 개체의 부채모양 꼬리는 뒤따르는 개체의 겉뼈대에 이어져 있다. '바다 밑의 단체여행'이라는 뜻의 시노팔로스 그시노스는 그들의 집단행동에서 비롯된 이름이다. 처음에는 시노팔로스 사슬들이 지금까지 본 그 어느 생물과도 다르게, 하나의 큰 무리를 이룬 채 물기둥 속을 헤엄쳤다는 가설이 등장했다. 하지만 일부 학자들은 시노팔로스가 닭새우나 삼엽충과 비슷하게, 해저에서 함께 줄지어 이동했다는 해석을 내놓았다. 후자의 가설이 더 그럴듯해 보인다. 암픽스와 트리메로케팔루스처럼, 이 초기의 사회적 절지동물들은 아마도 이동 중에 집단사망했을 것이다.

5억 년도 더 전에, 동물들은 최초의 뇌와 감각기관을 진화시켰다. 여기서 살펴본 초기의 절지동물들은 이런 특성들을 이용해 복잡한 형태의 집단행동을 발달시킨 최초의 동물이자, 빠르게 진화하는 세상에서 생존과 번식의 기회를 늘리기 위해 노력한 집단이주자였다.

우리는 따른다

그림 3.3 (오른쪽 페이지) 삼엽충 암픽스들이 아주 오래오래전의 바다 밑바닥에서 동료의 뒤를 따라 줄지어 이동하고 있다.

Bob Nicholls 2020

나는 쉬네, 쥐라기 해변에 앉아

여러분이 해변을 걸으며 모래사장에 발자국을 남길 때, 그 행동은 잠깐이지만 시간 속에 흔적을 남긴다. 마찬가지로 공룡들도 그런 흔적들을 남겼는데, 그게 모두 휩쓸려가 버린 건 아니었다. 공룡의 흔적으로 여겨지는 발자국 화석은 전 세계에서 발견된다.

그 발자국들을 연구하면 공룡의 행동을 아주 많이 알아낼 수 있다. 그들은 해변을 지그재그로 가로질렀을까? 잠깐 멈추었다가 방향을 바꾸었을까? 걷거나 뛰었을까? 발자국 주인은 어쩌면 누군가를 이끌었을지도 모르고, 또 어쩌면 그냥 무리의 일부였을 수도 있다. 이런 유형의 시나리오들은 듣는이를 빨아들이는 멋진 이야기를 몇 개라도 들려주지만, 가끔은 되게 단순한 행동을 담고 있는 공룡 흔적화석들도 나온다.

1850년대에, 매사추세츠에서 긴 중족골(발목과 발가락을 연결하는 뼈-옮긴이) 자국이 그대로 남은 한 쌍의 아름다운 수각류 발자국이 발견되었다. 작은 찻상 크기의 바위에 남은 이 쥐라기 초기 화석은 공룡이 진흙에 쪼그리고 앉아 쉬는 순간을 담고 있다. 처음에는 거대한 새가 남긴 흔적으로 생각했는데, 멸종한 수각류 공룡들이 직립해 두 발로 걸었고 그들의 발자국이 현생 조류의 발자국과 놀랄 만큼 비슷하다는 것을 고려하면 이상한 일은 아니다.

희한하게도, 발자국이 새겨진 바위 양면에는 둥근 자국이 수없이 남아 있다. 그것들은 애초에는 공룡이 해변에 앉아 쥐라기의 소나기가 지나가길 기다리던 우울한 순간을 의미하는 빗방울 자국(도 화석으로 남을 수 있고, 남아 있다)으로 해석되었다. 하지만 수각류가 앉으면서 쥐라기 진흙에서 빠져나온 가스 거품일 것이라는 주장이 줄곧 제기되었다. 빗방울이든 아니든 이

그림 3.4 매사추세츠에서 발견된, 쥐라기 초기의 수각류가 앉은 흔적. 사과만 한 '엉덩이 자국'이 선명하게 남아 있다. (Hitchcock, E. 1858. Ichnology of New England: A Report on the Sandstone of the Connecticut Valley, Especially Its Fossil Footmarks. Boston: William White, 232의 사진을 수정해 실었다.)

화석은 매우 인상적인데, 그렇다고 그게 유일한 화석도 아니었다.

그와 유사한, 새 같은 자세로 휴식을 취하고 있던 공룡의 흔적화석이 10개 넘게 보고되었다. 각각 한 쌍의 발자국이 나란히 늘어서 있고 중족골 자국이 남아 있다. 휴식 흔적은 흔적을 남긴 존재가 아무것도 하지 않고 가만히 있었다는 사실만을 의미하지 않는다. 그들은 몸단장을 하거나 먹이를 먹거나 물을 마시거나, 아니면 다른 비슷한 무엇인가를 하고 있었을지도 모른다.

가장 이례적인 표본은 유타 남서부 존슨 농장Johnson Farm에 있는 비슷한 연대의 발자국 화석산지인 세인트조지 공룡 발견 산지St. George Dinosaur Discovery Site에서 산출되었다. 이곳에는 1억 9800만 년 전 진흙 해변을 거닐었던 여러 동물들의 다양한 이동궤적이 남아 있는데, 대부분은 수각류의 것이다. (발자국이 찍힌 암석 표면에서 빗방울 자국도 함께 발견된다.) 이 산지를 가로지르는 22.3미터 길이의 뚜렷한 궤적은 수각류가 이동 중에 멈추어, 얼마 동안인지는 몰라도 경사면에 앉아 있다가, 다시 일어서서 왼발을 먼저 내딛으며 걷는 과정을 기록하고 있다.

공룡 발자국은 다른 행동을 보여주는 흔적과 함께 발견되는 일이 거의 없다. 이 표본의 경우, 수각류는 웅크리고 앉아 새처럼 편안한 자세로 쉬었을 뿐만 아니라 엉덩이 주변의 두꺼운 피부(둔부경부, 또는 시팅패드)와 꼬리의 흔적, 심지어 앞발자국까지 남겼다. 특히 앞발자국은 〈쥬라기 공원〉의 수각류들이 보여준 악명 높은 '토끼손', 다시 말해 손바닥을 아래로 늘어뜨린 자세가 아니라 (박수치는 것처럼) 서로 마주보고 있는 자세를 취하고 있었다. 이는 수각류의 구조와 해부학적 위치를 자세하게 알려준다.

〈쥬라기 공원〉 이야기가 나온 김에 말하자면, 공교롭게도 딜로포사우루스*Dilophosaurus* 화석이 이웃한 애리조나의 조금 더 젊은 연대의 암석에서 발견되었다. 어떤 종이 흔적을 남겼는지는 알 수 없지만 그 주인은 발자국과 앞발자국, 웅크린 자세로 보아 대략 5~7미터 길이의 중간 크기 수각류로 추정되는데, 딜로포사우루스는 몸 크기가 딱 맞는 데다 흔적의 주인을 대체하기 적합한 모델이기도 하다. 혹시 궁금할까봐 말해두는데, 산酸은 발견되지 않았다(〈쥬라기 공원〉에서 딜로포사우루스는 산성 물질을 뱉어낸다-옮긴이). 딜로포사우루스가(그리고 그 어떤 공룡도) 산성 물질을 뱉었다는 증거는 없다.

이런 화석들은 여러분이 알고 있는 전형적인 공룡의 이동궤적과 흔적을 뛰어넘어, 공룡의 일상의 짧은 순간을 잡아냄으로써 그저 앉아서 휴식을 취하는 단순하고 평범한 행동에서도 풍부한 정보를 뽑을 수 있게 해준다.

여기에 잠깐 앉아 쉴까

그림 3.5 (오른쪽 페이지) 비가 내리기 시작한 진흙 해변에 딜로포사우루스가 앉아 쉬고 있다. 유타의 세인트조지 공룡 발견 산지에서 나온 수각류의 휴식 흔적화석을 바탕으로 그렸다.

죽음의 행진: 쥐라기 투구게의 마지막 한걸음

몸을 보호하는 단단한 돔 모양의 겉뼈대, 끝이 뾰족한 긴 꼬리, 열 개의 다리, 겹눈, 그리고 푸른 피를 가진 동물을 상상해보라. 곧 개봉할 영화에 나오는 외계인처럼 들릴지 모르지만, 이 녀석의 정체는 투구게다. 이 오래된 동물은 약 5억 년 전 화석기록에 처음 등장한 이래 신체구조가 거의 변하지 않았다. 다만 이름에는 조금 오해의 소지가 있는데, 왜냐하면 이들은 사실 게가 아니라 전갈, 거미 같은 거미류와 더 가까운 동물이기 때문이다.

독일 남부 바이에른주 졸른호펜 마을에 있는 유명한 화석산지 근처의 여러 석회암 발굴지에서는 투구게를 포함한 수많은 쥐라기 후기 화석들이 산출되었다. 이 화석들은 로마 시대로 거슬러올라가는 광범위한 석회암 채석장의 부산물이다. 이례적으로 잘 보존된 채로 발굴된 수많은 표본들 덕분에, 이곳은 쥐라기 후기의 화석을 발견하기 가장 좋은 산지 중 한 곳이자, 고생물학자라면 누구나 꼭 가보고 싶어하는 곳으로 꼽힌다.

쥐라기 후기, 졸른호펜은 생명으로 가득찬 다도해의 한 부분을 이룬 석호 지역이었다. 석호 상당수는 근처의 따뜻하고 얕은 바다에서 밀려들어온 고농도의 소금물로 차 있었고, 그 결과로 호수 바닥에서는 점점 흐름이 정체되고 산소가 사라져갔다. 이 유독한 호수 바닥에 빠진 불운한 동물들에겐 곧 죽음이 찾아왔다.

2002년, 졸른호펜에서 가까운 빈터스호프 마을 근처 채석장에서 특이한 투구게 화석이 발견되었다. 채석장으로 걸어들어가 석회암 바깥으로 삐져나온 1억 5000만 년 전 투구게 화석을 발견했다고 상상해보라. 잘 살펴보니, 투구게 뒤쪽의 석회암에 남은 일련의 흔적이 눈에 띈다. 주의를 기울여 흔적들을 따라가면서 망치와 끌로 조심스레 암석을 쪼고 두들기다 보니, 이 흔적들은 바로 투구게가 남긴 이동궤적임에 틀림없다! 이것은 화석으로 남은 세계에서 가장 긴 죽음의 궤적이자, 그 흔적과 그 흔적의 주인공이 마지막까지 함께 보존된 대서사시 '죽음의 행진'—과학용어로는 모르티크니언mortichnion이라 부른다—이다.

어떻게 투구게가 선사시대의 궁지에 몰렸는지 확실히 말하긴 어렵지만, 우린 꽤 괜찮은 가설을 세웠다. 졸른호펜에 살던 동물들은 거센 폭풍우가 몰아치거나 홍수가 일어나면 석호의 독성 가득한 덫에 휩쓸려 들어가곤 했다. 투구게같이 가장 단단한 동물 몇몇만이 숨이 끊기지 않은 상태로 바닥까지 내려갔고, 그래서 누구도 파헤치지 않은 부드러운 진흙 속에 흔적을 남길 수 있었다. 메솔리물루스 왈키*Mesolimulus walchi* 종에 속하는 우리의 주인공은 가장 단단한 투구게 가운데 하나로, (와이오밍 공룡센터에 있는 동안 나와 동료 고생물학자 크리스 레이케이가 함께 연구해 등재한 바,) 기록적인 9.8미터 길이의 궤적을 남겼다. 주인공이 12.7센티미터에 불과한 청소년이었다는 점이 더욱 인상적이다. 현생 투구게가 이처럼 겁을 먹으면, 성체와 달리 어리고 경험이 없는 개체들은 물기둥으로 헤엄쳐 올라가려 한다. 이 쥐라기 청소년도 그러다가 물살에 휩쓸렸을 가능성이 있다. 좀더 과감한 시나리오로, 이를테면 하늘을 날던 익룡 같은 포식자가 덜렁대다가 투구게를 석호에 떨어뜨렸을 수도 있다. 실제로 졸른호펜에서는 다양한 종류의 익룡들이 발견되니까. 꽤 흥미로운 가설이지만, 안타깝게도 이 투구게에는 포식 흔적이 없다. 그래서, 탈락.

여러 개의 발, 다리, 꼬리 자국과 두흉부에 눌린 둥그런 흔적들이 남은 주름진 표면은 거기가 궤적의 시작 지점이라는 걸 알려준다. 아마도 폭풍우가 휘몰아치는 동안, 석호에 빠져 뒤집힌 채 바닥까지 가라앉은 투구게가 자세를 바로잡으려고 애쓴 흔적이다. 현생 투구게 청소년은 곧잘 몸을 뒤집어 배를 위로 향한 채 헤엄치고, 쉴 때도 그 자세를 취하는 경향이 있다.

누운 채로, 몸을 좌우로 흔들고 꼬리를 이용해서 정확한 방향을 잡으며, 이 과정에서 가끔 모래 바닥에 두흉부의 흔적인 둥근 자국을 남기기도 한다. 이것이 화석으로 남은 궤적 시작 지점의 주름진 표면을 설명해줄 수 있다. 빙글 돌아 행진 준비를 마친 투구게는 어두운 석호 바닥을 가로지르며 마지막 이동의 흔적을 부드러운 진흙 위에 남겼다.

궤적은 곧게 뻗어 있지 않다. 처음에 직선이던 궤적은 이후 구불구불해진다. 몸 전체가 회전하는 것을 포함한 갑작스러운 움직임들도 곧잘 나타난다. 이 궤적을 통해 투구게의 걸음걸이가 어떻게 바뀌었는지 알 수 있다. 궤적 전반에 걸쳐 특히 눈에 띄는 특징은 길고 뾰족한 꼬리의 사용 방식으로, 이는 양 다리의 발자국 사이에 난 하나의 긴 선으로 알 수 있다. 투구게의 꼬리는 이동의 방향을 바꾸느라 들어올릴 때 빼고는, 줄곧 부드러운 진흙 바닥을 끌고 있었다. 하지만 궤적의 끝을 향하면서 꼬리 자국은 점점 더 짧아지고 더 띄엄띄엄 나타나는데, 그것은 우리의 청소년 투구게가 점점 더 고통에 시달리며 방향감각을 잃어버린 탓에 자꾸자꾸 멈춰서서 꼬리를 들어올렸기 때문으로 보인다.

이 행동과 더불어 궤적의 특정 지점들, 특히 거의 마지막 지점에 깊이 새겨진 다리 자국들은 투구게가 자유를 향해 진흙 바닥을 박차고 떠올라 헤엄치려 했지만 그럴 힘이 거의 남아 있지 않았음을 나타낸다. 걸음걸이의 변화는 무산소의 덫에 걸린 투구게가 진흙 바닥 위로 몸을 질질 끌고 가다가 끝내는 숨이 막혀 자신이 걸어온 그 길 위에서 쓰러지는 과정을 여실히 보여준다.

이동궤적이 처음부터 끝까지, 그것도 그 궤적의 주인공과 함께 고스란히 보존된 표본은 고대의 한 동물이 생을 마감하는 마지막 순간을 생생하게 보여주는 매우 독특한 조합이다. 이 표본은, 비록 경험 부족 탓에 결국 죽음을 맞을 수밖에 없었지만, 아직 어린 투구게가 석호의 치명적인 위험을 짧은 시간이나마 견뎌내는 놀라운 장면을 담고 있다.

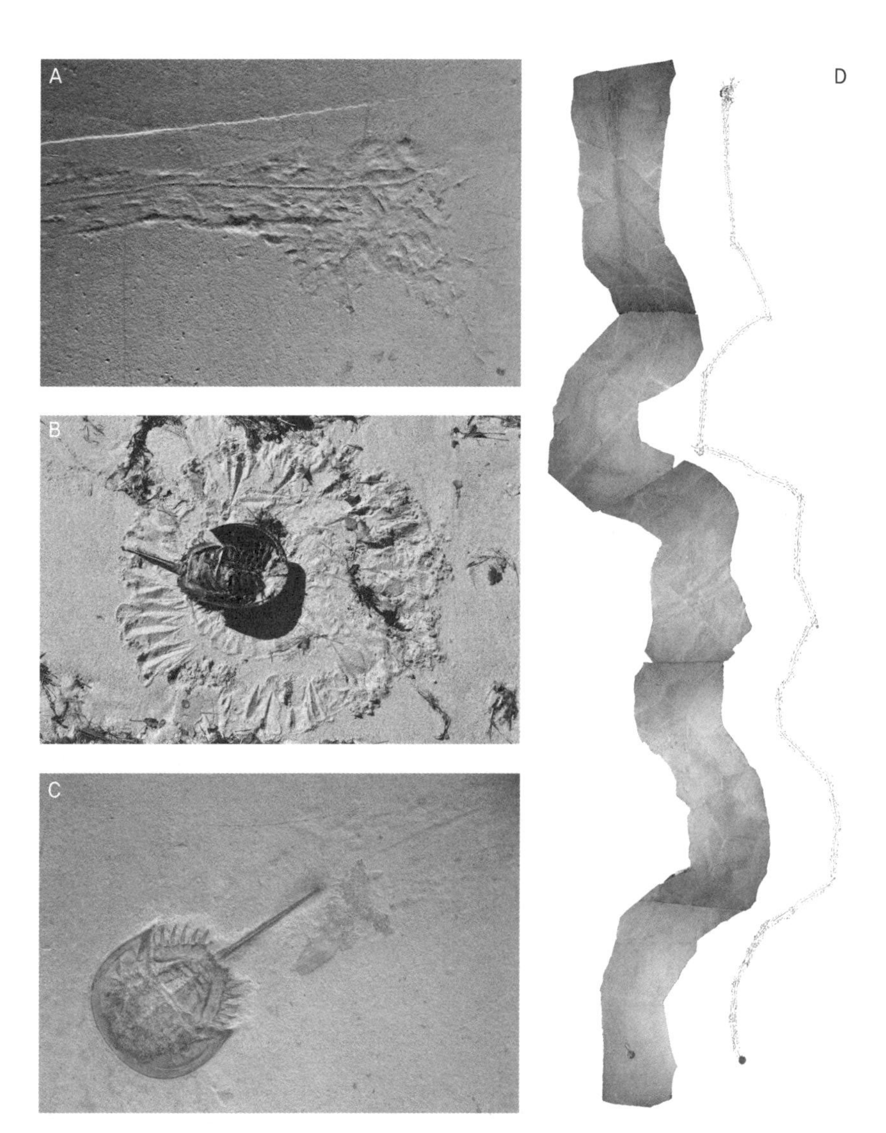

그림 3.6 (A) 투구게가 석호 바닥에 처음 내려앉은 순간의 착륙 흔적. 둥근 자국은 등(두흉부)으로 내려앉을 때 생긴 흔적이다. (B) 현생 투구게는 모래 바닥에 화석에 남은 것과 굉장히 유사한 자국을 새긴다. (C) 수미터 길이의 궤적을 남긴 어린 투구게. (D) 죽음의 궤적 전체와 이를 해석한 그림. ([A, C–D] 저자가 직접 촬영 [B] 샌디 틸튼 제공)

마지막 침강

그림 3.7 (뒷페이지) 수면에 물보라를 일으키며 석호로 떨어진 이 작은 투구게는 치명적인 물이 고인 바닥으로 빠르게 가라앉고 있다.

BOB NICHOLLS

나방의 대량이주

나방과 나비는 가장 아름답고 누구든 바로 알아볼 수 있는 곤충이다. 둘 다 곤충강 중 큰 분류군인 나비목(Lepidoptera, 인시목鱗翅目: '인'은 비늘, '시'는 날개, 날개가 비늘가루로 덮여 있다는 뜻의 이름이다—옮긴이)에 속한다. 현생 나비목은 알려진 것만 18만 종이 넘는데 해마다 새로운 종이 발견되고 있어서, 아직 우리가 모르는 종까지 치면 50만 종에 이를 것으로 추정된다.

화석이라면, 이야기가 달라진다. 나비목 화석은 특히 희귀한 편이어서, 보고된 선사시대 종은 몇백에 불과하다. 가장 오래된 화석은 약 2억 500만 년 전, 트라이아스기 후기 것이니, 이들이 살아온 기간을 감안하면 이상할 정도로 표본이 적다. 이것은 나비목의 종이 적었다는 의미가 아니라, 이들의 생활양식과 화석으로 남기 어려운 생체구조의 반영이다.

나비목에 속하는 현생종 가운데 일부는 수천에서 수백만 마리가 모여 거대한 무리를 이룬 뒤 좋은 날씨, 더 많은 식량자원, 번식지 등을 찾아 주기적으로 이주한다. 나방 무리는 '일식eclipse', 나비 무리는 '만화경kaleidoscope'이라고 부른다. 이주하는 나비목은 남극 대륙을 뺀 모든 대륙에 존재하며, 어떤 종들은 바다와 대륙을 건너 수천 킬로미터나 되는 거리를 이동한다. 선사시대 종들도 이처럼 이주했는지 궁금할 것이다. 아마 그랬을 터다. 하지만 하도 화석기록이 빈약해서, 답을 찾기란 거의 불가능해 보인다. 아니면, 그래도, 가능할까?

덴마크에는 비非조류 공룡이 멸종한 지 약 1000만 년 후인 약 5500만 년 전의 에오세 지층이 있다. 작은 섬인 푸르Fur섬의 이름을 따 푸르층이라 부른다. 굉장히 이례적으로 잘 보존된 다양한 동식물 화석이 나왔는데, 그중에는 아주 깜짝 놀랄 동물도 들어 있었다. 바로 약 1700마리에 이르는 나방이었다. 2000년에 이 사실이 처음 보고되었을 때, 푸르층에서 발견된 나방 개체 수는 그전에 발견된 모든 화석 나방의 두 배가 넘었다.

이 거대한 나방 무리에는 완전한 개체들과 날개 없는 몸, 그리고 적어도 7종의 따로 떨어진 날개들이 포함되어 있었다. 1000마리가 넘어 개체수에서 압도적이었던 것은 몸길이 14밀리미터에 불과한 작은 나방으로, 현생 나비목에 속하는 이맥류異脈類, Heteroneura의 종으로 동정되었다. 의미심장하게도, 이 종의 개체들은 작은 무리를 이룬 채 푸르층의 여러 지층면에서 풍부하게 산출된다. 이 나방이 풍부한 지층들은 흥미롭게도 원래 옛 북해의 난바다에서 쌓인 것이다. 다시 말해 나방들이 해안의 서식지에서 멀리 떨어진 바다에 잔뜩 모였다는 이야기다.

오늘날 나비와 나방 여러 종이 북해를 가로질러 이동하고 있고, 바람이 잔잔하고 육지 온도가 높을 때 더 많은 개체들이 앞바다에서 잡힐 가능성이 커진다. 선사시대 나방들도 비슷한 조건에서 비행에 나섰을 가능성이 크다.

해양 기원의 암석에서 발견된 엄청난 수의 표본은 이 선사시대 나방들이 옛 북해를 건너 대량으로 이동했음을 암시한다. 이런 해석을 뒷받침해주는 화석이 2017년, 이란 자그로스산맥의 연대가 좀더 젊은 암석층에서 발견되었다. 깊은 바다에서 쌓인 지층에서 메뚜기 화석들이 나오면서 메뚜기 역시 대양횡단 중이었다는 사실이 밝혀진 것이다. 나방들이 여러 지층면에 각각 대량으로 보존되었다는 것은 이들의 비행이 단일하거나 국지적인 현상이 아니라 서로 다른 시간대에 이루어졌다는 사실을 의미한다. 그때도 그 일이—오늘날과 마찬가지로—흔하게 일어났다는 것을 보여주는 아주 독특한 발견이었다.

새벽 어스름의 속삭임

그림 3.8 (오른쪽 페이지) 나방 무리가 옛 북해를 가로지르는 연례의 대량이동을 하고 있다. 몇몇은 돌풍에 균형을 잃고 아래로, 깊은 물속으로 떨어져내린다.

공룡이 파놓은 죽음의 구덩이들

공룡 얘기로 누군가에게 깊은 인상을 남기고 싶다면, 용각류 공룡이 딱이다. 목이 길고 꼬리도 긴 이 거대한 짐승들은 몸길이 30미터, 몸무게 70톤(다 자란 아프리카코끼리 7마리분의 무게다)이라는 엄청난 몸집으로 자라났다. 그리고 음, 맞다, 그들은 땅 위를 걸어다니면서 살았다. 지구 역사상 가장 큰 공룡이자 가장 큰 육상 동물인 만큼, 용각류는 가장 커다란 발자국을 남겼으리라고 예상할 수 있다. 실제로 그렇다. 용각류 발자국은 프랑스와 스위스의 국경을 이루는 쥐라산맥의 광범위한 이동궤적부터 오스트레일리아 서부의 길이 1미터 안팎의 거대한 발자국까지, 세계 곳곳에서 허다하게 발견된다. 그리도 많기에, 가끔 범상치 않은 뭔가가 불쑥 튀어나온다고 해도 놀랄 일은 아니다.

용각류는 일반적으로 무서운 포식자가 아니라 식물을 뜯어먹는 거대 공룡으로 여겨진다. 이 초식동물들은 엄청난 양의 잎과 줄기를 씹어먹으며(대체로) 커다란 몸을 지탱해야 했고, 그 거대한 덩치야말로 그들을 지켜주는 주요한 방어수단이었다. 용각류는 그 몸집으로 자신을 지켰을 테고, 아마도 그 과정에서 많은 포식자들을 죽음으로 몰아넣기도 했을 것이다. 어쩌면 언젠가 용각류에게 되치기당해 죽고 만 희생자의 화석이 등장해 우리를 놀라게 할지 몰라도, 지금으로선 그저 상상의 산물일 뿐이지만. 그런데 2010년, 용각류 일부가 본의 아니게 사실상의 살인자였음을 보여주는 특이한 화석이 발견되었다.

약 1억 6000만 년 전 쥐라기 후기에, 몸길이 25미터, 몸무게 25~30톤인 거대 용각류 마멘키사우루스*Mamenchisaurus*가 고대 습지의 깊고 부드러운 진흙 위를 쿵쿵거리며 걸어갔다. 이 친구가 진흙을 파고들었던 발을 빼낸 자리에는 깊이와 너비 모두 1~2미터에 달하는 구덩이들이 패였다. 빈 공간을 퇴적물과 물이 재빨리 채우면서, 구덩이들은 뜻하지 않게 그곳에 빠져 끝내 헤어나지 못한 작은 동물들을 집어삼키는 죽음의 덫으로 화했다.

이것은 2001년부터 중국 신장 중가르분지의 우차이완五彩灣 지역에서 발견되고 수집된, 구덩이에 수직으로 쌓여 보존된 뼈무더기 세 개에 대한 해석이다. 화석들은 계절에 따라 건조해지고 가끔 화산재로 덮이곤 했던 온대 지역 습지 환경을 나타내는 암석층에 있었다. 분석 결과, 뼈가 쌓인 구덩이들은 흙과 화산 유래 이암 및 사암이 뒤섞인 부드러운 퇴적물을 담고 있었고, 구덩이들이 패였던 당시에는 물을 한껏 머금은 진흙으로 채워져 있었다.

비록 마멘키사우루스가 구덩이 진흙에 발을 담근 채로 발견된 건 아니지만, 일관된 모양과 크기, 깊이로 보아 이 구덩이들은 거대한 공룡이 남긴 것이다. 그리고 이 지역의 같은 암석층에서 발견된 가장 큰 공룡 중 하나는 마멘키사우루스와 같은 용각류다. 이런 추측을 뒷받침하듯 비슷하게 보존된 다양한 크기의 구덩이가 지역 전체에서 흔하게 발견되었고, 그중 몇몇은 뚜렷한 직선 경로를 그리고 있었다. 그렇지만 조사 결과, 그 구덩이들 가운데 화석들이 들어 있는 것은 오직 바로 위에서 언급한 셋뿐이었다.

물을 머금은 진흙으로 가득찬 깊은 구덩이들은 겉으로는 안정된 것처럼 보였을 것이다. 하지만 어느 작은 동물이 경솔하게도 발을 들여놓고 말았다면, 아마도 그 구덩이에서 빠져나오려고 발버둥을 쳤을 것이다. 한덩어리로 얽힌 최소 18마리의 작은 수각류 공룡을 비롯해 수많은 동물들의 뼈대를 담고 있는 구덩이를 보면 알 수 있는 사실이다.

수각류의 뼈대는 크게 세 유형으로 나뉘는데, 셋 다 그 무렵 과학계에 막 알려진 것이다. 가장 흔한 종류는 짧은 앞다리가 특징인 초식성 케라토사

아아, 거인의 발자국이여

그림 3.9 (뒷페이지) 리무사우루스 몇 마리가 거대한 마멘키사우루스의 깊숙한 진흙투성이 발자국에 빠지고 말았다. 도저히 빠져나올 수가 없다. SOS! 그런데 그럴싸한 한끼. 이들을 발견한 작은 폭군 구안롱이 입맛을 다신다. 그러나… 발밑을 조심하라. 거인의 어깨에 올라앉되, 발자국을 좇지 말지어다.

우루스류ceratosaur, 리무사우루스*Limusaurus*다. (모든 수각류가 육식공룡은 아니었다.) 구덩이 한 곳에서는 연령대가 제각각인 리무사우루스 7마리와 더불어 거북 1마리와 작은 악어류 2마리, 그 밖에 작은 포유류와 파충류 여러 마리의 뼈대가 함께 발견되었다. 구덩이에 빠져 파묻힌 공룡 가운데 가장 큰 종류는 티라노사우루스 렉스*Tyrannosaurus rex*의 초기 친척인, 볏이 있는 수각류 구안롱*Guanlong** 이다(뼈대 두 개가 발견되었다). 구안롱은 후대에 등장한 거대한 사촌과 달리 엉덩이까지의 몸길이가 겨우 66센티미터에 불과했기에, 깊이가 제 키의 두 배가 넘는 구덩이 안에서는 몸을 아무리 쭉 뻗어봐야 바닥에 발을 딛고 머리로 숨을 쉴 수는 없었다.

구덩이에 보존된 골격 대부분은 마치 케이크의 단면처럼 5~20센티미터 두께의 암석으로 나뉜 채 수직으로 층층이 쌓여 있다. 공룡들이 서로 다른 시기에 구덩이에 빠졌고, 바닥에 가까울수록 먼저 빠졌다는 걸 알 수 있다. 어떤 공룡들은 떨어져나간 몸의 부위들과 뼈대 일부만 남아서, 구덩이에 완전히 묻히기 전에 사체 일부가 며칠에서 몇 달 동안 진흙물에 떠다니면서 썩어갔음을 암시한다. 완벽한 뼈대 사이에 있는 부서진 뼈들은 사체들이 어느 정도 쌓였을 무렵, 구덩이에 빠진 다른 동물들이 진흙 속에 쌓여 있는 사체들을 밟고 빠져나올 수도 있었다는 증거다.

공룡이 파놓은 이 죽음의 구덩이들은 색다른 조건에서 만들어진 예상할 수 없는 환경을 보여준다. 어느 용각류 한 마리가 그저 진흙투성이 습지를 어슬렁거렸을 뿐이지만, 그 결과는 진흙으로 가득찬 그 거인의 발자국에, 그 함정에 빠져버린 여러 작은 수각류와 다른 동물들의 죽음이었다.

---

* 볏을 가리키는 중국어 '관冠'을 붙인, '볏을 가진 용'이라는 뜻의 이름이다. 우리말 한자어로도 닭볏을 '계관鷄冠'이라고 한다.

껍데기를 벗고, 나아가라

거미, 혹은 지네, 메뚜기, 바닷가재…, 뭐든, 이 친구들이 낡고 너덜너덜한 겉뼈대를 벗는 걸 본 적이 있는가? 절지동물이 보여주는 가장 초현실적인 자연현상 가운데 하나인.

탈피(허물벗기)는 절지동물이 더 크고 강하게 자라기 위해 필수적인 과정이다. 여기에 더해 허물을 벗는 동안 손상되거나 없어진 부속지도 완전히 재생될 수 있다. 허물을 벗고 난 몸은 처음에는 부드럽지만 곧 굳어 단단해진다. 하지만, 절지동물은 탈피 도중과 직후에 가장 취약해서, 탈피 중에 몸이 끼거나 잡아먹힐지도 모르는 치명적인 위기를 맞이한다. 곤충과 거미류의 대다수는 성체가 된 뒤엔 탈피를 멈추지만, 그 밖의 절지동물 대부분은 평생 탈피를 계속한다.

절지동물은 현존하는 모든 동물 가운데 가장 오래된 종류에 속하며, 거의 5억 4000만 년 전까지 거슬러올라가는 매우 풍부한 화석기록을 자랑한다. 오늘날 살아 있는 100만 종 이상의(그리고 지금도 새로이 등장하는) 절지동물이 다들 탈피하는 것처럼, 초기의 절지동물 역시 탈피했을 것이라는 추론은 줄곧 나왔다. 하지만 그게 사실이라면, 절지동물의 화석 표본이 실제 죽은 개체(사체)인지 탈피 후 남은 허물인지 어떻게 판단할 수 있을까?

당연히, 둘을 구별하기는 매우 어렵다. 일반적으로 화석이 어느 한 곳 훼손되지 않은 상태라면 허물이 아니라 사체일 가능성이 크다. 또 머리(두부)와 몸(흉부) 사이가 갈라져 있고 파손선이 뚜렷하게 남았다면 이 개체가 오래된 겉뼈대로부터 벗어났음을 의미한다. 절지동물은 평생 수많은 허물을 남기지만 사체는 딱 하나만 남길 테니, 우리는 십중팔구 허물 화석을 더 많이 찾을 거라고 기대할 수 있다. 하지만 화석화 과정에서 표본이 훼손되고 변형되어 잘못 해석될 수 있기에, 허물과 사체를 구별하기는 여전히 힘들다.

그 차이를 결정하는 가장 좋은 방법은 탈피 중인 절지동물의 표본을 찾는 것이다. 말은 쉽다. 하지만 탈피가 현생 절지동물 사망 원인의 80~90퍼센트를 차지하고 있다는 점을 고려하면, 이 행동이 화석기록으로 남을 가능성은 커 보인다.

놀랍게도, 희귀한 표본들이 발견되었다. 탈피 행위가 포착된 가장 초기의 명백한 절지동물 화석은 약 5억 1800만 년 전의 것이다. 이 화석은 아주 최근인 2019년에야 중국 남부 쿤밍昆明의 캄브리아기 초기 샤오스바小石壩 생물군에서 산출되었다. 이 초기 해양 절지동물은 알라카리스 미라빌리스 *Alacaris mirabilis* 종에 속하며, 이제 막 탈피를 마친 몸에 갓 벗은 허물이 아직 일부 붙어 있는 미드몰트midmolt 상태로 발견되었다.

하지만 탈피 중인 채로 발견된 최초의 캄브리아 생물체는 5억 500만 년 전의 마렐라 스플렌덴스*Marrella splendens*다. 2센티미터 길이의 이 아주 작은 화석은 2만 5000개가 넘는 마렐라 표본이 발견된 브리티시컬럼비아의 그 유명한 버제스 셰일(제2장의 「가장 오래된 육아: 먼 옛날의 절지동물과 그의 아이들」 참조)에서 나온 것이다. 불행하게도 이 마렐라는 탈피가 중간 정도까지만 진행된 상태였다. 더듬이와 머리의 일부는 오래된 겉뼈대에서 튀어나왔고 머리와 몸의 맞닿은 지점까지 탈피를 마쳤지만, 그 아랫부분은 겉뼈대 안에 남아 있다. 흥미롭게도 머리 양쪽의 넓적한 돌기는 뒤를 향한 채 안쪽으로 접혀 있는데, 이는 보통 마렐라 표본에서 발견되는 돌기들과 반대 방향이다. 탈피 중에는 몸이 더 부드러웠다는 것을 의미한다.

이 최초의 탈피 절지동물들이 놀랍기는 하지만, 가장 주목할 만한 표본은 투구게가 죽음의 행진을 했던 지역 근처에서 수집한 쥐라기 졸른호펜 석회암이다. 비록 졸른호펜 석호에 보존된 동물 대부분은 투구게와 마찬가지로 호수 밑바닥의 독성에 굴복했지만, 석호들 가운데 일부는 적어도 일시적으로나마 생명을 유지하며 머무를 수 있는 곳이었다.

석회암 판은 절지동물이 탈피하는 전 과정을 담고 있다. 바닷가재와 닮은 갑각류 메코키루스 롱기마나투스*Mecochirus longimanatus*가 남긴 이 화석은 갑각류가 물기둥을 뚫고 떨어져 석호 밑바닥에 내려앉으면서 만든 뚜렷한 착륙 흔적에서 시작된다. 메코키루스는 착륙 후, 꼬리부채로 몸을 밀어내며 30센티미터가량 기어갔다. 그리고 허물을 벗으려고 버둥거리고 몸을 뒤틀면서 퇴적물 위로 길게 이어진 이랑과 능선, 긁힌 자국을 남겼는

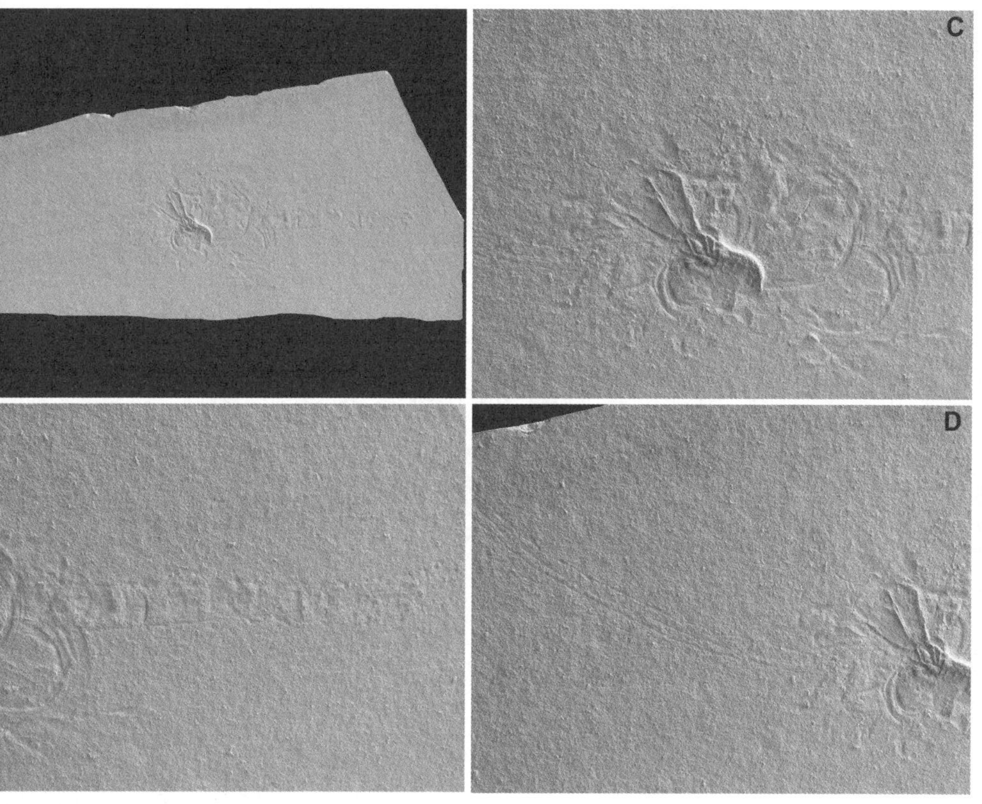

그림 3.10 (A) 메코키루스 롱기마나투스가 남긴 궤적과 탈피각의 전체 모습. (B) 십각류가 처음 도착해 짧은 거리를 걸었던 궤적의 시작지점. (C) 아주 잘 보존된 꼬리와 부속지의 흔적들이 메코키루스가 탈피하는 과정(과 남은 탈피각)을 보여준다. (D) 허물을 벗은 십각류가 자리를 떠날 때 남긴 발자국. 독일 랑엔알트하임의 졸른호펜 판상 석회암에서 발견되었다. (사진 제공: 귄터 슈바이게르트와 로타어 팔론)

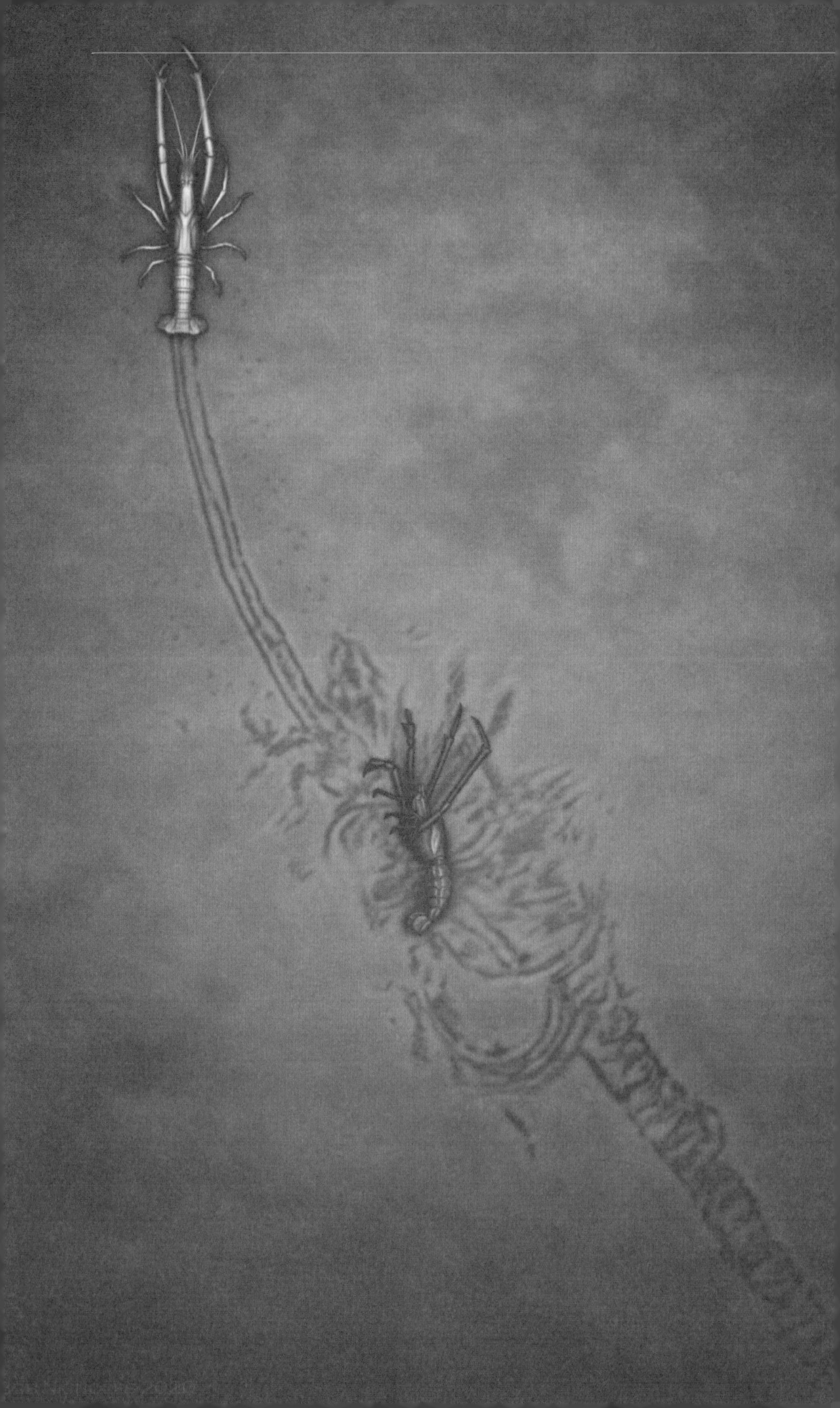

데, 그중 일부는 몸이 옆으로 누웠을 때 만들어진 것이었다. 마침내 허물을 벗고, 그는 떠났다. 깔끔하게 보존된 탈피각만 남긴 채.

이 탈피 과정이 얼마나 오래 지속되었는지 확실히 알 수는 없다. 현생 절지동물의 탈피에는 보통 몇 분 정도가 걸리지만, 소요되는 시간은 제각각이기 때문이다. 하지만 오래된 겉뼈대를 벗어내기 위해 움칫거리며 뒹구는 바닷가재나 새우와 같은 현생 십각류decapod crustaceans와 비교할 수는 있다. 실제로 메코키루스가 남긴 흔적은 현생 샌드랍스터sand lobster의 탈피 과정, 특히 허물을 벗어내기 위해 옆으로 구르는 과정과 유사하다. 샌드랍스터가 탈피하는 데에는 30분가량 걸리며, 허물을 벗은 개체가 이동성을 확보하고 움직일 때까지 10~20분가량이 더 필요하다. 이를 통해 1억 5000만 년 전 쥐라기의 선조가 남긴 탈피 과정의 소요시간을 가늠할 수 있다.

탈피 과정을 남긴 캄브리아기 절지동물은 절지동물 진화 초기에 탈피가 일어났다는 사실을 확인시켜주었다. 화석을 발견하기 전에는 추론만 가능했던 부분이다. 완전한 탈피 과정을 보여준 훌륭한 메코키루스와 그가 남긴 흔적은 이 옛 절지동물의 삶에서 중요한 습성을 엿볼 수 있는 매력적인 기회다.

허물을 벗고 떠나다

그림 3.11 (왼쪽 페이지) 메코키루스 롱기마나투스가 자신의 낡고 헤진 겉뼈대를 떨구기에 딱 맞는 장소를 찾아, 모든 증거를 남기고 새로운 삶을 살기 위해 떠나고 있다.

트라이아스기 초기의 이 기묘한 커플

남아프리카, 특히 카루Karoo 지역의 트라이아스기 초기 암석층에서는 화석화한 굴이 수없이 발견된다. 이 지역은 수천 개의 화석이 산출된 광대한 반사막지대다. 굴 화석들의 연대는 약 2억 5000만 년 전으로, 우리 행성이 가장 큰 자연재해와 맞닥뜨렸을 때와 거의 같은 시기다. 당시 살고 있던 생물종의 90퍼센트가 사라진 페름기 말의 이 대멸종은 '위대한 죽음The Great Dying'이라고도 부른다. 무엇이 전 지구 규모의 멸종을 불러왔는지는 여전히 논쟁 중이지만, 대규모의 화산 폭발과 소행성 충돌은 분명히 지구가 겪어온 역대 대멸종에 결정적인 역할을 했다.

큰 규모의 기후변화는 지구 전체를 타는 듯이 뜨거운 사막 같은 상태로 만들었다. 혹독한 환경에 적응해서, 육지에 사는 척추동물 일부는 굴을 파 극심한 더위를 피했다. 트라이아스기 초기의 이런 굴 다수가 카루 지역에서 산출되었는데, 이는 기후변화에 대한 직접적인 반응을 보여주는 것으로 생각된다. 굴은 포식자를 피하는 가장 좋은 방법이자 훌륭한 피난처이며 위험한 날씨로부터 몸을 보호하고 집에서 편안하게 살 수 있게 해준다. 화석으로 남은 굴은 많이 발견되었지만, 그 대부분은 비어 있다.

이례적으로 드문 경우로, 수궁류獸弓類, therapsid라고 부르는 초기 포유류 근연종들의 서로 연결된 뼈대가 굴속에 묻힌 채로 발견되었다. 이들 중 일부는 서로 나란히 누워 웅크린 채 자신들이 판 것이 거의 확실한 굴속에서 쉬고 있는 상태였다. 같은 굴 안에서 땅을 판 흔적이 발견되기도 한다. 이 굴과 그 안의 뼈대는 계절성 휴면을 보여준다고 여겨왔다. 이 개체들이 일년 중 특히 덥고 건조한 시기에 활동을 줄이고 겨울잠과 비슷한 여름잠에 들어간다는 사실을 암시하는 아주 깔끔한 이론이다. 여름잠은 당시의 극한 기후 조건에 딱 들어맞는 행동이었을 것이다.

1975년에 남아프리카공화국 콰줄루나탈주의 올리비에스후크 고개Oliviershoek Pass에서 발견된 굴 화석 안에는 특이한 동물 조합이 숨어 있다. 발견 당시에는 두개골 일부만이 노출되어 있었는데, 이 두개골은 비교적 흔한, 여우만 한 크기의 수궁류 트리낙소돈 리오리누스*Thrinaxodon liorhinus*의 것으로 확인되었다. 표본은 두 부분으로 쪼개져 있었고, 안에서 더 많은 뼈들이 발견되었다. 하지만 딱히 특이할 게 없어 보였던 이 화석은 요하네스버그 비트바테르스란트대학의 화석 수장고로 옮겨졌고, 그 속에 숨겨진 비밀은 수십년 후 화석을 재조사한 뒤에야 밝혀졌다.

이 표본은 보존처리를 하지 않았기 때문에 실험실에 보관된 화석에는 여분의 바위가 아직 남아 있는 상태였다. 안에 뼈가 있는 것을 고려해 손상이나 변형 없이 표본을 조사하기로 결정했다. 표본은 바다 건너 프랑스로 가서, 레이저를 쬐었다. 구체적으로 말하자면, 거의 빛의 속도로 가속된 전자의 움직임을 통해 믿을 수 없을 만큼 상세한 엑스레이 사진을 찍을 수 있는 거대하고 강력한 기계인 싱크로트론 내부에서 스캔되었다. 이런 비파괴 검사를 통해 뼈들을 흐트러뜨리거나 망가뜨리지 않고도 외부만 봐서는 알 수 없는 풍부한 정보를 얻을 수 있다.

이런 장비의 등장은 고생물학자들이 화석을 연구하고 분석하는 방법에 혁명을 일으켰다. 이런 유형의 기술은 암석 안을 들여다보고 그 안에 포함된 화석이 얼마나 완전하고 중요한지 확인할 수 있게 해준다.

결과는 놀라웠다. 굴 안에는 트리낙소돈의 완전한 뼈대가 자신과 크기가 비슷한 양서류 브루미스테가 푸테릴리*Broomistega putterilli*의 어린 개체와 나란히 놓여 있었다. 브루미스테가 역시 완벽히 보존되어, 얼룩덜룩한 피부까지 남아 있을 정도다. 트리낙소돈은 머리를 굴 끝을 밀 듯이 왼쪽으로 어색하게 비튼 채 엎드려 있고, 브루미스테가는 등을 대고 누워 배를 드러낸 채 트리낙소돈에 기대어 있다. 전혀 다른 두 동물의 이 당혹스러운 조합을 보면 둘이서 뭘 하고 있는지 궁금해지지 않을 수가 없다.

흥미롭게도 양서류 브루미스테가의 오른쪽 갈비뼈 7개가 부러져 있었다. 트리낙소돈이 브루미스테가를 공격해 자신의 굴로 물고 갔으리라고 가정해볼 수 있다. 하지만 부러진 갈비뼈는 회복되는 중이었고, 둘이 만나기 전에 이미 부러져 있었다는 사실이 밝혀졌다. 사실 갈비뼈는 브루미스테가가 죽기 몇 주 전에 당한(아마도 누군가에게 밟힌) 단 한 번의 타격으로 부러졌던 것으로 보인다. 확실히 이런 부상을 입으면 걸음걸이에도 영향을 받을 테고, 무엇보다 숨을 쉴 때마다 엄청나게 고통스러웠을 것이다. 부상을 입은 채로 이글거리는 태양 아래 힘겹게 걷던 브루미스테가는 그저 잡아먹히기만 기다리는 가엾은 먹잇감이었다.

뼈대의 해부학적 구조를 보면 브루미스테가가 반수생 생활에 적응했다는 것을 알 수 있지만, 사지의 형태는 굴을 파는 데에 적합하지 않다. 반면 트

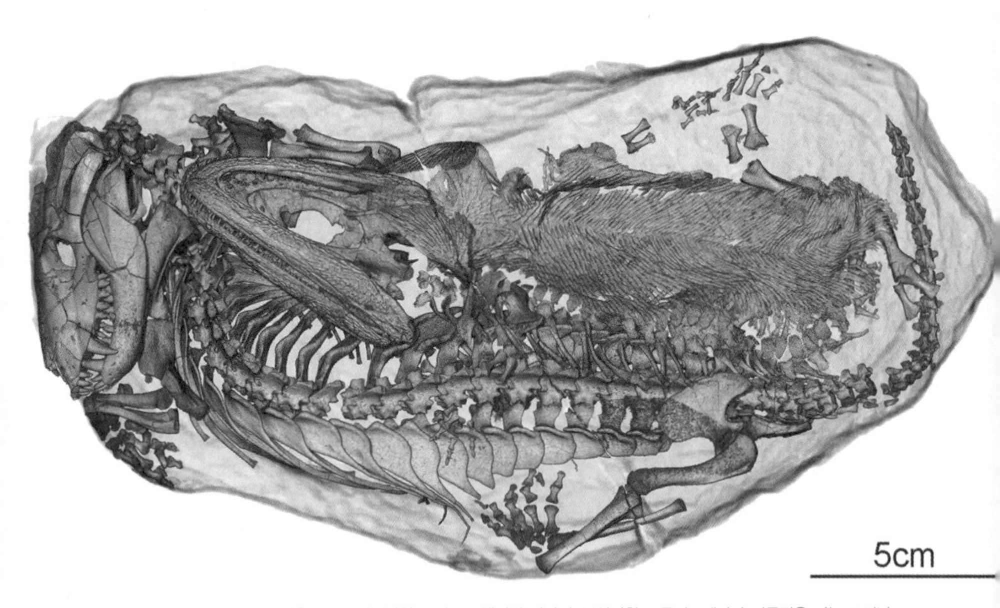

그림 3.12 나는 여름잠을 자오—화석화한 굴의 3D 렌더링 이미지. 부상당한 브루미스테가가 여름잠을 자는 트리낙소돈에 기대어 있다. (사진 출처: Fernandez, V., et al. 2013. "Synchrotron Reveals Early Triassic Odd Couple: Injured Amphibian and Aestivating Therapsid Share Burrow." *PLOS One* 8, e64978)

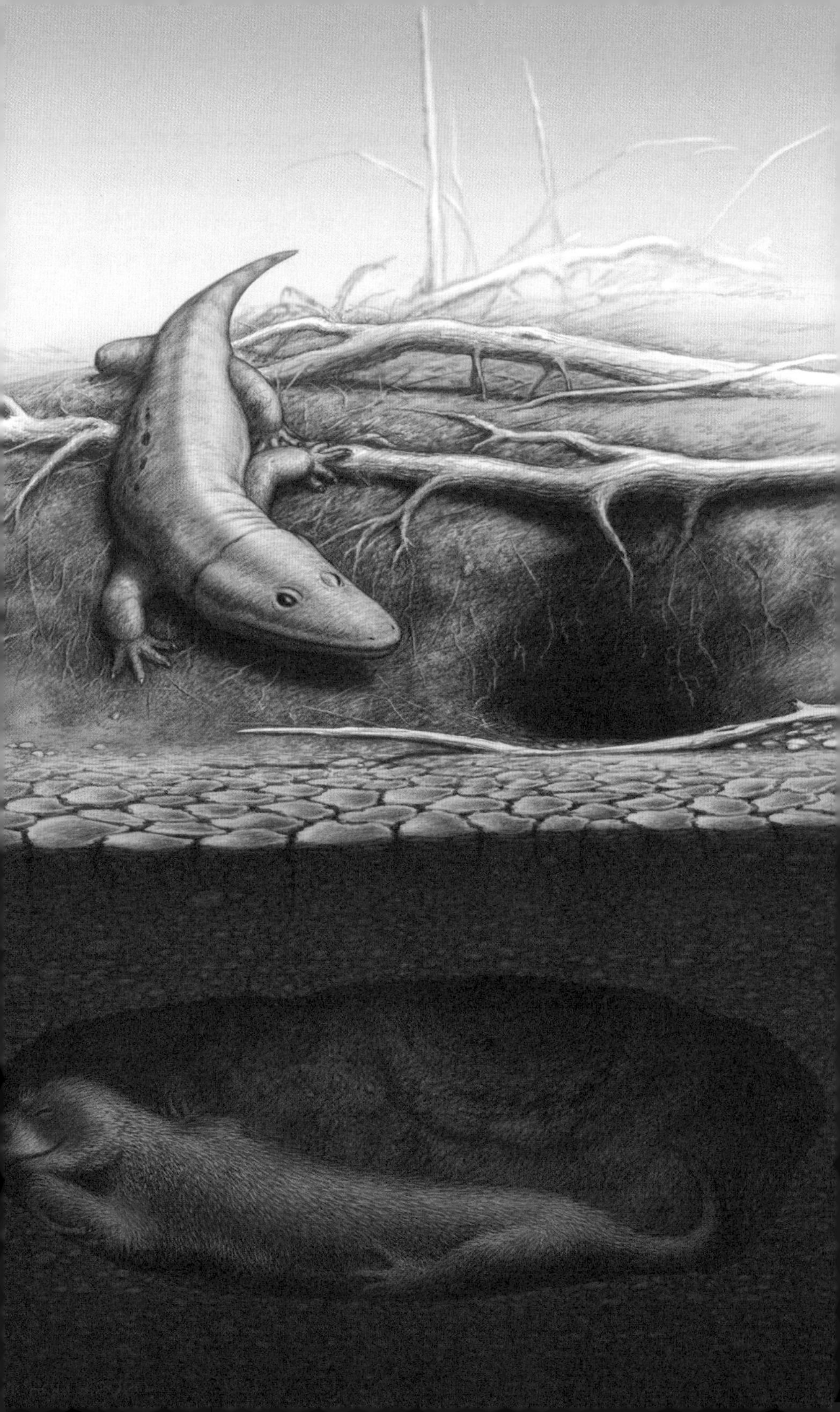

리낙소돈의 사지는 굴을 파기 알맞게 진화했고 다른 트리낙소돈들도 자신의 굴 안에서 발견되었으므로, 화석의 굴은 트리낙소돈이 팠을 터다. 싸운 흔적이 없는 걸로 보아, 트리낙소돈은 자고 있었거나(여름잠) 가족이 생긴 것을 반기며 침입자를 너그러이 받아들였다. 이 관계는 제2장에서 언급한 편리공생의 한 예로서, 서로 다른 두 종이 어울리되 한 종(이번 경우에는 양서류 브루미스테가)만 이익을 얻고 다른 종은 피해는 입지 않지만 이익도 없는 관계다.

반대로 트리낙소돈은 그냥 굴 안에서 죽었고, 브루미스테가는 그저 그 굴에 단순히 들어와 있다가 나중에 죽었을 가능성도 있다. 하지만 둘의 보존상태나 한데 들러붙어 있는 모습을 보면 아무래도 함께 죽은 것으로 추정된다. 그렇다면 살아남으려는 본능에 따라, 브루미스테가는 안전한 은신처를 찾아 굴속으로 들어갔고 그곳에서 깊은 잠에 빠졌을지도 모른다. 이와 유사하게 다른 동물의 굴로 피신하는 행동이 현생 양서류, 특히 어린 개체들에서 관찰된 바 있다.

트리낙소돈은 부상을 입은 양서류 브루미스테가가 굴에 들어왔을 때 휴면 중이었을 가능성이 크다. 이 조합을 만들어낸 정확한 이유가 무엇이든, 이 두 종은 같은 불행과 맞닥뜨렸다. 갑작스러운 홍수로 인해 굴 안에 침전물이 빠르게 차오르면서 둘은 영원히 함께 보존되었다. 이 우연한 발견이 없었다면 상상도 하지 못했을, 전혀 관련 없는 동물들의 흔치 않은 만남이었다.

간절히 바라노니, 내게 안식처를…

그림 3.13 (앞페이지) 부상을 입은 브루미스테가가 이글대는 뜨거운 태양을 피해 트리낙소돈이 편히 쉬고 있는 땅속 굴로 들어가려 한다.

악마의 타래송곳

아주 특이하고 비슷한 다른 것도 찾을 수가 없어서 고생물학자들이 그 정체를 밝혀내려고 수십 년 동안 골머리를 썩이는 몇몇 화석들이 있다. 1800년대 후반, 네브래스카 수카운티를 오가던 카우보이와 목장주 들이 땅과 절벽에서 비죽 튀어나온 기묘한 나선형 사암 구조물을 발견하기 시작했다. 대다수가 2미터 이상으로 성인의 평균 키보다 길었지만, 도무지 영문을 알 수 없는 이 구조물을 어떻게 만들 수 있는지 아는 이는 아무도 없었다. 지역에서는 이걸 '악마의 타래송곳'이라 부르게 되었다.

하나하나 계속해서 발견된 이 사암 나선들은 1891년이 되어서야 과학자들의 관심을 끌기 시작했다. 이 구조물들을 처음으로 조사하고 해석하려고 시도한 이는 지질학자이자 네브래스카대학 교수인 어윈 바버였다. 그는 구조물들이 화석임을 금방 알아차렸고, 별명을 라틴어로 바꾸어 다에모넬릭스*Daemonelix*(또는 다이모넬릭스*Daimonelix*)라고 불렀다. 바버는 확실히 유머감각이 있었지만, 이 구조물이 민물 해면동물이나 식물의 뿌리 화석이라고 믿었던 그의 주장은 꽤나 큰 논란을 불러일으켰다.

다른 과학자들은 생각이 달랐다. 그들이 보기에, 이 거대한 구조물들은 화석화된 동물의 굴이었다. 그중 일부에 설치류의 파편이 묻혀 있었기 때문이다. 바버는 그 둘의 관계를 무시했지만, 과학자들은 굴을 판 게 바로 그 설치류들이리라고 생각했다. 멸종한 육상 비버인 팔라이오카스토르*Palaeocastor*가 굴에 남은 채 발견된 첫 표본을 비롯해 더 완전한 화석들이 발견되면서 이 가설이 실증되었다. 이 사암 구조물들은 처음으로 발견되고 보고된 포유류의 굴 화석이다.

굴과 그 주인(팔라이오카스토르)의 관계는 오늘날의 마멋보다 작은 선사시대 비버들이 일견 터무니없어 보이는 그 흔적화석을 창조했다는 가설을 뒷받침하는 최초의 믿음직한 증거였다. 첫 발견 이후, 수많은 비버들이 자신의 나선형 집에 묻힌 채로 발견되었다. 하지만 여전히 수수께끼 하나가 남아 있었다. 이 녀석들은 도대체 어떻게 이런 특이한 구조물을 만들 수 있었을까?

최초의 발견으로부터 거의 100년이 지난 1977년에 발표된, 500개 이상의 굴을 조사한 결과를 담은 논문에서 해답이 나왔다. 굴 벽에 일렬로 새겨진 수많은 홈들은 계속 자라는 비버의 큼지막한 앞니의 크기, 모양과 완벽하게 일치했다. 비버들은 강력한 앞니를 써서, 공들여 땅에 구멍을 뚫고 나선형 계단들을 만들어가며 완벽한 형태의 굴을 팠다. 그 나선은 굴의 긴 입구이자, 들고 나는 유일한 구멍이었다. 비버는 이 나선 구조물의 기저부에, 끝부분이 바닥으로부터 최대 30도까지 위로 들어올려진 기다란 거실을 만들었다. 이 방들의 길이는 최대 4.5미터에 이르렀다.

그런데, 왜 이렇게 희한한 모양일까? 이 배배 꼬인 굴은 출입구가 단순하고 곧았더라면 더 쉽게 들어왔을 큰 포식자로부터 거주자들을 보호하는 역할을 했을 수도 있다. 하지만 다른 이들은 당시의 덥고 건조한 기후 때문에 생긴, 깊숙한 굴 안쪽의 온도를 조절하는 기발한 에어컨이었을 것이라는 가설을 내놓았다. 이런 기능들이 함께, 굴 안을 보금자리를 꾸미고 새끼를 낳아 기르기 좋은 환경으로 만들어주었을 터다. 최근 오스트레일리아 북서부에서 발견한 현생 파충류 아거스왕도마뱀(yellow-spotted monitor lizard: *Varanus panoptes*)의, 오로지 알을 낳고 부화하는 데 쓰이는 거대한 나선형 굴이 비버들의 행동을 뒷받침하고 있다.

비버의 나선형 굴은 대부분 2300만 년 전~2000만 년 전의 것으로, 해리슨층이라고 불리는 마이오세의 노두에서 산출되었다. 지금까지 네브래스카 서부와 인근 와이오밍 동부의 황무지에서 수천 점의 표본이 발견되었다. 함께 나오는 뼈대는 아마 자고 있다가 폭우로 인한 홍수로 굴 안이 모래와 실

C

그림 3.14 (A) 비버가 설계한 놀라운 구조물인 나선형으로 꼬인 깊은 굴(다에모넬릭스)과 그 안에 묻힌 건축가(팔라이오카스토르). (B) 건축가의 상세한 모습. (C) '악마의 타래송곳'은 19세기 말, 네브라스카의 아게이트 화석층 국립천연기념물에서 발견되었다. (사진 제공: [A–B] 위키미디어; [C] 네브라스카 주립대학 박물관)

트로 채워지면서 묻힌 비버들일 것이다. 토사는 이 주민들을 조심스레 보존했다. 지금도 표본이 계속 발견되고 있으며, 일부는 언덕에서 나선형 굴이 여러 개 발견된 아게이트 화석층 국립천연기념물과 같은 산지에 그대로 보존되었다.

나선형만 빼면, 이 굴은 네브래스카를 포함한 북아메리카 대평원의 토착종인, 토끼만 한 설치류 프레리도그가 만든 굴과 비슷하다. 다람쥐과에 속하는 프레리도그는 굴을 파서 만든 복잡한 미로 지하터널에서 흔히 수백에서 수천 마리의 큰 무리를 지어 산다(이 무리를 마을town이라고 부른다). 보안이 튼튼한 집 안에는 수많은 방이 있고, 각각 먹이보관소, 보육원, 심지어 맞춤형 화장실과 같은 다양한 용도로 쓰인다. 비교해보면, 같은 곳에서 발견된 수많은 팔라이오카스토르 굴의 간격과 수는 이 선사시대 비버들이 마을 같은 것을 만들어 어떤 형태로든 공동체를 꾸려 함께 살았다는 것을 보여준다. 굴에 남아 있는 성체 비버와 어린 비버를 통해, 이들이 나선형의 집에 있는 방에서 새끼를 키웠다는 사실을 알 수 있다.

타래송곳, 즐거운 나의 집

그림 3.15 (오른쪽 페이지) 어미 팔라이오카스토르가 깊은 굴속의 방에서 새끼들을 돌보는 동안 수컷은 입구를 감시하고 있다.

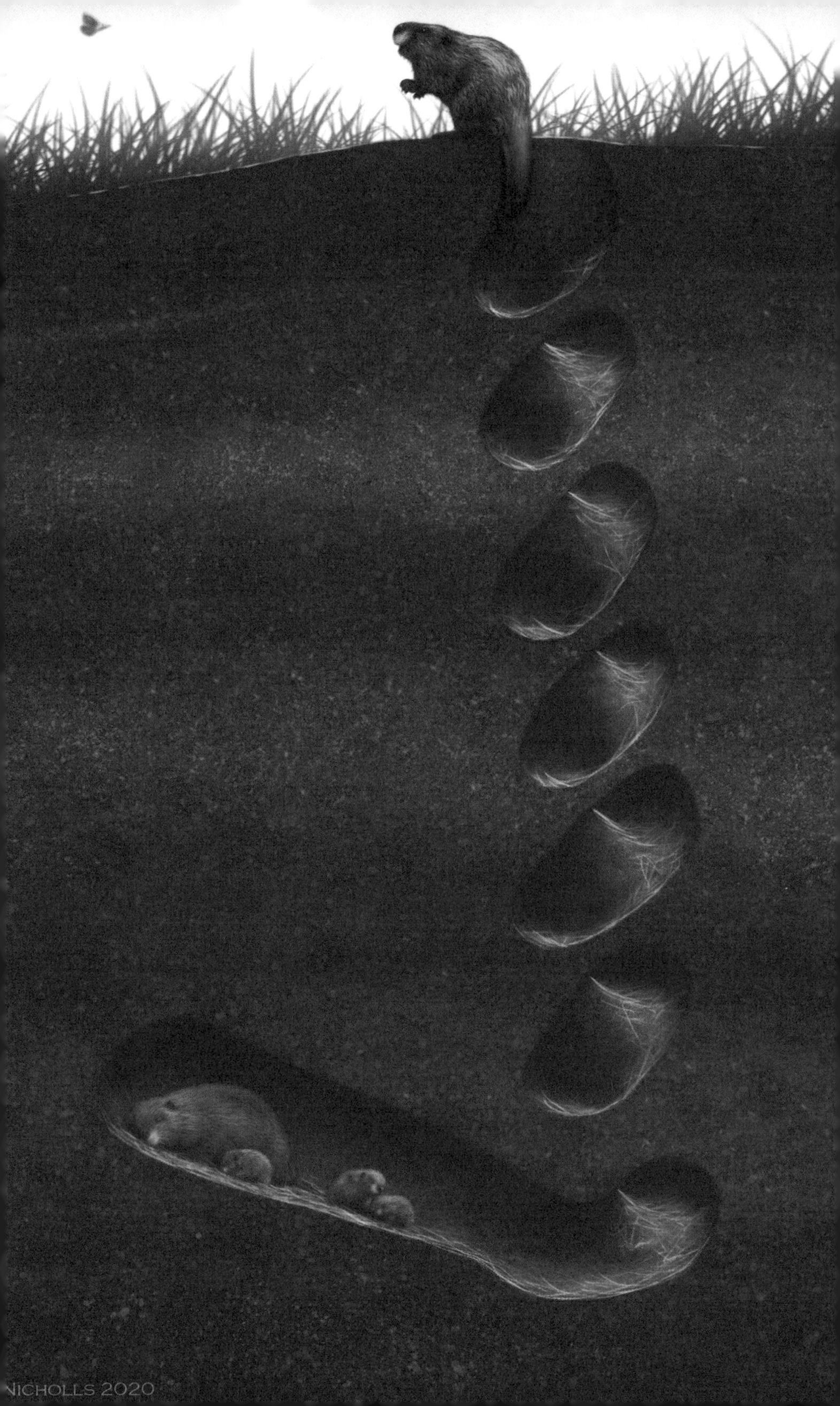
NICHOLLS 2020

땅속에 굴을 파는 공룡

공룡과 그들의 행동을 생각할 때 굴을 파는 모습이 얼른 떠오르지는 않을 것이다. 땅을 파는 디플로도쿠스나 티라노사우루스라니, 상상하기 어렵지만 실제로 본다면 꽤나 웃길 성싶다. 이처럼 공룡이 하기엔 이상한 행동으로 보일지 모르지만, 공룡들이 크기도 생김새도 서식지도, 그 밖의 것들도 얼마나 다양한지를 떠올려보면 땅을 파는 공룡 자체는 그리 놀라운 게 아닐지도 모른다. 1990년대부터 고생물학자들은—비록 직접적인 증거는 없지만—몇몇 공룡들은 굴속에서 태어나 살았을 것이라고 추측해왔다.

2007년, 참으로 경이로운 발견이 세상에 알려졌다. 속이 메워진 채 거주자들과 함께 보존된 커다란 굴이 몬태나 남서부 리마 봉우리 근처의 백악기 암석에서 발견된 것이다. 그 안에는 몸집이 작고 이족보행을 하는 신종 초식공룡 세 마리분의 뼈대가 뒤섞여 있었다. 이 공룡은 오릭토드로메우스 쿠비쿨라리스*Oryctodromeus cubicularis*('굴속의 땅 파는 달리기 선수'라는 뜻이다)라는 이름을 얻었다. 해부학적 구조로 보아, 오릭토드로메우스는 아마도 짧고 강력한 앞발을 써서 땅을 파헤치고 주둥이로 여분의 흙먼지를 제거했을 것이다. 흔적(굴)과 몸(뼈대) 화석이 함께 존재하는, 공룡의 굴 파는 행동에 대한 강력한 증거를 최초로 제시하는 표본이다.

사암 굴은 S자 모양의 경사진 터널로 이루어져 있고, 그 터널 끝에는 뼈들이 보존된 더 넓은 방(거실)이 있다. 북아메리카의 고퍼육지거북gopher tortoise, 아프리카의 땅늑대aardwolf, 수많은 설치류 등 다양한 현생 동물들이 비슷한 굴을 만든다. 흥미롭게도 굴의 폭은 30~32센티미터, 높이는 30~38센티미터, 그리고 방 일부가 침식으로 사라져 원래는 더 길었으리라 추측되긴 하지만, 총 길이가 2미터를 조금 넘는다. 성체의 최대 몸길이가

2.1미터로 추정되는 오릭토드로메우스가 꽉 끼는 크기다. 하지만 오릭토드로메우스 몸길이의 약 3분의 2는 매우 긴 꼬리가 차지하고 있었고, 방 안에는 한 마리가 빙글 돌 만한 충분한 공간이 있다. 현생종을 보면 이렇게 낄 정도로 딱 맞는 굴은 곧잘 포식자를 막아내고, 땅늑대처럼 자신의 몸길이보다 짧은 굴을 파고 그 안에서 아늑하게 지내는 동물들도 있다.

다른 두 마리는 뼈대가 성체의 절반 크기인 것을 보아 같은 종의 어린 개체들일 터다. 곤충이나 작은 포유동물 같은 훨씬 작은 동물들이 안에 남긴 흔적들로 미루어 굴을 공유했을 수도 있지만, 오릭토드로메우스 성체는 자신과 어린 개체들만 살기에 알맞은 공간이라고 확신한 것으로 보인다. 어린 개체의 크기를 고려할 때, 이 조합은 오릭토드로메우스가 굴 안에서 새끼를 오랫동안 돌봤음을 의미한다. 따라서 굴을 판 이유 가운데 적어도 일부는 새끼들의 생존을 보장하기 위한 부모의 보살핌으로 추정된다. 아메리카 대륙에서 볼 수 있는 굴올빼미, 대서양퍼핀을 비롯한 일부 현생 공룡후손(조류) 역시 이와 유사하게 땅속에 굴을 파고 새끼를 돌본다.

굴이 발견된 암석층은 선사시대 범람원에서 유래했다. 뼈대들이 서로 뒤섞여 있기 때문에, 공룡 가족이 굴 안에서 살았던 게 아니라 이들이 강물이나 홍수에 휩쓸려갔거나 포식자가 공룡들을 굴 안으로 끌고 들어갔을 가능성도 짚어볼 필요가 있다. 그러나 좁은 굴 깊숙한 곳에 묻힌 사체들의 완전한 상태와 서로 얽혀 있는 모습, 그리고 물린 자국이나 손상된 흔적이 없는 뼈대들이 그런 가설을 지워버린다. 오릭토드로메우스는 진흙 속에 굴을 팠고, 굴은 이후 홍수가 났을 때 모래로 채워졌다. 서로 뒤엉킨 뼈 덩어리는 이들이 굴속에서 (알 수 없는 이유로) 죽고 부패한 뒤에 묻혔다는 것을 나타낸다.

아이다호 동부에서 수많은 뼈대들이 발견되면서 오릭토드로메우스는 이 주에서 가장 흔한 공룡이 되었다. 리마 봉우리 지역에서도 화석이 더 나왔다. 새로운 표본 일부는 여러 마리가 함께 있고 그중에는 서로 크기와 연령

BOB NICHOLLS

대가 다른 개체들도 포함되어 있어서 이 공룡이 사회적 행동을 했다는 증거를 제공한다. 특히 아이다호와 몬태나에서 각각 발견된 두 개의 굴은 형태와 크기가 처음 발견된 굴과 거의 일치하며, 마찬가지로 오릭토드로메우스의 뼈대도 품고 있다.

오릭토드로메우스는 최초로 발견된 굴 파는 공룡이다. 이 친구는 몇몇 공룡들이 땅을 파 포식자와 악천후로부터 자신들을 보호할 굴을 만들었을 뿐만 아니라, 굴 안에서 오랜 기간 새끼를 돌보았다는 확실한 증거를 보여준다. 굴과 뼈대가 함께 발견된 이 표본들은 공룡의 습성을 그대로 담은 가장 절묘한 화석기록 중 하나다.

벙커 안의 가족

그림 3.16 (왼쪽 페이지) 오릭토드로메우스 쿠비쿨라리스 성체가 새끼 두 마리와 함께 자신이 만든 굴속에 있다. 땅 위에는 오릭토드로메우스의 소규모 무리가 보인다.

엄청나게 큰 나무늘보가 땅속에?

엄청나게 느릿느릿 움직이고 온종일 나무에 매달린 채 빈둥대는 나무늘보는 중앙아메리카와 남아메리카의 열대우림에서만 서식하는 흥미로운 수목성 초식동물이다. 이 작은 포유류는 몸무게가 대부분 5킬로그램 이하인 6종의 현생종이 있으며, 앞발가락의 개수에 따라 크게 두발가락나무늘보(Choloepus, 2종)과 세발가락나무늘보(Bradypus, 4종)로 나뉜다. 작은 나무늘보들은 지구상에서 가장 느린 포유류로, 나무타기에 아주 능한 반면 걷기 능력은 형편없다. 이들의 멸종한 선사시대 친척들은 정반대였다. 그들은 아주 거대했고 땅에서 살았으며 굴도 잘 팠다.

땅늘보로 알려진, 수많은 종들과 몇몇 멸종된 과들은 아메리카 전역에서 발견되었다. 최초로 발견한 이들 중 한 명은 바로, 저 유명한 'HMS 비글호' 항해 중의 찰스 다윈이었다. 마지막 종은 겨우 수천 년 전에 멸종했는데, 증거를 보면 인간에 의해 멸종했을 가능성이 크다. 현생 나무늘보와 비교해 보면, 남아메리카에 살던 메가테리움*Megatherium* 같은 멸종 종 일부는 코끼리만큼 컸고 생김새는 곰과 닮았으며 온몸에 털이 덥수룩했다. 이들은 몸무게 4~6톤에 몸길이 6미터에 달했다.

과학계의 주목을 모은 최초의 땅늘보이자 북아메리카에서 나온 첫 표본 중 하나에는 재미있는 역사가 얽혀 있다. 바로 웨스트버지니아의 어느 동굴 안에서 발견된 뼈대 조각을 연구한 사람이 다름아닌 미국의 세 번째 대통령 토머스 제퍼슨이라는 사실이다. 처음에 제퍼슨은 뼈대가 여전히 살아남아 있을지도 모르는 거대한 사자의 일부라고 생각했고, 1797년에 자신의 발견을 미국철학협회 회원들과 공유했다. 1825년, 이 종은 제퍼슨의 이름을 따서 메갈로닉스 예페르소니*Megalonyx jeffersonii*라고 명명되었다.

이 거대한 나무늘보가 처음 발표되었을 때 어떤 이들은 이 거대한 친구들이 현생 나무늘보처럼 거꾸로 잠을 자고 나무에 매달렸으리라고 추측했다. 코끼리가 나무에 거꾸로 매달려 있는 셈이다! 심지어 다윈도 이 해석을 비웃었다. 실은, 거대 나무늘보 대다수는 크고 강력한 앞다리와 튼튼하고 넓게 구부러져서—명백히, 매달리기가 아니라—땅파기에 알맞은 발톱이 달린 커다란 앞발을 갖고 있었다.

땅을 파는 거대 나무늘보 가설을 지지하듯, 1920년대와 1930년대에 완벽하게 조형된 웅장한 화석 땅굴paleoburrow들이 남아메리카에서 발견되었다. 발견된 지역과 굴의 연대는 많은 땅늘보들이 살던 지역 및 시기와 일치했다. 우연이라고 하기에는 너무 잘 맞아떨어지는 모양새였지만, 이런 땅굴을 만들 수 있는 거대 동물이 땅늘보만 있던 건 아니었다. 자동차 크기의 거대 아르마딜로를 비롯한 다른 동물들도 발견되었다. 수백만 년 전에서 약 1만 년 전 사이에 만들어진 직선 또는 약간 구부러진 초대형 땅굴들은 그 뒤로 수천 개가 발견되었다. 땅굴은 주로 브라질, 그중에서도 히우그란지두술주와 아르헨티나, 특히 부에노스아이레스 주변에 밀집되어 있었다. 사람이 걸어다닐 수 있을 만큼 큰 원통형 터널로 남은 곳도 많지만, 대부분은 부분 또는 전체가 몽땅 퇴적물로 채워져 있다. 크기는 제각각인데, 가장 큰 땅굴은 놀랍게도 높이 2미터, 너비 4미터에 총 길이가 100미터가 넘는다! 이는 지금까지 발견된 동물의 굴 가운데 가장 크다. 심지어 일부 터널은 다른 터널과 연결되어 복잡한 구조를 이룬다.

땅늘보의 몸집과 일치하는 거대한 크기는 (적어도) 상대적으로 큰 땅굴들을 만든 존재가 이 거인들이라는 증거를 뒷받침한다. 게다가 몇몇 굴의 벽과 천장은 대부분 건설자들이 남긴 발톱 자국으로 덮여 있다. 이 자국은 스켈리도테리움*Scelidotherium*이나 글로소테리움*Glossotherium* 같은 종의 큼지막한 두 번째와 세 번째 앞발톱과 거의 일치한다. 이 두 종은 몸무게 1~1.5톤, 몸길이 3미터 정도의 중형에서 대형에 해당하는 땅늘보로, 땅굴이 있는 지역에서 발견된다. 레스토돈*Lestodon*처럼 이보다 더 크고 무거운 땅늘보는 가장 큰 땅굴을 만들었을 가능성이 있다. 반면 작은 땅굴들은 대부분 거대한 아르마딜로가 만들었을 것이다.

땅굴 중 일부에는 표면이 매끈매끈한 독특한 지점들이 있다. 나무늘보들이 같은 부위를 정기적으로 빗질하거나 아마도 가려운 부분을 긁기 위해 벽에 털을 문지른 곳이다. 코끼리와 같은 거대한 현생 포유류 역시 가려운 곳을 긁거나 기생충을 떼어내기 위해 나무나 바위에 몸을 비비는 습성이 있다.

많은 땅굴들의 크기와 길이를 고려했을 때, 그중 일부는 수많은 나무늘보들이 아마도 몇 세대에 걸쳐서 파냈을 것으로 추정된다. 나무늘보의 사체가 함께 나오는 땅굴은 매우 드물지만, 아르헨티나의 적어도 한 곳에는 스켈리도테리움의 어린 개체와 성체가 함께 묻혀 있었다.

땅굴 외에도 남아메리카와 북아메리카의 자연동굴에서 땅늘보 화석들이 풍부하게 산출된다. 뼈대들 외에도, 믿을 수 없게도, 황갈색이나 적갈색을 띤 털이 붙은 채 미라화한 피부가 함께 발견되었다. 일부 피부에는 심지어 작은 골판도 달려 있었는데, 이는 아마도 포식자로부터 몸을 지키는 갑옷 역할을 했을 것이다. 똥도 함께 발견되었다. 처음 발견했을 때 생김새도 냄새도 나무랄 데 없이 신선했던 나머지, 발견자들은 당시 살아 있는 동물의 똥이라고 생각했다. 이런 똥을 분석해 여러 종들의 먹이를 알아낼 수 있었다.

아마 이 거대한 땅늘보도 매우 느릿느릿 움직였는지 궁금할 것이다. 만약 그랬다면, 땅늘보들은 거대한 땅굴 체계를 만드느라 영원토록 땅을 파고 있었을 것이다. 그러니 터무니없는 소리다. 또한 현생 나무늘보들의 느려터진 속도는 자기방어용이다. 재규어나 남미수리 같은 나무늘보의 포식자들은 자신들의 시각과 먹잇감의 움직임에 크게 의존한다. 알아차리기 힘들 만큼 느릿하게 움직이면 주변 환경 속에 몸을 감추고 몰래 지나갈 수 있

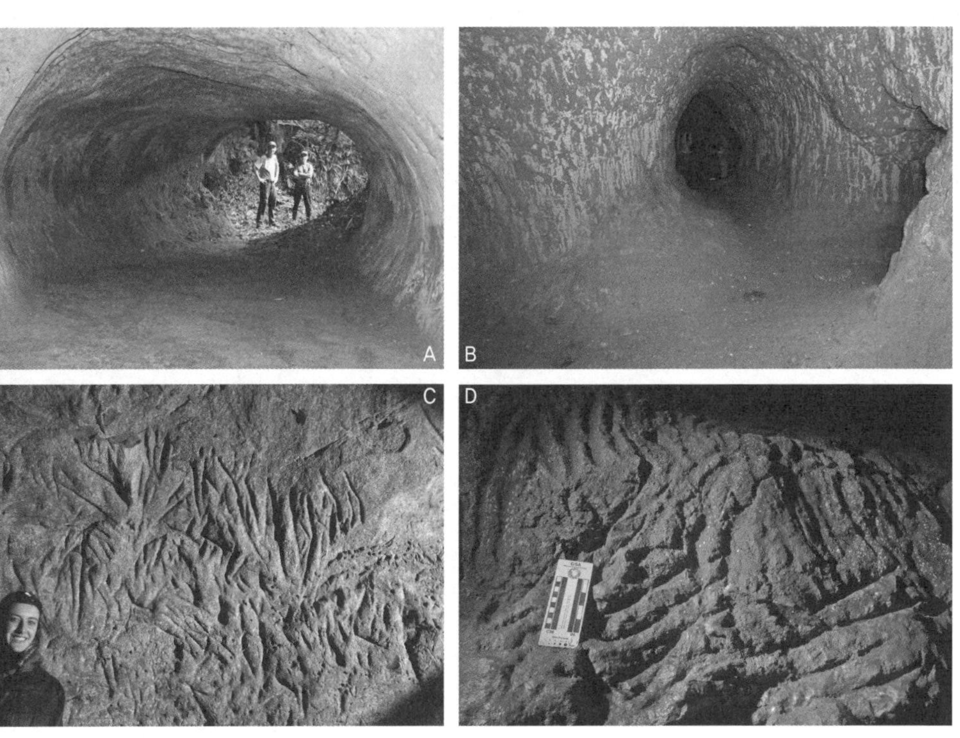

그림 3.17 (A–B) 브라질 남부에서 발견된 거대 땅늘보의 웅장한 화석 땅굴. (A는 산타카타리나주의 팀베두술, B는 혼도니아주에 있다.) (C) A의 벽에 남은 긁은 흔적은 땅늘보의 발톱과 일치한다. (D) 산타카타리나주 우루비치의 땅굴에서 발견한 긁은 흔적을 근접 촬영한 사진. 사람은 크기 비교용이다. (사진 제공: [A, C–D] 하인리히 프랑크, [B] 브라질 지질조사국의 아밀카르 아다미)

다. 하지만 그건 땅늘보에게 적합한 전략은 아니다. 많은 경우 이들은 거대한 몸집과 커다란 발톱으로 자신들을 보호할 수 있었을 것이다. 이들이 땅을 파는 능력과 이들이 현생 후손보다 빠르게 움직였음을 나타내는 발자국 화석을 보면 이 옛 나무늘보들은 움직이지 않는 연약한 고깃덩어리가 아니었다.

땅늘보들은 왜 이렇게 거대한 땅굴을 파는 데에 온갖 노력을 기울였을까? 하나는 포식자를 피하기 위해서였다. 물론 몸집이 큰 종들은 스스로를 보호할 수 있었겠지만, 인류가 그들을 사냥했다는 증거가 남아 있는 데다

아직 어린 개체들은 스밀로돈 같은 발 빠른 포식자들에게 아주 만만한 사냥감이었을 것이다. 그러므로 땅굴들은 땅늘보의 피난처인 한편 이들이 가족이나 공동체를 이루며 살 수 있는 주거지 역할을 했을 가능성이 크다. 또 더 추워지거나 더 건조해지는 등의 악천후로부터 몸을 지키는 데에도 땅굴을 이용한 것으로 보인다.

슬프게도 이 강력한 발동기들은 더이상 우리와 함께하지 않지만, 그들의 유산은 아주 놀라운 곳에 남아 있다. 바로 아보카도다. 자, 땅늘보는 아보카도 나무가 출현할 무렵 그 주변에 살고 있었다. 그리고 과일을 통째로 우걱우걱 먹어치운 뒤 씨앗을 멀리까지 뱉어 나무의 서식지가 널리 퍼져나가는 것을 도울 수 있는 가장 큰 동물들에 속했다. 나무늘보를 포함해 아보카도를 먹는 대형 포유류들이 멸종했을 때, 이미 그들은 자신도 모르는 사이에 과일의 미래를 안전하게 지켜내는 데에 도움을 준 지 오래였다. 다음에 아보카도를 먹을 때는 여러분도 이 거대한 털북숭이 포유류들에게 감사인사를 건넬 수 있을 것이다.

타고난 땅파기꾼

그림 3.18 (앞페이지) 아보카도 나무 아래에 선 어린 레스토돈 두 마리가 인근 땅굴을 팔 때 나온 흙더미 속에서 놀고 있다. 한 녀석은 땅파기 연습 중이다. 레스토돈의 부모는 굴의 입구를 뚫고 나오는 중이고, 다른 한 녀석은 등을 긁고 있다. 뒤에서 또다른 성체가 새로운 굴을 파고 있다.

제4장

싸움, 물어뜯기, 그리고 섭식

- 수컷 매머드 두 마리, 격돌하다
- 공룡과 공룡이 싸울 때
- 쥐라기 드라마: 잘못된 사냥
- 태고의 바다를 누빈 공포의 벌레
- 탐욕, 그리고 '물고기 안의 물고기'
- '뼈를 으스러뜨리는 개' 사건, 해결
- 살해범을 잡아라: 아기 공룡을 먹어치운 뱀
- 공룡을 잡아먹는 포유류
- 중생대 급식소: "뭔가 흥미로워…"
- 지옥돼지의 고기 저장고
- 선사시대의 마트료시카: 비틀어진 먹이사슬 화석

백상아리는 마치 표적을 정하고 쫓는 것처럼 물속을 내달린다. 사냥이 벌어지고 있는 건데, 뭔가 이상하다. 바다표범도 물고기도, 그 밖의 어떤 먹잇감도 보이지 않는다. 이 최상위 포식자는 사냥꾼이 아니라 사냥감이다. 지느러미로 맹추격하는 것은 소규모의 범고래 떼다. 범고래들은 협동해서 백상아리를 쫓아 점점 좁은 곳으로 몰아넣은 다음, 잡아 죽인다. 이들은 백상아리를 찢어발기는 대신, 단 하나의 목표만을 노린다. 바로 큼지막하고 영양만점인 간이다. 범고래들은 간을 꺼내어 배불리 먹고, 떠난다.

의심의 여지 없이, 백상아리와 범고래는 현생 동물 중에서도 가장 거대한 최상위 포식자에 속한다. 하지만 둘이 만나면, 언제고 승자는 확실해 보인다. 바로 범고래다. 거대한 백상아리에게 타고난 포식자가 있다는 생각은 말도 안 되는 것처럼 보이고, 우리 마음속 깊이 뿌리내린 먹이사슬 꼭대기에 앉은 사냥꾼 이미지와도 모순된다. 그렇지만 백상아리를 사냥해 죽이는 범고래들의 모습이 카메라에 잡혀왔고, 범고래들이 근처에 있으면 상어들이 섭식행동을 바꾸고 자신이 좋아하는 사냥터를 빠져나간다는 연구결과도 나와 있다.

야생동물 다큐멘터리는 늘, 가장 작은 곤충이든 가장 큰 포유류든 상관없이, 격렬한 싸움과 긴장감 넘치는 사냥, 또는 다른 형태의 전형적인 포식자와 피식자의 대치 장면을 부각시킨다. 왜냐고? 짝짓기, 보금자리 짓기, 새끼 돌보기 같은 행동만으로는 우적우적 씹어먹는 이빨과 억세게 휘두르는 발톱과 무지막지하게 찔러대는 뿔만큼 시청자를 사로잡는 드라마를 만들어낼 수 있다는 보장이 없기 때문이다. 먹이를 토막내는 맹수떼나 경쟁자와 피비린내나는 싸움을 벌인 끝에 당당히 승리를 거둔 동물을 볼 때, 또는 어떤 동물이 먹이를 잡아먹는 기발한 기술을 어떻게 진화시켜왔는지를 배울 때, 사람들은 시선을 고정하고 상상력을 키워간다. 물론, 우리는 동물의 세계가 꽤나 더 복잡하고, 자연이 테니슨의 표현처럼 "붉게 물든 이빨과 발톱"으로만 이루어진 건 아니라는 사실을 알고 있다.

모든 동물이 죽고, 많은 동물들이 포식자의 희생양이 되는 것이 삶의 실상이다. 여러분이 이 문장을 읽는 짧은 순간, 전 세계의 수많은 포식자들이 누군가를 죽이고 있을 것이다. 하지만 상대에게 물어뜯기거나 잡아먹힐 가능성이 있을 때, 여러분에겐 선택권이 있다. 당당히 맞서 싸우거나, 걸음아 날 살려라 하고 도망칠 준비를 하는 것이다. 이러한 '투쟁-도주fight or flight 반응'은 코앞에 다가온 부상이나 죽음의 위협에서 살아남으려는 동물의 본능에서 나온다. 예를 들어 공격자를 놀라게 하거나 겁주거나 심지어는 죽이거나(얼룩말이 날린 행운의 발차기가 사자의 두개골에 정통으로 맞는 순간을 생각해보자) 적을 앞질러 도망쳐 살아남는다면, 그 동물은 살아서 내일을 맞이할 수 있다. 확실히, 운이 그러한 상황에서 큰 역할을 할 수 있고 실제로도 그렇지만, 적자생존의 개념은 가장 조금밖에 이점을 갖지 못한 동물들에게도 적용된다. 역경을 극복할 만큼 강하고 빠르고 똑똑한 개체들은 짝을 찾고 교미해 자신의 유전자를 다음세대에 물려줄 가능성이 더 크다.

싸우고 물어뜯는 게 항상 배를 채우기 위해서는 아니다. 동물들이 싸우는 이유는 포식捕食을 넘어 지배, 학습, 번식 파트너, 영역, 방어, 먹이 등등으로 다양하다. 이런 자원을 둘러싼 분쟁은 동종의 구성원 사이에서 일반적이고, 때로는 누군가의 죽음으로 끝날 수도 있다.

현존하는 가장 큰 육상 포유류 중 하나인 아프리카 하마를 예로 들어보자. 만약 하품하는 하마를 보게 된다면, 그것이 경고라는 것을 알아두길 바란다. 하마의 하품은 낮잠이 필요하다는 의미가 아니라 여러분이 너무 가까이 있다는 신호다. 수컷 하마들은 영역이나 암컷을 놓고 물속에서 사납기 짝이 없는 싸움을 벌인다. 쩍 벌린 턱을 서로 부딪치고, 힘으로 밀어붙이고, 커다란 송곳니와 앞니로 상처를 입혀 피칠갑으로 만들곤 한다. 싸움은 몇 시간 동안이나 이어지며, 치명적인 결과를 초래하기도 한다. 참고로, 대개 하마를 완전 초식동물로 여기는데 이는 사실이 아니다. 비록 드물긴 하지만, 하마가 동물을 먹거나 심지어 동족포식 습성에 기대는 모습까지 관찰되었다.

물어뜯기가 싸움의 방법으로만 쓰이는 것은 아니다. 동물들은 다양한 이유로 이빨이나 이와 동등한 부분을 사용하는데, 그 무엇도 교미 중일 때보다 이상하지는 않을 것이다. 여러분은 수컷 고양이가 짝짓기하는 동안 암컷 목을 물어뜯는 모습을 본 적이 있을 것이다. 사자나 호랑이 같은 거대 고양잇과 동물들도 마찬가지다. 몇몇 종에서는 짝짓기, 물어뜯기, 포식이 전형적인 한 세트를 이룬다. 예를 들어 무당거미orb-web spider 암컷은 교미하자마자 수컷을 잡아먹는다. 단, 수컷이 아직 자신의 '페니스'를 자르고 탈출하지 않은 경우에만! 치명적인 매력에 관한 이야기다.

아마도 고생물학에서 수각류 공룡이 커다란 이빨로 먹잇감의 살점을 찢어발기는 모습보다 더 상징적인 것은 없을 것이다. 많은 사람들이 지나간 시대의 옛 동물들에게 정말 관심을 갖는 부분은 바로 이 '싸움과 포식' 구도다. 그리고 이러한 유형의 질문들은 고생물학자들에게 날아드는 진짜 도전장이다. '그 공룡은 어떻게 사냥했을까?', '그 긴 발톱은 어디에 썼을까?', '누가 누구를 먹었을까?'

질문의 답을 찾아, 고생물학자들은 다양한 과학적 연구방법을 활용해 가설을 세우고 흔히 집중적으로 비슷한 현생 동물들과의 비교에 매달린다. 지금 동물의 왕국에서 누가 누구와 싸우는지, 무엇을 먹는지, 그리고 이러한 상호작용이 어떤 식으로 일어나는지 관찰하는 과정을 통해 동물들이 공동체와 생태계에서 담당하는 다양한 역할들과 함께 지배 계층구조, 포식자와 피식자의 관계, 먹이사슬에 대해 많은 것을 배울 수 있다. 당연하지만 선사시대의 상호작용을 이해하는 일은 훨씬 더 복잡한 데다, 오직 추측만 가능한 것처럼 보일 수 있다.

티라노사우루스 렉스를 예로 들어보자. 거대한 크기와 뼈를 부숴버리는 턱과 이빨의 힘 같은 구체적인 특징은 이 포식자가 오늘날 최상위 포식자에 버금가는 먹이사슬의 꼭대기에 있었으리라는 걸 강하게 암시한다. 마찬가지로 현생종들의 먹이사슬이 어떻게 작용하는지 살펴봄으로써, 선사시대의 나비가 당시의 개구리에게 먹혔고 개구리는 다시 그때의 새에게 먹혔을 것이라고 추론할 수 있다.

마지막 식사가 온전히 남은 화석을 발견하는 일은 환상의 영역이 아니다. 만약 동물이 최후의 만찬을 즐긴 직후에 죽었다면 식물, 뼈, 이빨과 같은 단단한 부분이 남을 수 있다. 위산이 그것들을 녹여버리지 않았다면 말이다. 결론적으로, 먹이의 잔해는 그것을 먹은 동물이 겪었던 것과 같은 화석화 과정을 거치며 보존될 수 있다.

가능성이 작아 보일지 몰라도, 싸움, 물어뜯기, 포식 행동과 관련된 상호작용은 화석기록에 풍부하게 남아 있다. 범죄 현장의 형사들이 '범인은 누구인가'를 알아내려고 애쓰는 것처럼, 고생물학자들도 가능한 모든 단서를 모아서 합당한 결론에 도달한다. 하지만 서로 싸우고 물어뜯고 상대를 먹이로 삼는 동물들에 대한 직접적인 증거를 포착했을 때 비로소, 그 결론들은 부인할 수 없는 사실이 된다. 이 장은 어쩌면 여러분이 믿고 있을, 피에 굶주린, 낭만화된 선사시대의 삶에 관한 이야기가 아니다. 반대로 장관을 이루는 몇몇 화석에 담긴 극적인 순간들의 실제 증거에 기초한 기록이다.

수컷 매머드 두 마리, 격돌하다

광활한 사바나에서 수컷 아프리카코끼리 두 마리가 마주서서 서로를 노려보는 광경은 정말 장관이다. 5톤이 넘는 세계에서 가장 큰 육상 동물인 둘은 이제 동물의 왕국에서 가장 강력하고 비장한 전투 중 하나를 벌인다. 이런 패권다툼은 발정기의 사슴과 비슷할 정도로 짝짓기 충동이 광포하게 넘쳐흐르는 시기인 머스트musth가 찾아올 때 자주 일어난다. 일시적으로 정상의 60배나 되는 수치까지 차오른 테스토스테론 탓에 수컷 코끼리들은 극도로 공격적이 되어 지배권, 영역, 암컷과의 짝짓기 권리를 걸고 다른 수컷에게 도전한다.

머리를 서로 부딪치고, 엄니끼리 얽고, 온 힘을 다해 밀어붙이는 싸움은 가장 강한 코끼리가 최후의 승리를 거두고 나서야 끝난다. 싸움은 때로 죽음에 이를 만큼 격렬하다. 모든 현생 코끼리 종이 유사한 방식으로 자신의 우위를 과시하는데, 이를 통해 이들의 선사시대 조상들 역시 같거나 비슷한 짓을 했으리라 짐작할 수 있다.

1962년 여름, 댐 건설을 위해 지역을 조사하러 온 일꾼 두 명이 네브래스카의 작은 도시 크로포드 근처의 풀이 듬성듬성 돋아난 황무지를 걷고 있었다. 이 일상적인 출장이 매머드 대발견으로 이어지리라고는 꿈도 꾸지 못한 채로. 주변을 조사하던 이들은 우연히 도랑 옆면에서 튀어나온 커다란 대퇴골을 발견하고, 바로 전문가의 의견을 구했다.

이 뼈는 가장 거대한 매머드 중 하나이자 어깨까지의 높이가 4미터에 달하는 컬럼비아매머드(맘무투스 콜룸비*mammuthus columbi*)의 다리 일부라는 사실이 밝혀졌다. 명백히 호기심을 불러일으키는 발견이었다. 거의 곧바로, 네브래스카주립대 링컨캠퍼스에서 막 학부 과정을 마친 고생물학자 마이크 부어하이스가 완전한 뼈대가 있는지 조사하는 임무를 받았다. 부어하이스는 교내를 돌아다니며 매머드를 캐고 싶은 사람이 있는지 물었고, 학부생들과 고등학교 3학년생들을 포함한 젊은이들로 구성된 작업팀을 꾸렸다.

매일 새벽 3시에 시작해 태양의 열기가 견디기 힘들어질 때까지 작업을 해서, 작업팀이 발굴을 마치는 데에 한 달 조금 넘는 시간이 걸렸다. 처음 며칠 동안 팀원들이 더 많은 뼈들을 드러내면서 뼈대가 완전하게 남아 있다는 게 분명해졌다. 이들은 무엇보다 중요한 두개골을 둘러싼 퇴적물을 조금씩 제거하기 시작했는데, 처음에 드러난 뼈를 보고는 김이 새고 말았다. 엄니 하나가 엉뚱한 방향으로 뻗어 있었기 때문이다. 이 매머드의 뼈대가 완벽하게 보존되었길 바랐던 작업팀은, 매머드가 어떤 이유에선지 머리를 땅에 박았고 그 과정에서 안타깝게도 엄니가 부러졌을 가능성을 떠올렸다. 그들은 계속해서 두개골 주변을 파냈고, 그제야 깨달음을 얻었다. 이 뒤집힌 엄니는 두개골에 붙어 있던 것이 아니라 다른 매머드의 것이었다.

지금은 함께 보존된 매머드의 유해들을 발견하는 게 드문 일이 아니다. 실제로 몇몇 매머드 산지의 넓은 골층에 매머드 여러 마리가 한꺼번에 보존되어 있는 사례가 꽤 흔하게 보고된다. 하지만 이 발굴지는 어딘가 독특했다. 매머드 두 마리의 뼈대가 서로의 엄니를 얽은 채 보존된 것이다. 작업팀은 서로 싸우다 죽은 수컷 두 마리를 발견한 걸까?

두개골 크기가 대략 비슷한 점을 근거로, (현생 코끼리와 마찬가지로) 개체의 나이를 알 수 있는 이빨(엄니 포함)을 조사한 결과, 둘 다 마흔 살쯤 먹은 성체로 확인되었다. 어린 수컷들도 서로 싸우곤 하지만, 머스트에 들어가는 나이는 보통 20대 중후반이다. 그렇다면 이 두 수컷 매머드가 싸울 때 머스트 상태였을 가능성이 있을까? 시베리아에서 발견한 냉동 매머드를 보면, 현생 코끼리와 마찬가지로 매머드 역시 머리 양쪽에 특수한 분비샘인 측두샘이 있다. 수컷이 머스트에 완전히 돌입하면 측두샘에서 화학물질을 분비한다. 그러므로 수컷 매머드들은 아마도 암컷들의 애정을 얻기 위해 치열한 머스트기 싸움을 벌였을 가능성이 커 보인다.

엄니가 곧은 코끼리는 싸울 때 엄니를 마치 창처럼 이용해 상대를 찌르고 더 깊은 상처를 입힐 수 있지만, 엄니가 구부러진 코끼리는 주로 서로 밀고 맞물리는 데에 사용하며 상대에게 손상을 입히려 할 때는 박치기에 더 의존한다. 이 매머드의 엄니는 길고 구부러져 있어 찌르기에 적합하지 않았다. 그러므로 우선 엄니를 얽으려 들었을 것이다.

이 한 쌍은 엄니가 서로 얽힌 채 마치 한몸처럼 보존되었다. 한 마리는 오른쪽 엄니가 완전하고 왼쪽 엄니는 툭 부러져 있는 반면, 다른 한 마리는 왼쪽 엄니가 완전하고 오른쪽 엄니는 부러져 있다. 부러진 엄니는 가장자리가 뭉툭하고 둥글어, 싸움이 일어나기 훨씬 전에 부러졌다는 사실을 알 수 있다. 특이한 엄니 손상 탓에 둘은 엄니를 부딪히지 않고 상대방을 향해 더 가

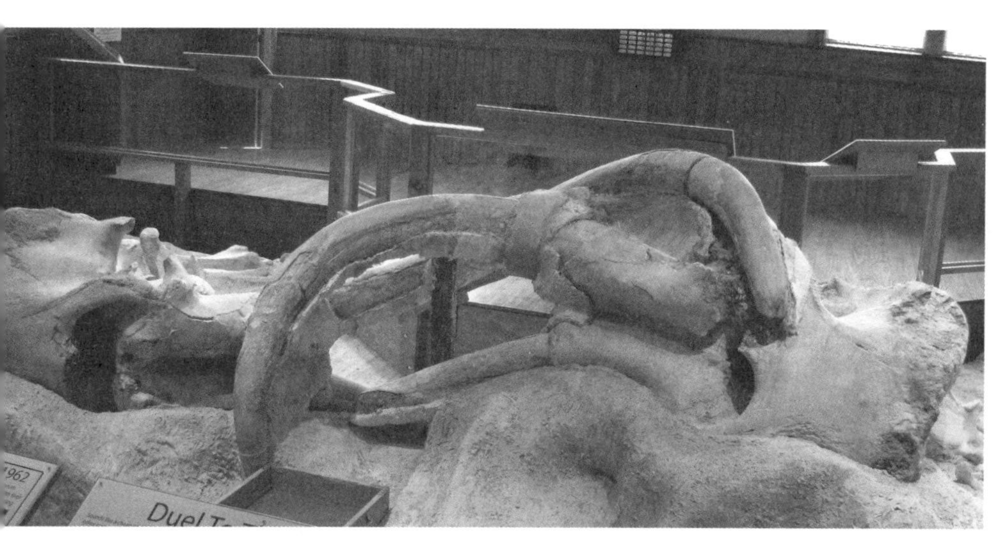

그림 4.1 싸우는 매머드 맘무투스 콜룸비 두 마리는 죽을 때 모습 그대로, 아직까지도 결투를 벌이는 중이다. 각각 완전한 엄니 하나와 부러져 짧아진 엄니 하나씩을 갖고 있다. 사진 속 오른쪽 매머드를 보면 왼쪽 엄니가 짧다는 걸 확실히 알 수 있다. 왼쪽 매머드의 완전한 왼쪽 엄니가 다른 매머드의 오른쪽 눈을 찌르고 있는 데에 주목하라. (사진 제공: 네브라스카주립대 박물관)

까이 다가갈 수 있었고, 이 때문에 둘은 옴짝달싹도 못하게 되었다. 좀 섬뜩하긴 하지만, 엄니 하나의 끝이 상대의 눈구멍에 박히고 말았던 것이다!

서로 얽힌 채 몸을 밀치고 당기다 기진맥진한 상태에서 마지막으로 얽힌 걸 풀기 위해 몸을 비트는 순간, 한 마리가 미끄러졌고, 다른 한 마리도 끌려 땅바닥에 쓰러져서, 결국 둘 다 숨을 거두었다. 서로의 엄니가 얽힌 상태로 어정쩡하게 넘어져 몸이 겹치는 바람에 둘 다 상대의 엄청난 무게(각각 10톤 이상 무게가 나갔을 것으로 추정된다)에 짓눌렸다. 둘 중 하나가 격투 중에 죽었고 그 결과로 나머지 하나도 상대에게 얽혀 빠져나오지 못한 채 결국 죽었으리라는 추측이 타당해 보인다.

싸우는 도중에 엄니가 부러지곤 하기 때문에 현생 코끼리의 엄니가 서로 얽히는 일은 드물다. 하지만 발정기에 엘크나 다른 사슴들이 싸울 때, 가끔 매머드의 경우와 비슷하게 뿔들이 뒤엉키기도 한다. 아주 드문 일이긴 하지만, 패자가 굴복했음에도 여전히 둘의 뿔이 얽혀 있을 때, 승자가 죽은 경쟁자를 떼어내는 과정에서 패자의 머리가 떨어져나가 본의 아니게 승자가 그 잘린 머리를 트로피처럼 달고 다니는 경우도 있다. 매머드 중 한 마리가 죽었다면, 승자는 너무 피곤한 상태인 데다 패자가 너무 무거워서 떼어놓지 못했을 것이다. 그리고 이런 식으로 마치 덫에 걸린 것처럼 꼼짝도 못 했다면 포식자들이 몰려들었을 텐데, 뼈대에 사체가 뜯어먹힌 흔적이라고는 없었다.

또다른 특이한 발견은 완전히 드러난 매머드의 뼈대를 회반죽으로 조심스럽게 싼 다음 (현재 이 매머드들이 전시된) 트레일사이드 박물관으로 보내기 위해 옮기고 나서야 이루어졌다. 매머드 한 마리의 앞다리 밑에서 두개골이 으스러진 코요테 화석이 발견되었던 것이다. 이 녀석은 거기서 뭘 하고 있었을까? 싸우는 수컷 매머드 두 마리 사이에서 목숨에 위협을 받고 있다가 매머드가 그 위로 쓰러지면서 갇혔을까? 아니면 청소동물 코요테가 아마도 먼저 죽은 매머드를 뜯어먹던 중에 아직 살아 있던 매머드가 갑자기 몸 위로 떨어져 내렸을까? 어느 쪽이든, 코요테는 두 거인의 격돌을 목격하고 나서 그 광경의 일부가 되었을 가능성이 커 보인다.

아마도 이 발견에서 가장 놀라운 점은 정말 도대체가 말이 안 되는 그 상황이다. 둘은 엄청나게 살벌한 결투를 벌였고, 묘하게 한데 엉키게 되었고, 둘의 뼈대가 온전하게 보존될 만큼 빠른 시간—아마도 수년—안에 묻혔고, 어쩌다 우연히 발견되었다. 이 표본은 지금까지 발견된 것 가운데 가장 극적인 화석의 한 자리를 차지하고 있으며, 가장 거대했던 선사시대 동물들이 죽음에 이르는 마지막 싸움을 벌이던 약 1만 2000년 전의 한순간을 그대로 남겨주었다.

끝장을 봐야 할 싸움

그림 4.2 (뒷페이지) 머스트 기간에 돌입한 두 컬럼비아매머드가 싸우는 그대로, 영원히 떨어지지 않은 채 시간 속에 갇혔다. 코요테 한 마리가 제1열에서 이 웅장한 격돌을 관람하고 있다.

공룡과 공룡이 싸울 때

모든 고생물학자가 듣는 가장 흔한 질문 중 하나는 "X와 Y가 싸우면 어느 공룡이 이겨요?"다. 컴퓨터 게임에서 가장 좋아하는 캐릭터를 선택할 때처럼, 여러분은 공룡 각각의 순위를 매겨야 한다. 누가 최고의 무기, 가장 거대한 이빨, 가장 큰 발톱, 가장 긴 꼬리 등을 갖고 있었을까? 대답하기 어려운 질문이다. 여러분 안에 있는 고생물학자가 두 공룡이 수백만~수천만 년 떨어져 살았고 실제로 만날 수가 없었다고 지적하려 들 때 특히 더 그렇다. 그래서 많은 답이 가설이고 추측에 불과하다. 그럼에도 불구하고, 공룡들만큼 거대하거나 사나운 현생 동물은 존재하지 않기 때문에 이런 질문들은 흥미를 끈다.

바나나 크기의 이빨을 가진 티라노사우루스 렉스와 1미터 길이의 뿔을 가진 트리케라톱스*Triceratops*를 생각해보자. 동물계에서 가장 놀라운 싸움 중 하나였을 거라고 쉽게 그려낼 수 있다. 하지만 이 거인들의 충돌은 그저 환상이 아니다. 실제로 두 종이 살았던 약 6600만 년 전의 동시대에 벌어진 일이다. 아쉽게도 티라노사우루스의 이빨과 일치하는 물린 자국이 남은 트리케라톱스의 뼈대 일부는 있지만, 티라노사우루스와 트리케라톱스가 싸우는 화석은 발견된 적이 없다. (다만 몬태나에서 발견된, 아직 공식적으로 연구되지 않은 화석에 따르면, 그렇지 않을 수도 있다.)

물론 지금 살고 있는 동물들의 싸움처럼 공룡들의 결투도 흔했을 것이다. 하지만 한 종이 다른 종을 잡아먹었다는 절대적인 믿음은 대부분 부족한 증거나 단순한 가정에 기반을 두고 있다. 그런데 때로는, 정말로 상상도 못 할 화석이 발견될 수도 있다. 이번에 소개할 주인공은 1971년, 몽골 남부 고비사막 중심부의 깊숙한 곳을 탐사하던 중에 찾은 화석이다. 폴란드-

몽골 연합 고생물학자팀이 화석을 몇 개 수집했는데, 그중에는 역사상 가장 위대하고 또 가장 유명한 공룡 화석이 포함되어 있었다. 바로 싸움 중인 한 쌍의 공룡이다.

한 동물이 화석으로 남을 확률이 얼마나 낮은지를 고려하면, 문자 그대로 죽을 때까지 싸우고 있던 두 공룡의 크고 완전한 뼈대는 고생물학 역사상 가장 절묘하고도 가장 믿을 수 없는 발견 가운데 하나다. 아마도 어떤 행동을 하는 순간이 포착된 화석들 중에서도 가장 유명할 것이다. 이 위험한 한 쌍의 한쪽은 트리케라톱스의 멧돼지만 한 초식성 친척인 프로토케라톱스 안드레우시*Protoceratops andrewsi*다. 친척과 달리, 프로토케라톱스는 몸집에 더해 머리 볏도 상대적으로 작고 트리케라톱스를 상징하는 큰 이마 뿔도 없다. 다른 한 마리는 포식자인 벨로키랍토르 몽골리엔시스*Velociraptor mongoliensis*다. 벨로키랍토르는 따로 소개할 것도 없는 이름이다. 물론 약간의 설명이 필요하긴 하지만 말이다. 〈쥬라기 공원〉에서 그려졌던 것과 달리 벨로키랍토르는 키가 칠면조 정도였고, 몸이 훨씬 큰 프로토케라톱스가 몸무게도 3~4배는 나갔을 것이다.

두 동물은 7500만 년 전 전투를 벌이던 모습 그대로 서로를 마주한 채 보존되었기 때문에, 둘이 최후까지 싸우던 중이었다는 증거가 너무 강력했다.

프로토케라톱스는 몸을 웅크리고 머리를 오른쪽으로 향한 반면, 벨로키랍토르는 머리를 앞으로 향한 채 프로토케라톱스의 오른쪽에 누워 있다. 벨로키랍토르는 마치 상대의 얼굴을 할퀴려는 듯 구부러진 발톱 세 개를 세운 채 왼쪽 앞발로 프로토케라톱스의 머리 앞을 가로지르고 있다. 하지만 그의 오른쪽 앞다리는 팔로 치면 팔뚝 부분이 프로토케라톱스의 강한 부리에 꽉 물린 상태다. 사라진 뼈와 살, 근육을 더하면 벨로키랍토르의 오른쪽 뒷다리 일부가 프로토케라톱스의 몸 아래에 갇혀서 짓눌렸을 가능성이 있다. 그런데 믿을 수 없게도, 벨로키랍토르가 근접전을 벌일 때 발톱을 어떻게 썼는지 시범을 보이기라도 하듯, 이 친구는 왼쪽 뒷발을 허공으로 높이 올려 치명적인 낫 모양의 발톱을 상대의 목 안쪽 깊숙이 찔러넣고 있다. 이 공격은 프로토케라톱스에게 치명타를 가했을 것이다. 벨로키랍토르가 우위를 점하고 있는 것처럼 보이지만, 오른쪽 앞다리는 잡히고 뒷다리는 끼여서 한마디로 탈출은 불가능했다.

둘 다 지쳤고, 심각한 상처를 입었다. 그들은 지금의 고비사막과 비슷한 조건을 가진 사막에서 살았기에, 과학자들은 거센 폭풍우가 몰아치는 가운데 폭우로 인해 모래언덕이 둘 위로 무너져내리면서 한창 싸움을 벌이고 있었던 한 쌍을 눈 깜짝할 사이에 묻어버렸을 것이라는 데에 의견이 일치했다. 이 가설이 가장 유력해 보이지만, 둘이 심한 모래폭풍에 묻혔거나 싸움

그림 4.3 죽을 때까지 싸운 벨로키랍토르와 프로토케라톱스가 너무나도 멋지게 보존된, 유명한 '싸우는 공룡들' 화석. 벨로키랍토르는 왼쪽 뒷다리를 들어올려 잘 알려진 '살해 발톱'을 프로토케라톱스의 목에 찔러넣고 있다. (Barsbold, R. 2016. "The Fighting Dinosaurs: The Position of Their Bodies Before and After Death." *Palaeontological Journal* 50: 1412–17. 저자와 Pleiades Publishing, Ltd.의 허가를 받아 재가공)

NICHOLLS 2020

끝에 죽었다가 모래바람에 서서히 덮였을 가능성도 있다. 어쨌든, 벨로키랍토르는 뼈대가 완전하게 남은 반면, 프로토케라톱스는 양쪽 팔과 왼쪽 다리, 꼬리 끝부분이 없다. 한 가지 가설은 벨로키랍토르가 프로토케라톱스를 공격해 죽였지만, 그 때문에 상대의 몸뚱이에 갇혀서 결국 묻히기 전에 죽었다는 것이다. 얼마 지나지 않아 포식자 공룡들, 아마도 다른 벨로키랍토르가 프로토케라톱스 일부가 노출된 것을 발견하고 먹을 수 있는 부분은 모두 먹어치웠다. 청소동물의 섭식이나 집단사냥 같은 행위의 결과로 일어난 이런 상호작용에 대한 추가적인 증거로 또다른 프로토케라톱스 화석이 있다. 그 표본에는 벨로키랍토르의 이빨과 일치하는 다양한 이빨 자국이 남았다.

어떻게 해서 이렇게 보존되었든, 몽골의 국보로 여겨지는 이 엄청난 발견물은 공룡이 죽기 직전까지 싸우는 모습이 고스란히 남은 최초의 화석이다. 포식자와 피식자의 이 상호작용은 그저 놀라울 따름이다. 여기, 7500만 년 전 싸우던 모습 그대로 시간 속에 잡혀 있는 두 공룡의 마지막 순간은 벨로키랍토르와 프로토케라톱스가 죽을 때까지 싸웠다는 반박할 수 없는 증거다.

쌍방의 수가 막힌, 영원한 교착상태

그림 4.4 (앞페이지) 죽음에 이른 벨로키랍토르와 프로토케라톱스의 장대한 싸움. 승자는 없다.

쥐라기 드라마: 잘못된 사냥

약 1억 5000만 년 전, 이빨을 가진 작은 익룡이 따뜻한 열대바다 위로 높이 날아올라 사냥에 나섰다. 람포린쿠스 무엔스테리*Rhamphorhynchus muensteri*라는 이 포식자는 얕은 석호들 중 하나에 있는 어류 떼를 염탐하다가 잡아먹으러 갔다. 람포린쿠스는 물에 뛰어들어 물고기를 낚아챈 뒤 머리부터 삼켰다. 물고기가 목구멍으로 미끄러져 내려가는 바로 그 중요한 순간, 깊은 물에서 나온 포식성 어류가 익룡을 재빨리 공격했다. 둘은 서로 엉켜 있다가 산소가 없는 석호 바닥으로 가라앉았고, 그곳에서 영원히 함께 묻혔다.

비록 가설이지만, 주목할 만한 화석을 둘러싼 그럴듯한 해석 중 하나다. 목구멍에 작은 물고기가 끼였고 위는 반쯤 소화된 물고기로 가득찬 상태로 완벽하게 보존된 익룡이, 여러분이 상상할 수 있는 가장 험상궂게 생긴 물고기일 몸길이 80센티미터짜리 아스피도린쿠스 아쿠티로스트리스*Aspidorhynchus acutirostris*의 창처럼 생긴 위턱에 걸려 있다. 가느다란 부리를 닮은 긴 주둥이와 날카로운 이빨, 길게 쭉 뻗은 몸을 가진 이 종은 지금의 가물치와 조금 닮았다. 이 화석은 2009년, 독일 바이에른주 아이히슈태트 마을 근처의 쥐라기 졸른호펜 석회암에서 발견되었다. 나는 이 표본을 직접 조사할 수 있는 특권을 누렸고, 심지어 (내가 직접 본 구덩이에서) 화석이 발굴된 지 2주 후에 발굴지를 직접 방문하기도 했다. 내가 지금까지 조사한 화석 가운데 가장 정교한 화석 중 하나라고 자신있게 말할 수 있다.

두 마리가 서로 엉켰을 때, 아스피도린쿠스의 이빨과 뾰족한 부리는 익룡의 가죽 같은 왼쪽 날개(익룡은 날개 끝에서 발목까지 피부막으로 덮여 있다)를 물어 구멍을 냈다. 먹이가 탈출하는 걸 막기 위해 물고기는 머리를 좌우로 흔들며 힘차게 움직였을 것이다. 그 증거로 익룡의 왼쪽 날개 끝의 발가락이 확연히 비틀렸다. (람포린쿠스 뼈대의 나머지 부분은 원래대로 남아 자연스레 연결되어 있다.) 물고기는 탈출하려 드는 먹이와 뒤엉킨 상태로 석호 깊은 곳으로 헤엄쳐 들어갔다가 잘못해서 산소가 없는 유독성 물을 만나 질식사했을지도 모른다. 아마도 익룡은 이 시점에서 이미 익사했을 것이다. 물론 이는 그저 추측일 뿐이지만, 무슨 일이 일어났든 둘이 고스란히 보존되려면 짧은 시간 안에 호수 깊숙이 들어갔어야만 한다. 그러지 않고는 둘 다 더 큰 뭔가에게 잡아먹혔을 수도 있기 때문이다.

이 희한한 조합은 아스피도린쿠스가 람포린쿠스와 똑같은 먹이를 맹추격하다가 우연히 익룡을 잡은 것인지, 아니면 사실 날아다니는 파충류, 그 익룡을 사냥한 것인지 궁금하게 만든다. 후자라면, 익룡이 물고기를 잡기 위해 급강하할 때 물밑에서 잡았을까, 아니면 튀어올라 낚아챘을까? 익룡의 목구멍에 작은 물고기가 있는 것을 보면 익룡이 사냥을 하던 도중, 또는 사냥을 성공적으로 마친 직후에 이들이 한데 모였다는 것을 알 수 있다. 야생에서 살아 있는 동물을 관찰할 때, 운 좋은 사진작가와 영상제작자는 이 같은 연쇄 포식 상황을 한꺼번에 포착하곤 하는데, 대개 포식자와 피식자의 맹렬한 추격전 끝에 둘이 함께 더 큰 포식자에게 잡아먹히는 경우다. 때때로 다른 동물에게 뾰족한 주둥이를 찔러넣은 새치류(billfish: 주둥이가 길고 뾰족한 어류의 통칭–옮긴이)나 부리가 물고기의 몸을 관통한 새처럼 주로 사냥 중에 동물들이 우연히 서로 얽히는 기이한 상황이 사진으로 남기도 한다.

지금까지 아스피도린쿠스 뱃속에 람포린쿠스가 들어 있는 화석은 발견되지 않았지만, 그렇다고 이번 조합이 단일 괴사건의 결과라는 의미는 아니다. 그게 아니라, 물고기의 입 크기가 익룡을 통째로 삼키기엔 너무 작은 사실로 보아 사냥꾼이 먹잇감의 크기를 잘못 판단한 것으로 추정된다. 아니면 단순히 사고였을 수도 있다. 흥미롭게도, 부분적으로 소화된 람포린쿠

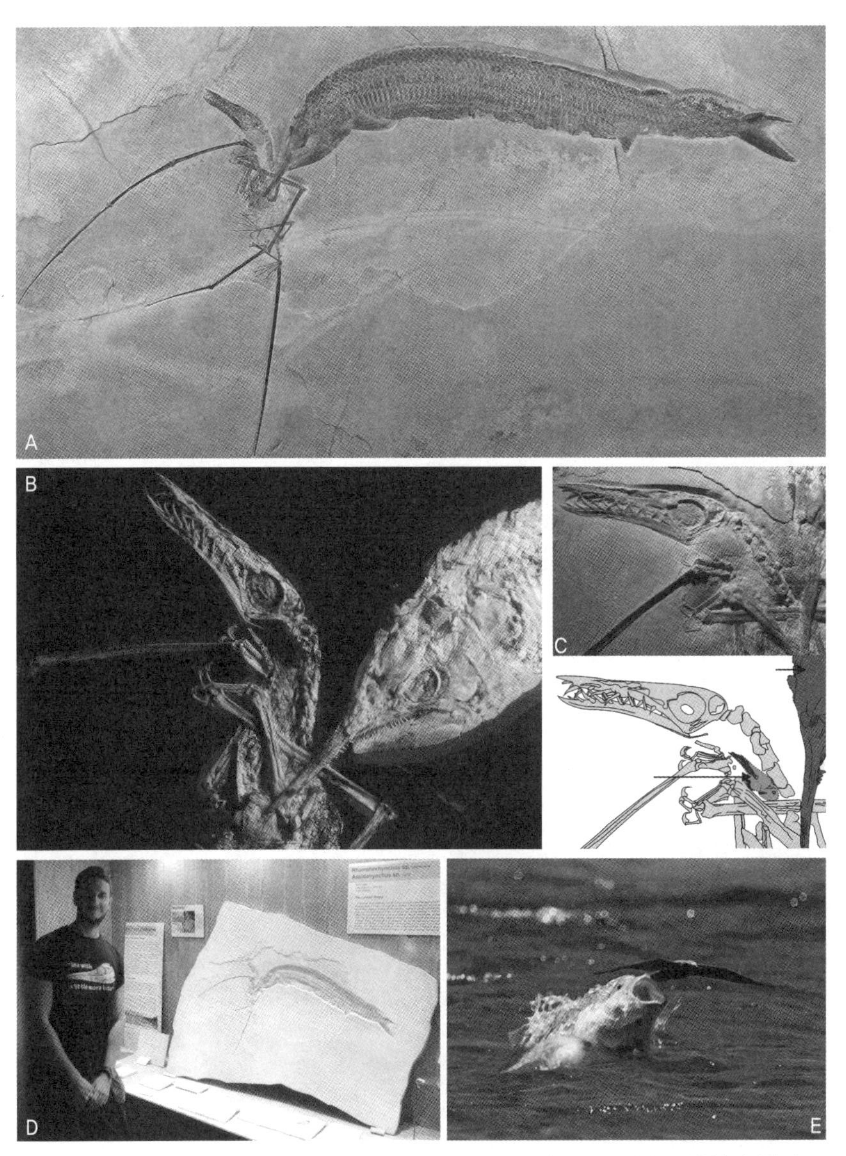

그림 4.5 (A) 람포린쿠스 무엔스테리가 포식성 어류인 아스피도린쿠스 아쿠티로스트리스에게 물렸다. (B) 자외선 사진으로 보면 아스피도린쿠스의 위턱이 익룡의 날개를 물고 있는 모습이 드러난다. (C) 람포린쿠스 두개골의 접사 사진과 이 녀석의 목구멍에 걸린 물고기의 작은 뼈대 파편들을 묘사한 그림. 위쪽 화살표는 거대한 물고기의 머리, 아래쪽 화살표는 익룡의 목구멍에 있는 조각난 물고기를 가리킨다. (D) '쥐라기 드라마' 옆에 선 지은이. (E) 데이비드 애튼버러 경의 〈블루 플래닛 2〉에 나온 무명갈전갱이가 새를 낚아채는 순간. (사진 제공: [A, C] 헬무트 티슐링거, 그림은 디노프레이; [B] 마이크 에클룬드와 와이오밍 공룡센터; [D] 레비 싱클; [E] BBC 스튜디오)

스의 척추와 앞발가락뼈가 포함된 토사물 화석이 발견되었는데, 이 익룡을 잡아먹은 동물의 정체를 알아낼 순 없지만 포식성 물고기가 주요 용의자인 것은 확실하다. 어쩌면 아스피도린쿠스가 토한 건 아닐까?

이 조합이 딱 한 번 발견된 희한한 현상이 아니라는 점을 강조해둔다. 거의 동일한 다른 화석이 네 개나 더 알려져 있다. 어느 경우에도 람포린쿠스는 아스피도린쿠스의 턱과 얽혀 있으므로, 이 관계는 우연이 아니다. 오히려 이 포식성 물고기는 익룡을 사냥했던 것으로 보이는데, 아마도 익룡이 물속에 잠겼을 때의 상황 그 자체를 이용했을 것이다. 이 실패한 공격은 아스피도린쿠스의 치명적인 판단착오를 보여준다. 비교해보자면, 새를 사냥하는 현생 어류 중에는 데이비드 애튼버러 경의 다큐멘터리 〈블루 플래닛 2〉가 생생하게 담아낸 무명갈전갱이(giant trevally: 전갱이과에서 가장 큰 물고기로, 새를 잡는 습성이 잘 알려져 있다—옮긴이)처럼 새를 잡기 위해 물 밖으로 튀어오르는 녀석도 있다.

람포린쿠스와 아스피도린쿠스가 함께 보존된 정교한 표본이 다섯 개나 발견되었다는 사실은 쥐라기 동안 매우 다른 두 종 사이에 흔하지만 특이한, 어쩌면 예상치 못한 포식자와 피식자 관계가 존재했음을 강하게 시사한다. 2009년에 발견된 독특한 표본은 특이한 먹이사슬을 슬쩍 보여주는 흔치 않은 화석이다.

마지막 기습

그림 4.6 (왼쪽 페이지) 람포린쿠스가 물속으로 뛰어들어 작은 물고기를 재빨리 낚아챈 바로 그 순간, 굶주린 아스피도린쿠스가 사냥을 하러 나섰다.

태고의 바다를 누빈 공포의 벌레

선사시대의 포식자 하면 떠오르는 동물로 공룡, 스밀로돈, 메갈로돈 등이 있다. 거대한 몸집, 치명적인 이빨 무기, 또는 최상위 포식자 지위로 칭송받는 이 무시무시한 화석 동물들 사이에서 더 작은 포식자들은 쉽게 잊히고, 그들의 이야기는 시간 속에서 길을 잃었다.

비록 그런 상징적인 포식자들이 더 많은 주목을 받기는 하지만, 그중의 어느 한 종도 진화해 출현하기 훨씬 전에 살았던 종들 가운데에는 당대의 그들의 세계에서 최상위 포식자들이었고 공룡 및 동시대 동물들이 출현하기 전에 이미 화석이 된 동물들이 있다. 최초의 사례는 캄브리아기에 등장했다. 5억 년 전보다 더 전에, 생명체가 폭발적으로 등장하고 동물들이 서로를 잡아먹기 시작하면서 최초로 복잡한 포식자-피식자 관계가 형성된 시기였다.

그런 관계를 들여다볼 수 있는 가장 놀라운 창 가운데 하나는 브리티시컬럼비아의 유명한 버제스 셰일(제2장을 보라)에서 풍부하게 산출되는 굉장한 화석 동물이자 새예동물鰓曳動物, Priapulid을 닮은 포식성 해양 벌레worm 오토이아*Ottoia*다. 새예동물은 해저에 굴을 파고 사는 육식성 벌레로 현생종은 약 20종이 알려져 있으며, 남성의 성기를 닮은 생김새 때문에 흔히 '페니스웜'이라 부른다(우리말 이름도 '자지벌레'다-옮긴이). 둘 사이에 엄청난 시간차가 존재하긴 하지만, 이례적으로 부드러운 몸체가 잘 보존된 화석들을 보면 오토이아의 전체 생김새와 가시 달린 주둥이는 오늘날의 친척들과 대체로 비슷하다.

5억 500만 살 먹은 가시 달린 페니스웜은 그다지 무섭게 들리진 않겠지만(아니면 이름에서 연상되는 뭔가를 떠올리겠지만), 이 종은 당시 생태계의 작은 동물들 대다수보다 컸다. 오토이아는 최대 길이가 약 15센티미터에 달했고 먹이그물에서 중요한 역할을 했다.

오토이아가 활발하게 돌아다니며 먹이를 사냥하는 그 시대의 가장 치명적인 포식자는 아니었지만, 그래도 자신이 땅속에 굴을 파고 사는 진흙 해저면에서 가장 큰 포식자 중 하나였다. 아마도 숨죽여 기다리다가 화학 신호를 감지해 공격하는 매복 포식자였을 것이다. 굴에 너무 가까이 접근한 동물은 충격을 먹었다. 오토이아는 여러 줄의 갈고리와 가시로 둘러싸인 위협적으로 보이는 주둥이를 가지고 있었으며, 입 끝에는 먹이를 잡아챌 날카로운 인두치(보통 경골어류의 인두골에 생기는 이빨로, 여기서는 그 위치를 비유한 것으로 보인다-옮긴이)가 늘어서 있었다.

오토이아는 소화기관의 내용물이 보존된 표본을 통해 캄브리아기 생태계의 포식자-피식자 관계를 직접 보여준 최초의 생명체다. 오토이아에 대한 선구적인 연구결과는 1977년에 출간되었고, 그 이후로 계속 발견된 오토이아의 먹이 증거들은 2012년, 광범위한 연구를 통해 집약되었다. 이 연구에서는 무려 2632점의 오토이아 표본을 분석해 소화기관 내용물을 확인했다. 버제스 셰일 화석은 굉장히 이례적이어서, 일반 화석에서 찾아보기 어려운 동물의 장기와 같은 부드러운 부분까지 남아 있다. 그래서 오토이아의 소화기관은 인두에서 항문까지 추적 가능한 경우가 많다.

소화기관은 2000점의 표본에서 확인되었고, 그중 마지막 식사가 그대로 보존된 개체는 무려 전체 조사대상의 21퍼센트에 해당하는 561마리였다. 식사의 잔해들은 오토이아가 다양한 종류의 동시대 동물을 먹었으며, 그중 일부는 통째로 삼켰음을 보여준다. 여기에는 껍데기가 있는 무척추동물(히올리테스hyolithids와 완족동물brachiopods), 다양한 종류의 작은 절지동물(삼엽충, 아그노스토이드agnostids, 브라도리다bradoriids), 위왁시드wiwaxiids라고 불리는 가시가 있는 동물, 그리고 다모류polychaete worm가 포함된다. 어떤 경우에는, 각 종의 다양한 개체나 서로 다른 종의 조합이 소화기관에서 발견되기도 했다. 다른 오토이아의 소화기관 내용물까지 보존된 표본이 있는 걸 보면 오토이아가 동족포식을 했을 가능성도 있다. 하지만 이 내용물이 소화기관에 보존된 것인지, 아니면 그저 다른 오토이아와 겹쳐진 것인지는 알 수 없다. 세 개의 이례적인 표본에서, 오토이아는 비슷한 크기의 절지동물인 시드네이아*Sidneyia* 사체와 함께 있었다. 그중 하나는 유생과 성체를 포함해 적어도 시드네이아 다섯 마리가 함께 있는 표본이다. 분명히 오토이아들은 먹이를 먹고 있었고, 이는 오토이아 또한 활동적인 청소동물이었음을 가리킨다.

이 발견들은 오토이아가 가리지 않고 잡아먹는 대식가였다는 것을 시사한다. 소화기관 속에 가장 흔하게 들어 있는 것을 봐서 가장 선호하는 간식은 히올리테스였지만, 9종에 달하는 다양한 먹이는 오토이아가, 사냥을 하

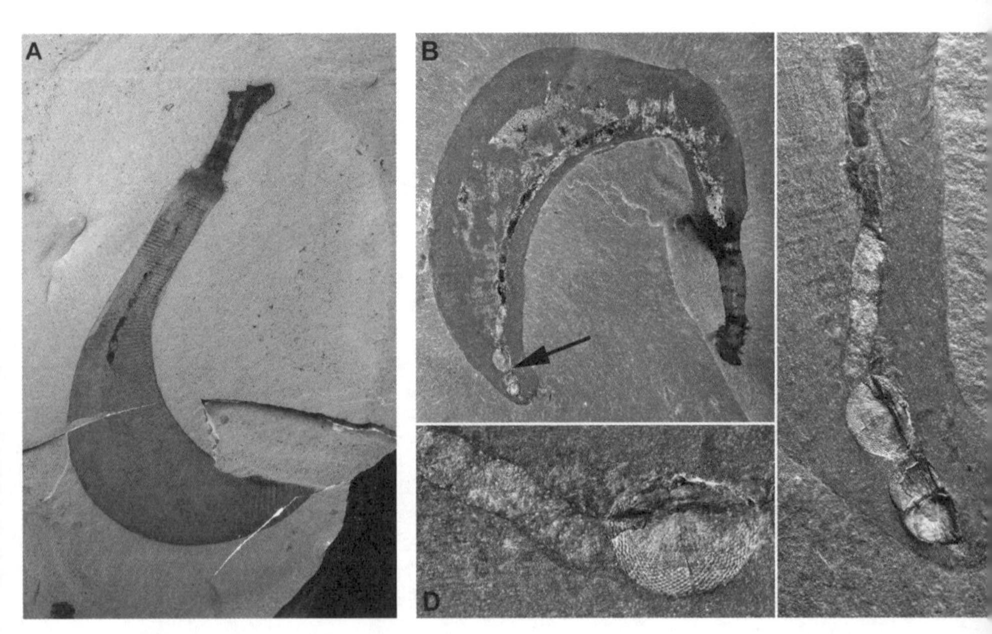

그림 4.7 (A) 길게 뻗은 주둥이까지 완벽하게 보존된 오토이아 표본. (B) 소화기관의 윤곽이 그대로 드러난 오토이아. 화살표는 마지막 식사를 가리킨다. (C–D) 같은 표본의 소화기관에 있던 완족동물 두 마리. (사진 제공: [A] 위키미디어, 마틴 R. 스미스; [B–D] 장 바니에르)

든 사체를 먹든, 찾을 수 있는 모든 먹이를 두루두루 잘 먹었다는 것을 보여준다. 프리아풀루스 카우다투스*Priapulus caudatus*를 비롯한 몇몇 현생 새예동물 종이 다양한 먹이를 먹는다는 점이 이런 해석을 뒷받침한다. 오토이아 역시 비슷한 식성의 소유자였을 것이다.

오늘날의 생태계가 포식자가 수행하는 핵심적인 역할에 큰 영향을 받는 것과 똑같이, 한 종이 다른 종을 잡아서 혹은 주워 먹는 상호작용의 기원이 아득히 오랜 시간 속에 깊숙이 묻혔다가 오토이아와 같은 먼 옛날의 화석을 통해 안정적으로 재구성되었다. 정말이지 믿기 어려운 사실이다.

먼, 먼 옛날의 바닷속에서…

그림 4.8 (앞페이지) 공포의 '거인' 오토이아의 매복공격을 받은 작은 동물들이 놀라 달아나는데, 히올리테스 한 마리는 슬픈 운명을 맞이해야 한다.

탐욕, 그리고 '물고기 안의 물고기'

1952년 봄, 유명한 화석사냥꾼 조지 F. 스턴버그는 미국자연사박물관(AMNH) 고생물학자 밥 셰퍼와 월터 소렌슨을 위해 캔자스 고브카운티에서 어류 화석 탐사를 이끌고 있었다. 화석을 찾던 도중, 소렌슨이 커다란 어류의 꼬리 일부로 보이는 크고 납작한 뼈를 발견했다. 재빨리 화석을 살펴본 스턴버그가, 커다란 포식성 어류 크시팍티누스 아우닥스*Xiphactinus audax*의 일부라고 알려주었다. 이 우락부락하게 생긴 물고기는 불독을 닮은 위로 뒤집어진 입 부위가 현생 어류 풀잉어tarpon와 비슷하지만, 턱에는 송곳니 모양의 이빨이 잔뜩 튀어나와 있었다. 이 녀석은 빠르고 힘센 수영의 달인이었고, 당대 최상위 포식자 중 하나였다.

AMNH 팀이 그곳을 떠나 원정을 이어가야 할 시점에, 세 사람은 화석을 덮고 있던 백악층을 제거해서 꼬리의 일부분을 더 드러낸 상태였다. 표본이 얼마나 완전하게 보존되어 있는지 알 수 없었고, 뉴욕으로 수송하는 데에 필요한 자금도 모자랐고, AMNH는 이미 캔자스의 어류 화석 중 하나를 손에 넣은 상황이었다. 두 사람은 기꺼이 스턴버그에게 화석을 넘겨주었다(그는 그 지역에 살고 있었다).

몇 주가 지난 6월 1일, 스턴버그는 산지로 돌아와 화석을 발굴하기 시작했다. 표본이 손상되거나 유실될까봐 걱정한 그는 캔자스의 뜨거운 태양 아래 물고기 옆에서 야영을 해가며 그달이 가기 전에 화석을 온전히 발굴해냈다. 그의 노력과 인내가 열매를 맺었다. 그 물고기는 크시팍티누스 표본 가운데 가장 뛰어난 것으로 판명되었다. 약 4.5미터 길이의 큰 물고기였다. 참고로 비교를 위해 짚어두자면, 지금까지 발견된 가장 큰 표본은 2008년에 수집된 5.6미터짜리다. 스턴버그는 AMNH의 셰퍼에게 연락해 그들이 함께 찾은 물고기가 얼마나 훌륭한 것인지를 설명하고 표본까지 제공했지만, 셰퍼는 그의 따뜻한 제안을 정중하게 사양했다. 그 고된 작업을 모두 해낸 사람이 다름아닌 스턴버그였기에.

발견 당시, 스턴버그의 물고기는 세계에서 가장 완벽한, 최고의 크시팍티누스였다. 하지만 거기에는 고생물학자들과 대중을 열광하게 만든 것이 더 있었다. 물고기를 땅속에서 완전히 드러낸 뒤, 스턴버그는—여전히 야외 작업을 이어가면서—뼈 일부를 덮은 백악을 제거하기 시작했다. 그리고, 충격적인 발견을 해냈다.

흉곽 사이에, 머리 방향이 크시팍티누스와 정반대인 또다른 물고기가 완전한 상태로 보존되어 있었다. 태어나지 않은 태아였을까? 절대로 아니다. 이 두 번째 물고기는 약 1.8미터로 꽤 컸고, 길리쿠스 아르쿠아투스*Gillicus arcuatus*라는 완전히 다른 종이었다. 스턴버그는 크시팍티누스와 그의 마지막 식사라는 궁극의 어획물, 다시 말해 포식자와 피식자의 직접적인 증거를 낚아올렸던 것이다. 이 '물고기 안의 물고기'는 스턴버그의 '있을 수 없는 화석impossible fossil'이라 불리며 세계에서 가장 알아보기 쉽고 가장 많이 촬영된 화석 중 하나가 되었다. 이 표본은 지금 스턴버그 자연사박물관의 명예로운 자리에 전시되어 있다.

크시팍티누스는 분명히 길리쿠스를 머리부터 통째로 삼켰지만, 이 먹이는 사냥꾼이 편히 삼키기에는 너무 컸다. 꼬리는 목구멍(또는 그 부근)에 박혀 있고, 소화 과정이 시작되었다는 증거는 없다(뼈에 부식된 흔적이 없다). 그 모습으로 보건대, 크시팍티누스는 먹이를 질식시켰고, 반대로 길리쿠스도 크시팍티누스에게 부상을 입혔을 가능성이 크다. 탈출하기 위해 버둥대고 몸부림치던 중에 길리쿠스의 날카로운 지느러미 가시가 크시팍티누스의 식도나 배에 구멍을 냈을(어쩌면 주요 장기들을 파괴했을) 것이고, 둘은 함께 서부내륙해 바닥의 수중 묘지로 가라앉았다. 이 모든 일이 어쩌면 몇 분 안에 벌어졌을지도 모른다.

그림 4.9 크시팍티누스 아우닥스 뱃속에 글리쿠스 아르쿠아투스가 들어 있는 스턴버그의 원조 '있을 수 없는 화석', 그 유명한 '물고기 안의 물고기'다. (사진 제공: 마이크 에버하트)

그림 4.10 1952년, 조지 F. 스턴버그(왼쪽)가 그의 완벽한 화석을 신중하게 손질하는 광경을 담은 역사적 사진. (사진 제공: 조지 스턴버그 사진 컬렉션, 포트헤이스주립대학, 대학 아카이브)

많은 동물들이 사냥 습성의 하나로 다른 동물을 통째로 삼킨다. 먹이를 씹지 않는 뱀은 이 기술을 완벽하게 구사하는 동물로 가장 잘 알려져 있을 것이다. 그들 역시 식탐을 부리곤 하지만, 뱀이 너무 큰 먹이를 삼키다가는, 먹이가 꽉 끼거나 소화기관에 손상을 입어 죽을 수도 있다. 딱 크시팍티누스처럼, 포식성 어류는 먹이를 통째로 삼킬 때가 많은데, 덩치가 큰 먹이는 더 쉽게 끼일 수 있다. 예를 들어 2019년에는 몸집이 커다란 거북이가 입안을 틀어막는 바람에 죽은 백상아리가 발견되었다. 어떤 경우에는 통째로 삼킨 먹이가 반격해 도망칠 수도 있다. 포식자를 자극해 자신을 토해내게 하거나, 반대로 그 포식자의 포식자(또는 일종의 굴착기)로 돌변해 도망갈 구멍을 뚫어버리기도 한다. 정말 특이한 예로, 두꺼비에게 잡아먹힌 장님뱀blind snake이 두꺼비의 소화기관을 통과해 총배설강으로 빠져나갈 때까지 살아남은 경우도 있다.

'물고기 안의 물고기'는 오직 하나뿐인 발견이 아니다. 길리쿠스를 마지막 먹이로 삼은 크시팍티누스 화석이 몇 개 발견되었고, 그중에는 길리쿠스가 통째로 들어 있는 또다른 표본도 있다. 완전하게 보존된 화석으로 발견된 세 번째 크시팍티누스의 갈비뼈 사이에서는 또다른 어류 트립토두스 *Thryptodus*의 뼈대가 확인되었다. 그 밖에도 많은 크시팍티누스들의 위장 부분에서 일부 소화되고 조각난 길리쿠스의 뼈(대부분 척추)가 발견되었다. 길리쿠스는 명백히 이들이 탐하는 먹이였다.

이처럼 특이한 포식자-피식자 화석은 전형적인 사냥 행동의 증거를 품고 있다. 불행히도 이 이빨이 돋아난 녀석들 몇몇은 약 8500만 년 전 어느 날, 저녁 메뉴를 잘못 골랐고, 자기가 씹을 수 있는 것보다 훨씬 커다란 먹이를 덥석 물고 말았다.

비관적인 상황에 처하고 만 낙관론자

그림 4.11 (왼쪽 페이지) 크시팍티누스가 자신이 씹을 수 있는 것보다 더 큰 길리쿠스 한 마리를 통째로 삼켰다. 길리쿠스는 그렇게 목구멍에 쑤셔박혔는데….

'뼈를 으스러뜨리는 개' 사건, 해결

마지막 식사가 보존되지 않으면, 선사시대 포식자가 어떻게 무엇을 먹었는지 알아내기는 어렵다. 그리고 고생물학자들이 그들의 가설 중 무엇이 옳은지를 결코 입증할 수 없다고 생각될 때 좌절감을 느끼지 않기는 어렵다. 하지만 어떤 상황에서는, 증거들의 몇 개의 선에서 시작해 그림을 그림으로써 특정한 선사시대 종들이 특정한 방식으로 특정한 먹이를 먹었을 거라는 추론의 신빙성을 높여갈 수 있다.

갯과 밑의 아과亞科, subfamily로 지금은 멸종한 보로파구스아과Borophaginae에서 아주 멋진 예를 찾을 수 있다. '뼈를 으스러뜨리는 개'라는 굉장한 별명으로 더 잘 알려진 보로파구스아과는 북아메리카에서 흔히 찾아볼 수 있었고, 3000만 년 넘게 번성하다가 빙하기가 시작되기 직전인 불과 200만 년 전에 모두 사라졌다.

그런 굉장한 별명이 붙긴 했지만, 보르파구스아과에 속한 모든 집단이 뼈를 으스러뜨릴 수 있었던 것은 아니다. 초기의 친구들은 대부분 여우만 한, 작은 잡식동물이었기 때문이다. 하지만 나중에 등장한 녀석들은 뼈를 아작내는 최상위 포식자였다. 거대한 에피키온 하이데니*Epicyon haydeni*는 불곰만큼 크고 사자만큼 무거운, 지구 역사상 가장 큰 갯과 동물로 알려져 있다. 이 대형견들은 튼튼한 두개골과 턱, 둥그스름하게 튀어나온 이마, 매우 튼튼한 이빨을 가지고 있었고, 커다란 근육부착부위로 미루어 짐작할 수 있듯이 무는 힘이 세었다. 상세한 계산모델을 통해 이들의 커다랗게 발달한 어금니가 강한 압력도 견뎌낼 수 있다는 사실이 밝혀졌는데, 이는 화석에서 발견된, 뼈를 으스러뜨리는 과정에서 심하게 마모된 이빨의 상태와 일치한다. 현생 갯과에서 이와 비슷한 특징을 가진 동물은 아프리카와 아시아에 사는 하이에나뿐이다. 하이에나는 먹이의 뼈를 바수어 먹는 것으로 유명하다. 혹시 뼈를 으스러뜨리는 보르파구스아과 동물들도 같은 행동을 했던 건 아닐까?

이 선사시대 개들은 우리가 그들의 먹이와 식습관을 알아낼 수 있을 만한 특징들을 가지고 있었던 것 같다. 하이에나라는 현대의 유사체가 비교 대상이 되어주고, 컴퓨터 시뮬레이션 역시 강한 압력도 견뎌낼 수 있는 엄청나게 튼튼한 이빨을 갖고 있었다는 사실을 보여준다. 따라서, 보로파구스아과는 아주 오랫동안 북아메리카에서 현생 하이에나의 생태적 동위종 ecological equivalent이었고 이들 역시 뼈를 바수어 먹어치웠을 것으로 추정되었다. 비록 직접적인 증거는 나오지 않았지만.

보로파구스아과에서 마지막으로 살아남은 속은 바로 그 아과 이름의 주인공인 보로파구스*Borophagus*였다. 이 녀석들의 작은어금니는 갯과 동물 중 가장 크고 가장 잘 발달했으며, 뼈를 부수는 데에 특화되어 있었다. 몸무게가 무려 40킬로그램 이상 나가는 이 동물은 하이에나와 비슷하게 뼈를 으깨는 치열을 지닌, 늑대만 한 크기의 힘센 개라고 생각하면 된다. 화석은 매우 흔하고 북아메리카에 산재한 여러 곳에서 발견되었지만, 그들의 뼈는 답을 알려주지 않았다. 증거는 오히려, 똥에 있었다.

동물이 무엇을 먹었는지 정확히 알려면 먹는 쪽의 반대쪽 끝에서 나오는 것을 봐야 한다. 당연한 소리로 들리겠지만, 멸종된 종들을 연구할 때는 이게 보통 어려운 일이 아니다. 수많은 분석(똥화석)이 발견되긴 했지만, 동물 옆에 분변 잔해까지 남은 화석은 극도로 드물고, 그래서 우선 누가 똥을 누었는지부터 밝혀야 한다. 하지만 그 똥 주인과 똥화석이 같은 암석에서 나온다면, 이 둘을 확신을 가지고 자신있게 엮을 수 있다. 미국 로스앤젤레스카운티 자연사박물관 고생물학자이자 갯과 화석 전문가인 왕샤오밍王曉明이 동료들과 함께 캘리포니아 스타니슬라우스카운티에서 새로 수집한 희귀한 분석들을 연구하면서 그랬다. 그 똥화석은 메어텐층으로 알려진 640만

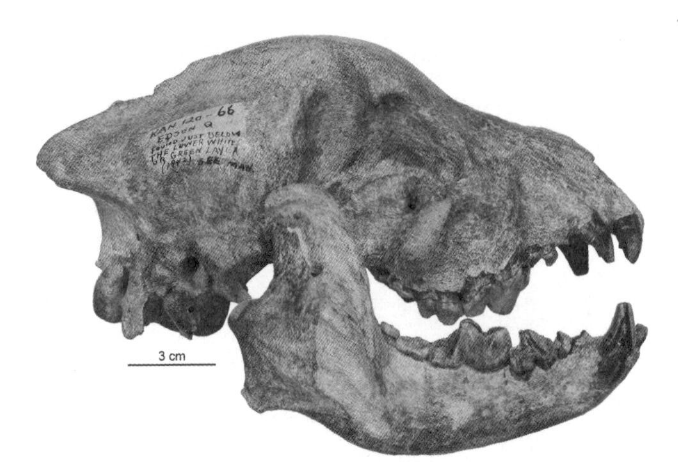

그림 4.12 캔자스 셔먼카운티에서 발견된 보로파구스 세쿤두스*Borophagus secundus*의 완벽한 두개골. (사진출처: Wang, X., et al. 2018. "First Bone-Cracking Dog Coprolites Provide New Insight Into Bone Consumption in Borophagus and Their Unique Ecological Niche." *eLife* 7, e34773)

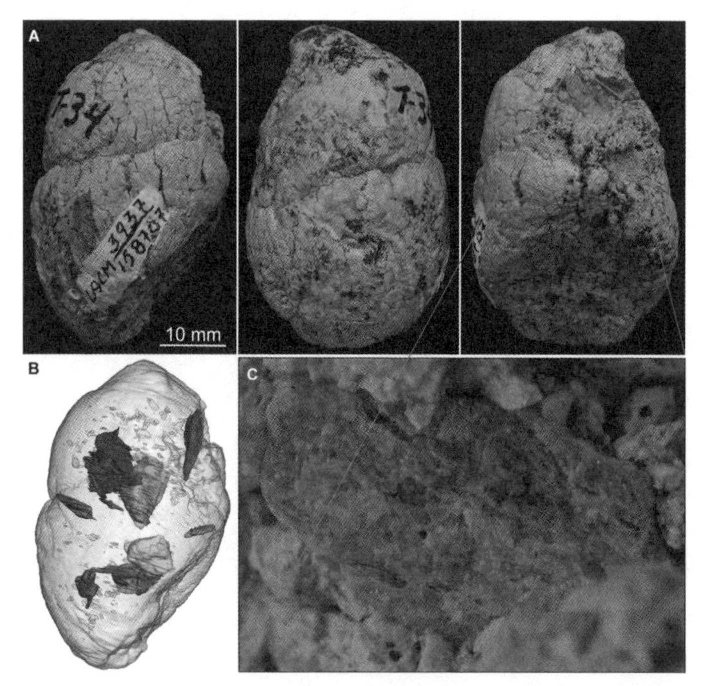

그림 4.13 (A) 보로파구스와 함께 발견된 분석의 여러 면. (B) 이 분석 안에는 다양한 뼛조각들이 들어 있었다. (C) 분석에 있는 뼈를 근접 촬영한 사진. (사진출처: Wang, X., et al. 2018. "First Bone-Cracking Dog Coprolites Provide New Insight Into Bone Consumption in Borophagus and Their Unique Ecological Niche." *eLife* 7, e34773)

년 전~530만 년 전의 마이오세 암석층에서 산출되었는데, 이 층에는 보로파구스 화석도 풍부하다.

자, 보시라. 분석에는 뼈가 가득했다. 이 층에서 나오는 유일한 대형 육식동물로서 현생 늑대의 똥만 한 선사시대 똥을 제조할 수 있는 건 보로파구스, 그 보로파구스의 똥일 가능성을 강력하게 시사한다. 마이크로 CT로 스캔한 결과, 분석 표면과 안쪽에 아직 용해되지 않은 뼛조각들이 보존되어 있었는데, 대체로 둥글거나 표면이 반질반질하거나 부식된 상태였다. 새의 다리뼈, 비버의 턱 조각, 중간 크기 포유류의 두개골 조각, 사슴 크기 대형 포유류의 일부 갈비뼈를 비롯한 몇몇 조각들을 식별할 수 있었다. 이 똥으로 보로파구스가 다양한 동물을 먹었고 일상적으로 먹이의 뼈까지 섭취했음을 알 수 있다. 어쩌면 점박이하이에나처럼 사체 전체를 먹어치웠을지도 모른다. 하지만 선사시대 똥덩어리에서 나온 뼛조각들은 보로파구스가 점박이하이에나처럼 뼈를 먹긴 했지만, 소화시키는 방식은 줄무늬하이에나나 갈색하이에나에 더 가까웠으리라는 걸 암시한다.

떼를 이루어 함께 발견된 배설물들은 많은 현생 사회성 육식동물들이 사용하는 뒷간 구역과 유사해, 영역표시 습성을 떠올리게 해준다. 분석에 남은 증거를 보면 보로파구스는 점박이하이에나나 늑대와 마찬가지로 사회집단을 이루고 살며 자신들보다 훨씬 큰 먹이도 사냥했을 것이다. 무리지어 사냥하는 것 외에도 다른 포식자들을 내쫓고 그들의 사냥감을 훔쳤으며, 영양가와 칼로리가 높은 골수를 얻기 위해 남은 뼈들을 으스러뜨려 먹었던 것으로 보인다.

보로파구스와 그 패거리들은 멸종 하이에나 및 현생 하이에나와 비슷한, 고도로 전문적인 뼈를 으스러뜨리는 행동을 독립적으로 진화시켰다. 여태

나는 눈다네, 뼈까지 씹어먹고서

그림 4.14 (앞페이지) 보로파구스 세쿤두스가 일을 보고 있다. 그 옆에는 뼈의 칼슘 성분 때문에 하얗게 변한 마른 똥들이 널려 있다. 보로파구스 무리의 동료들은 뒤쪽에서 쉬고 있고, 그중 한 마리는 뼈를 바수는 중이다.

껏 이 갯과 동물들의 소화기관에서 뼈가 발견된 적은 없지만, 화석으로 남은 그들의 똥은 이 최상위 포식자들이 먹이의 뼈를 먹어치우고 이제는 더이상 북아메리카에 존재하지 않는 생태학적 틈새를 채웠다는 오랜 가설을 확실하게 입증했다.

살해범을 잡아라:
아기 공룡을 먹어치운 뱀

화석은 보통 암석에 묻힌 채 한두 개의 뼈나 껍데기 조각만 노출된 상태로 발견된다. 화석의 본성상 모든 표본이 완전한 것은 아니고, 실상 대부분은 생물체의 일부 조각만 남아 있기 때문에, 암석 안에 동물이 온전하게 보존되어 있을지 어떨지는 모종의 도박과도 같다. 고생물학자들은 부분적으로 노출된 화석을 눈으로 살펴보곤 그 표본이 얼마나 완벽하고 중요한지 판별하는, 거의 초능력에 가까운 능력을 발휘하는 경향이 있다. 딱히 특이할 게 없거나 특별히 희귀하지 않은 표본은 대기행렬 뒤쪽으로 밀어두었다가 나중에 실험실에서 다시 조사하거나 보존처리를 하게 될 수도 있다는 뜻이다. 그러다 보니 때로는, 대수롭지 않게 여겼던 물건의 중요성이 몇 년이 지난 뒤에야 드러나기도 한다. 그리고 이러한 (재)발견은 자주, 수집된 화석들을 정기적으로 훑어보던 고생물학자들이 해낸다.

1984년에 인도 서부의 돌리 둥그리 마을 근처에서 현장탐사를 하던 고생물학자 다난자이 모하베이는 6700만 년 전의 공룡알 3개가 들어 있는 커다란 암석덩어리들을 찾아냈다. 공룡알은 이 지역에 흔하고, 세계 여러 곳에서 나온다. 구형의 형태와 지름 16센티미터의 크기로 보아, 이 알들은 디플로도쿠스와 브론토사우루스를 비롯해 긴 목과 긴 꼬리를 가진 거인들과 같은 부류의 용각류가 낳은 게 분명했다. 용각류 알은 마치 수박처럼 크고 둥글기 때문에, 모하베이가 수집한 알은 거의 확실히 용각류의 것이었다.

알 중 하나는 부서졌지만, 나머지 두 개는 온전했고 아직 부화하지 않은 상태였다. 옹기종기 모여 있었던 이 알들을 같은 지역에서 발견된 다른 공룡 알들과 비교해보니, 이 세 알은 보통 6~12개로 이루어진 한배둥이들의 일부였다. 부서진 알 부근에는 이제 막 알을 깨고 나온 용각류 갓난이의 섬세한 뼈들이 보존되어 있었다. 갓 부화한 용각류 화석은 드물기에, 이 작은 용각류는 중요한 발견이었다. 하지만 표본이 품은 가장 특이한 이야기는 그때껏 모습을 드러내지 않았다.

몇 년이 지난 후, 신원조회 과정에서 착오가 있었던 것으로 밝혀졌다. 갓 부화한 용각류의 것으로 생각했던 척추가 사실은 뱀 뼈였던 것이다. 이는 2001년 고생물학자 제프리 윌슨이 인도를 방문해 모하베이와 함께 표본을 연구하면서 확인되었다. 그 뱀의 더 많은 뼈들이 암석덩어리 안에 묻혀 있을 거라고 생각한 두 사람은 표본을 잠시 미시간대학교로 보내기로 했다. 거기서는 척추와 알을 둘러싼 바위를 조심스럽게 제거할 수 있을 터였다.

놀랍게도, 제거 작업이 끝난 암석 안에는 거의 완벽하게 보존된 뱀이 공룡알 세 개와 갓 부화한 새끼를 둘러싼 채 둥지에 들어앉아 있었다. 백악기의 뱀은 희귀한데, 표본은 신종으로 확인되었고, 사나예 인디쿠스*Sanajeh indicus*라는 이름(사나예는 산스크리트어로 '고대의 쩍 벌린 입' 정도의 뜻이다–옮긴이)이 붙여졌다. 용각류 공룡 둥지 속에 뱀이 등장하면서 이 선사시대 뱀의 섭식생태에 대한 몇 가지 질문이 제기되었다. 한마디로, 이 녀석이 알을 먹었을까? 만약 그렇다면, 어떻게?

현생 뱀 상당수가 알을 먹는다. 흔히 통째로. 인상적이면서도 괴이한 재주다. 뱀과 알들이 한데 있으니, 사나예는 이 알들을 통째로 삼켰으리라고 추측할 수 있다. 일리 있어 보인다. 두개골과 뼈대의 형태를 봐서는 사나예가 알을 삼키는 현생 뱀처럼 특화된 넓은 아가리를 가지고 있지 않다는 사실을 뺀다면 말이다. 그래서 결론적으로, 이 녀석이 자신의 아가리 크기를 훨씬 초과하는 커다란 용각류 알을 통째로 삼키지는 못했을 거라고 생각된다.

그 대신, 사나예가 올리브각시바다거북의 알을 죄어 깨뜨린 뒤 내용물을 먹어치우는 현생 멕시코비단뱀과 비슷한 생활양식을 가지고 있었으리라는 가설이 유력하다. 이것이 사나예의 섭식 방법이었을 가능성이 가장 크다.

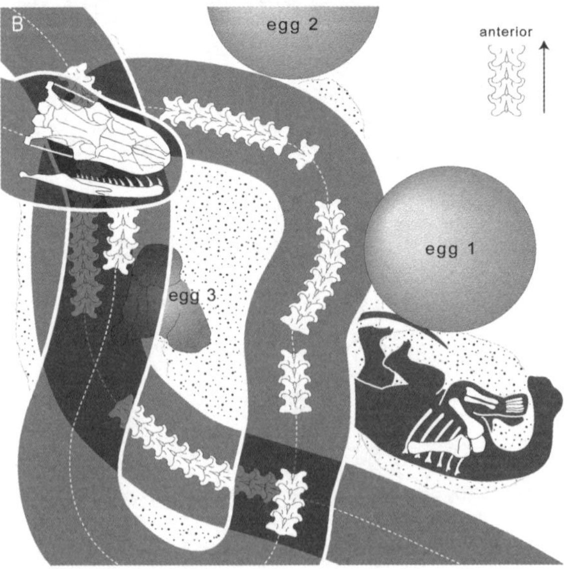

그림 4.15 (A) 사나예 인디쿠스가 용각류 알들과 갓 부화한 작은 새끼의 파편 옆에서 또아리를 틀고 있다. (B) 남아 있는 골격과 알의 위치와 상태를 잘 보여주는 분석 그림. (사진출처: Wilson, J. A., et al. 2010. "Predation Upon Hatchling Dinosaurs by a New Snake from the Late Cretaceous of India." *PLOS One* 8, e1000322)

다만 뱀이 용각류 새끼가 알을 깨고 나오는 힘든 작업을 끝내고 움직이기만을 기다렸을 수도 있다. 아마도 뱀은 두 가지 전략을 조합해 사용했을 것이다. 마찬가지로 용각류 알 옆에 놓인 또다른 사나예 뼈대가 같은 지역에서 발견되었다는 사실은 이 뱀의 포식자-피식자 상호작용에 대한 추가적인 증거다. 이 뱀들은 갓 부화한 용각류 새끼를 먹는 습성이 있었을 것이다.

갓 부화한 50센티미터짜리 용각류 새끼들이 3.5미터 길이의 사나예가 퍼붓는 공격을 막아낼 수는 없었다. 이들의 유일한 방어전략은 빠르게 성장하는 것이었다. 다 자란 용각류의 몸은 버스 두세 대보다 길어서, 뱀의 메뉴판에서 멀리 벗어나 있었다.

백악기 후기인 6700만 년 전, 아기 공룡이 알에서 깨어나 새로운 바깥세상에서 첫 숨을 쉬었다. 아기 공룡은 비틀대면서도 몇 걸음 걸음마를 떼었다. 사나예는 갓 부화한 새끼의 냄새와 움직임에 이끌려 둥지로 쳐들어가서는, 알 하나를 중심으로 시계방향으로 몸을 휘감은 뒤, 머리를 몸의 가장 위쪽 고리에 대고, 일격을 가할 준비에 들어갔다. 바로 그 결정적인 순간, 폭풍으로 일어난 진흙사태가 포식자와 예비 피식자를 한꺼번에 덮쳐 산 채로 파묻은 뒤 질식시켜 영원토록 보존했다. 표본이 있던 암석을 조사한 우리는 안다, 당시 이 지역은 습하고 건조한 아열대 기후 환경이라 진흙사태로 이어질 수 있는 강한 폭풍이 자주 일어났다는 것을.

뱀은 다음 식사를 즐기는 대신, 빠르게 흘러내려서 순식간에 모든 걸 깊이 묻어버리는 진흙사태에 휩쓸려 죽었다. 우리가 할 수 있는 일은 그저 아기 공룡이 앞으로 무슨 일이 일어날지 몰랐기를 바라는 것뿐이다. 이 조합은 뱀이 한때 공룡을 잡아먹고, 지구상에서 걸었던 가장 큰 동물의 새끼를 포식飽食했다는 증거다. 이 가장 이례적인 화석 덕분에 알게 된 사실이다.

둥지 속의 사나예

그림 4.16 (뒷페이지) 거대한 티타노사우루스류 용각류의 둥지로 미끄러져 들어간 사나예가 알 주위를 휘감은 채 갓 부화한 새끼를 공격할 준비를 하고 있다.

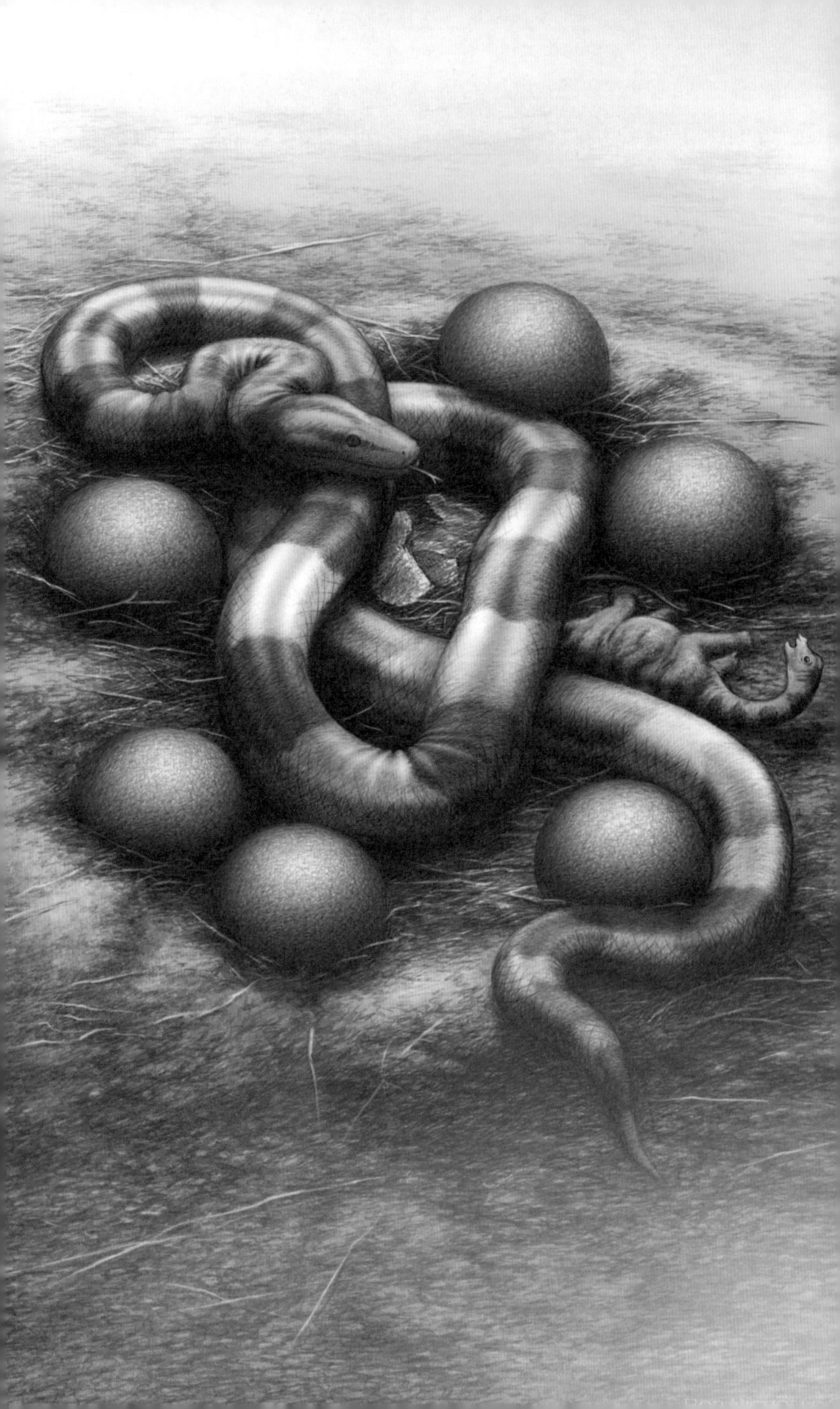

공룡을 잡아먹는 포유류

선사시대 포식자 얘기라면 늘, 공룡이 헤드라인을 낚아챘다. 이 파충류들이 수천만 년 동안 제왕으로 군림하긴 했지만, 거기에 우리의 초기 포유류 조상들도—그늘 속에서 총총걸음으로 허둥댈지언정—있었다는 사실을 잊어먹기 십상이다. 일반적으로 쥐만 했던 이 포유류들은 자신들을 붙잡아버릴 만큼 빠른 동물들의 먹이가 되지 않도록 피해다녀야만 했다. 의심의 여지없이, 공룡이 지배하던 세계에서 털북숭이 생명체들은 크고 작은 많은 수각류들의 식탁에 올랐을 것이다. 그런데 만약 그 관계가 정반대였다면?

중국 랴오닝성에 풍부한 백악기 암석층에서 두 종의 신종 화석 포유류가 발견되면서 새로운 사실이 드러났다. 일반적인 믿음과 달리, 공룡 시대의 포유류가 모두 작지는 않았다. 그 두 종은 첫 번째가 2000년에 보고된 레페노마무스 로부스투스*Repenomamus robustus*였고, 좀더 큰 다른 종은 2005년에 레페노마무스 기간티쿠스*R. giganticus*라는 적절한 이름을 달고 나와 과학자들의 이목을 끌었다.

화석 동물 이름에 붙은 강건한robust이나 거인giant과 같은 단어들을 보면 우리는 곧바로 거대한 뭔가를 떠올리게 되는데, 이 경우에는 아마도 디플로도쿠스나 스테고사우루스만 한 포유류를 그려볼 것이다. 택도 없는 생각이다. 다 자란 로부스투스는 대략 고양이만 했고, 기간티쿠스는 1미터 조금 넘는 몸길이에 몸무게가 12~14킬로그램이었으니 커다란 오소리 정도의 크기였다. 생각보다 작아 보일지도 모르지만, 초기 포유류 진화의 전체적인 관점에서 보면 기간티쿠스는 진짜로 거대하다. 비교를 해보자면, 중생대 포유류의 다수는 두개골 길이가 겨우 1~5센티미터에 불과한 야행성 식충동물이었던 반면 기간티쿠스의 두개골 길이는 16센티미터로, 차이가 두

드러진다. 이처럼 레페노마무스는 대체로 완전한 골격으로 확인된 가장 큰 중생대 포유류다.

몸집이 크고 단단한 두개골과 더불어 튼튼하고 뾰족한 이빨을 가진 것으로 보아 레페노마무스는 포식자였을 것으로 추정된다. 특히 드로마이오사우루스를 비롯한 몸집이 작고 깃털이 발달한 수각류들의 몸무게가 겨우 몇 킬로그램에 불과했던 점을 고려하면, 레페노마무스는 함께 살았던 공룡들과 나름 성공적으로 경쟁했을 것이다. 그렇다면 이 녀석은 무엇을 먹었을까? 곤충, 물고기, 아니면 더 작은 포유류 같은 것들? 그럴 가능성도 있어 보이지만, 우리가 확실히 알고 있는 먹이 한 가지는 바로 공룡, 특히 아기 공룡이다.

로부스투스 화석 중 한 개는 발견했을 당시 뼈 몇 개만 노출되어 있었기에, 연구자들은 화석을 더 자세하게 확인하기 위해 실험실로 옮겼다. 보존처리 과정을 거쳐 암석을 제거한 결과 거의 완전한 표본으로 밝혀졌지만, 그게 다가 아니었다. 세심한 작업을 통해 흉곽 사이에 뼈와 이빨 들이 뒤섞여 남아 있다는 사실이 밝혀졌는데, 그곳은 현생 포유류의 위가 있는 위치였다. 그것은 마지막 식사의 잔해였다. 면밀하게 조사해보았더니, 톱니 모양의 작은 이빨, 다리, 그리고 앞발가락은 각룡류에 속하는 어린 프시타코사우루스(제2장을 보라)의 것과 일치했다. 공교롭게도 레페노마무스가 발견된 바위들에서 이 초식공룡의 성체와 어린 개체 역시 흔히 산출된다.

일부 소화되고 남은 어린 개체의 예상 몸길이는 겨우 14센티미터에 불과했지만, 이빨은 섭식활동으로 인해 마모된 상태였다. 이는 이 개체가 알 속의 배아가 아니라 이미 부화한 후라는 것을 나타낸다. 긴 다리뼈 중 일부는 관절이 남아 있지만 두개골과 다른 뼈들은 조각조각 부서진 것으로 보아, 레페노마무스는 마치 악어가 먹이를 먹을 때처럼 먹잇감을 삼키기 전에 씹을 수 있는 크기로 잘랐을 가능성이 크다. 우리는 프시타코사우루스 여러 마리가 함께 보존된 화석들을 통해 이 나이대 새끼들이 보통 부모 근처에서

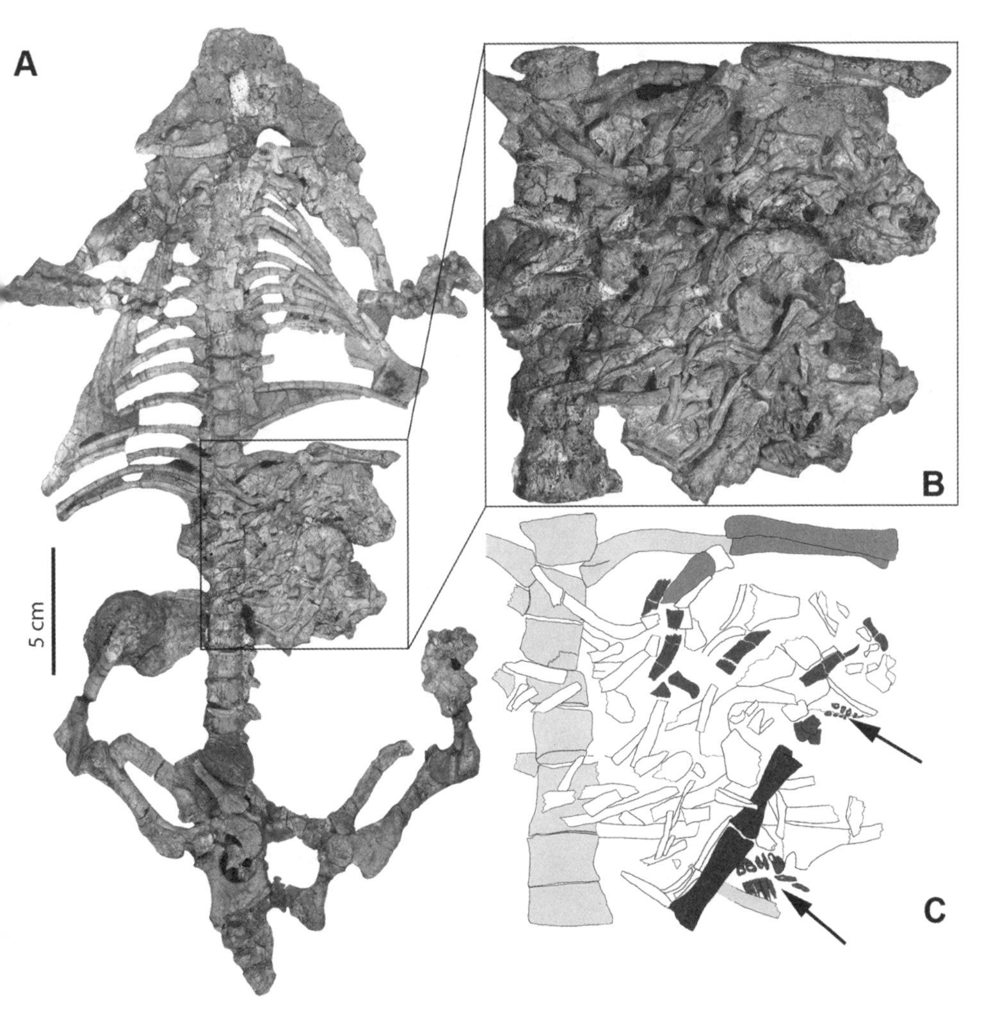

그림 4.17 (A) 위에 일부 소화된 프시타코사우루스 새끼의 뼈대 파편을 품고 있는 레페노마무스 로부스투스의 뼈대. (B) 위 내용물의 근접 사진. (C) 위에 남아 있는 아기 공룡의 찢기고 조각난 뼈를 그려낸 해석 그림. 화살표 끝에 있는 것은 공룡의 이빨이다. (사진 제공: 멍진孟津)

BOB NICHOLLS 2020

무리지어 지내는 편이었다는 사실을 알고 있다. 그렇기에 레페노마무스는 무리에서 뒤처진 새끼들을 잽싸게 낚아챘을 수도 있고, 아니면 공룡 둥지를 적극적으로 습격했을 수도 있다. 하지만 레페노마무스보다 프시타코사우루스의 몸집이 두 배나 크기 때문에 이 녀석이 프시타코사우루스 성체에게 도전했을 가능성은 희박해 보인다.

우리는 당연한 것으로 예상해야 했던—그리고 분명히 일어났어야 마땅한—선입관에 딱 맞는, 공룡이 초기 포유류를 먹고 살았다는 직접적인 증거 대신, 기상천외한 뭔가를 마주하게 되었다. 1억 2500만 년 전에 살던 포유류의 소화기관에 들어 있는 아기 공룡의 뼈는 우리가 상상도 하지 못했던 완전히 다른 세계를 열어준다. 만약 이 놀라운 화석이 없었다면, 레페노마무스는 그저 수각류의 털북숭이 먹잇감으로만 그려졌을지도 모른다.

행복한 화이트삭스 씨

그림 4.18 (왼쪽 페이지) 고독한 레페노마무스가 자신이 잡은 길 잃은 프시타코사우루스 새끼를 자랑하고 있다. 뒤에 선 청소년 프시타코사우루스와 여러 마리의 새끼들이 울창한 덤불 속을 걸어간다.

중생대 급식소: "뭔가 흥미로워…"

와이오밍은 세계에서 가장 유명한 공룡들의 고향이다. 몇 가지만 꼽아보자면 디플로도쿠스, 스테고사우루스, 그리고 알로사우루스가 이곳 출신이다. 모두 공룡이 잔뜩 발견되는 것으로 유명한 쥐라기 후기의 모리슨층에서 산출되었다. 이 층에서 나온 다양한 공룡 뼈들은 1993년, 빅혼분지의 작은 마을 서모폴리스의 웜스프링스 목장에서 발견되었다. 이 발견은 와이오밍 공룡센터(WDC)라는 새로운 박물관의 설립을 보증하기에 충분했다.

박물관은 1995년에 문을 열었는데, 꽤나 재미있는 우연으로, 가장 중요한 발견 중 하나가 같은해에 이루어졌다. 새로 발견된 1억 5000만 년 된 암석층의 화석 산지를 발굴해보았더니, 수십 개의 수각류(알로사우루스) 이빨과 함께 흩어져 있는 용각류(카마라사우루스) 뼈들을 포함해 다양한 공룡 흔적들이 드러났던 것이다. 이렇게 공룡의 몸통과 흔적화석을 같은 암석층에서 발견한다는 것은 그야말로 엄청나게 드문 일이다. 지질학이 카마라사우루스는 옛 호수의 가장자리에 누워 있다는 사실을 밝혀냈고, 그 전체 맥락을 있는 그대로 보존하기 위해 그 위에 보호용 건물이 세워졌다. 이곳은 궁금증을 자아내는 흥미로운 특성 덕분에 '뭔가 흥미로운 것Something Interesting'의 약자인 'SI'라고 불리게 되었다. 그런데 정확히 뭐가 그렇게 흥미로운 걸까?

길이 18미터, 무게 15톤까지 자랐던 카마라사우루스는 WDC 산지에서 가장 흔한 공룡이다. SI에 있는 뼈대의 약 40~50퍼센트가 발굴되었는데, 이는 지금까지 알려진 가장 큰 개체의 절반만 한 어린 개체다. 현장에서 발견된 가장 매혹적이고 희귀한 것 중 하나는 이 어린 개체의 다리, 골반, 그리고 꼬리뼈 들을 둘러싸고 움푹 패인 곳들이다. 이는 수심이 얕은 호수 가장자리 진흙 속에 사체가 처음 묻혔던 장소의 윤곽을 나타낸다. 옛 진흙에는 많은 용각류들이 오가며 심하게 밟아뭉갠 흔적(고생물학자들은 공란구조恐亂構造, dinoturbation라고 부른다)이 남아 있으며, 카마라사우루스의 뼈 중 몇몇은 밟혀 으스러졌다.

최초의 발견 이후, 150개 이상의 알로사우루스 이빨과, 뚜렷한 긁힌 자국을 포함해 수없이 많은 알로사우루스의 세 발가락 자국들이 카마라사우루스의 윤곽과 뼈들 주위에서 점점이 발견되었다. 일부 뼈들에는 발톱 자국

그림 4.19 SI(뭔가 흥미로운 것) 발굴지. (A) 어린 카마라사우루스의 다양한 뼈들이 사체가 놓인 넓고 움푹 파인 지형를 둘러싸고 있다. 왼쪽에 세 개의 뚜렷한 발톱 표시가 남아 있다. (B) 큰 용각류 발자국. 왼쪽에는 찌그러진 뼈가 있다. (C) 현장에서 발견된 알로사우루스 이빨들. (D) 카마라사우루스 뼈 사이에 앉은 지은이. (E) 지은이와 레비 싱클이 발견한 알로사우루스 이빨. ([A–B, E] 지은이가 직접 촬영; [C] 레비 싱클 촬영, 와이오밍 공룡센터 제공; [D] 빌 발 제공)

BOB NICHOLLS 2020

이, 또다른 뼈들에는 알로사우루스의 이빨과 일치하는 이빨 흔적이 남아 있다. 어린 개체와 성체의 이빨이 다량 떨어져 있는 것으로 보아, 아마도 가족이거나 무리를 지은 알로사우루스 여러 마리가 용각류를 뜯어먹던 도중 이빨이 빠졌을 것이다. 용각류의 뼈대가 흩어져 있으니, 사체는 말 그대로 산산이 찢겨나갔다. 심지어 용각류의 위석胃石까지 바깥에서 굴러다닐 정도다. 알로사우루스는 여기서 광란의 파티를 벌였다.

최대 10미터쯤까지 컸던 알로사우루스는 당대 최고의 포식자였다. 다 자란 성체라면, 어린 카마라사우루스 정도는 도움을 좀 받아 쉽게 쓰러뜨릴 수 있었을 것이다. 하지만 알로사우루스 한 마리 또는 여러 마리가 이 카마라사우루스를 해쳤다는 증거가 없다. 알로사우루스가 썩어가는 사체에 이끌려와 먹어치웠을 가능성이 더 크다. SI에서 알로사우루스의 뼈가 발견되지 않은 것을 보면 알로사우루스가 차례로 이 급식소에 도착했거나, 서로가 존재하는 것을 용인하는 사회적 집단을 이루었을지도 모른다.

WDC와 SI 발굴지는 내 마음속에서 특별한 자리를 차지하고 있다. 그곳에서 여러 달 동안 공룡을 캐고 산출 화석을 연구했기 때문이다. 2008년 당시, 나의 첫날은 마치 모험영화와도 같았다. 좀 진부해보이기는 하지만, 나는 〈쥬라기 공원〉 사운드트랙을 들으며 지프로 험준한 지형을 지나고 광활한 언덕을 올라 SI 발굴지까지 갔다. 해를 넘겨가며 그곳에서(그리고 다른 발굴지에서도) 카마라사우루스의 뼈와 알로사우루스의 이빨을 발굴하는 데에 참여했고, SI에서 발견된 가장 큰 알로사우루스 이빨 중 하나를 (레비 싱클과 함께) 공동발견하기도 했다. 지금까지도 SI는 계속 발굴되고 있고, 새로운 발견들이 이 쥐라기 연회장을 둘러싼 특별한 이야기를 밝혀내는 데에 도움을 주고 있다. 결단코 가장 흥미로웠던 그 광란의 파티를.

무시무시한 기회주의자들
그림 4.20 (앞페이지) 알로사우루스 무리가 썩어가는 어린 카마라사우루스 사체를 찢으며 쥐라기 광란의 파티를 벌이고 있다. 엉망진창인 땅은 많은 동물들이 지나갔고 다른 육식동물들이 이전에 이곳을 방문했음을 알려준다.

지옥돼지의 고기 저장고

우리가 냉장고에 남은 음식을 보관하듯이, 많은 동물들이 남은 먹이를 안전하거나 숨겨진 장소에 보관했다가 나중에 다시 가져가는 것(저식행동food caching 또는 비축hoarding이라고 한다)으로 알려져 있다. 설치류는 특히 먹이가 부족한 겨울을 대비할 때의 이런 행동으로 악명이 높다. 어떤 동물들은 자신이 먹이를 먹는 아주 짧은 시간 동안만 저장한다. 가장 유명한 예 중 하나는 표범으로, 이 녀석들은 큰 사냥감을 죽인 다음 다른 포식자들을 피해 안전하게 먹을 수 있는 나무 위로 끌고 올라간다. 씨앗과 견과류로 가득 찬 주머니처럼 저식행동의 증거가 남은 화석도 있다. 하지만 정말 깜짝 놀랄 만한 화석이 하나 있는데 그것은, 조금 음산하지만, 거대한 '지옥에서 온 킬러 돼지'가 만든 고기 저장고다.

'지옥돼지'는 엔텔로돈트*Entelodont*라는 멸종된 잡식성 포유류에 속한다. 돼지처럼 생긴 생김새와 몇몇 공통적인 특징에도 불구하고, 해부학적 구조는 가장 가까운 친척으로 하마와 고래를 가리키기 때문에, 이 별명은 부적절한 작명이다.

엔텔로돈트 중 하나는 사우스다코타의 빅배드랜즈와 인접 주까지 이어진 노두 화이트리버 퇴적층에서 산출된 많은 화석들로 동정된다. 몸길이 2미터, 높이 1.2미터로 소만 한 크기에 어깨에 혹이 달린 아르카이오테리움*Archaeotherium*은 웃자란 혹멧돼지를 닮은 옛 짐승으로, 당시 생태계에서 가장 강력한 포식자 중 하나였다. 이 녀석은 머리가 매우 거대했고, 크고 돌출된 이빨과 최대 109도까지 벌릴 수 있는 강력한 턱을 지니고 있었다. 그중 아무거나 하나만 보고도 여러분은 겁에 질렸을 것이고, 특히 여러분이 이 녀석 간식 크기의 작은 포유류였던 시절이라면 더더욱 그랬을 것이다.

퇴적물이 쌓인 시기가 에오세 말기부터 올리고세 초기 사이인 약 3700만 년 전~3000만 년 전으로 거슬러올라가는 화이트리버층은 풍부하고 훌륭한 포유류 화석들로 유명하다. 양 크기에 혹이 없는 작은 낙타로, 얼핏 보면 현생 라마의 미니어처처럼 생긴 포이브로테리움*Poebrotherium*을 포함해 매우 다양한 종이 이곳에서 나와 등재되었다. 낙타는 북아메리카에서 기원했고, 포에브로테리움은 가장 원시적인 낙타 종 가운데 하나다. 화석이 흔하게 나오는 편이긴 하지만, 1998년 와이오밍 중동부 더글라스 마을 근처에서 씹어먹다 만 뼈대 여러 개가 들어 있는 가로 115센티미터, 세로 110센티미터 크기의 특이한 암석판이 발견되었다.

3300만 년 된 살해 현장에는 한 개의 완전한 뼈대, 여섯 개의 부분적인 뼈대, 그리고 다른 개체들로부터 분리된 수많은 뼈들이 함께 쌓여 있다. 노출된 뼈는 594개지만, 보존된 뼈는 약 700개로 추정된다. 물린 자국이 두개골, 경추, 그리고 흉추와 요추를 덮고 있다. 구멍 자국의 지름과 깊이, 그리고 구멍 사이의 간격과 폭은 아르카이오테리움, 즉 살해자의 이빨과 완벽하게 일치한다.

낙타 사체 중 6구는 반토막이 나고 골반, 뒷다리, 발 등 뒷부분이 보존되지 않은 것으로 보아, 이 부분들이 주로 먹힌 것으로 추정된다. 물린 자국의 위치는 아르카이오테리움이 낙타의 두개골과 목 뒤를 물어 죽였다는 것을 가리킨다. 지옥돼지는 고기가 많은 궁둥이와 뒷다리 부분을 먼저 먹고 남은 앞부분은 나중에 먹으려고 고기 저장고에 보관했을 것이다. 비슷한 물린 자국이 화이트리버 동물군의 다른 포유류 뼈에서도 흔히 발견되는데, 여기에는 아르카이오테리움 뼈도 포함된다. 이는 지옥돼지가 자신들끼리, 어쩌면 죽음에 이를 정도로 싸워댔다는 것을 알려준다.

이런 식으로 먹이를 저장하는 습성은 현재의 포식 동물들 사이에서도 흔히 볼 수 있는데, 이를 집중저장larder hoarding이라고 한다. 동물은 먹이를 숨긴 장소 한 곳만 기억하면 되기 때문에 편하다. 하지만 반대로, 은닉

처를 지키고 방어할 준비가 필요할지도 모른다. 포식자들은 때때로 먹이가 충분한데도 다른 동물을 죽이려 든다. 이런 과잉살해surplus killing를, 아르카이오테리움이 먹이인 낙타가 풍부한 상황에서 저질렀을지도 모른다. 아니면 부모가 자기 새끼를 위해 고기 저장고를 준비했거나, 심지어는 지옥돼지 무리가 함께 고기를 모았을 가능성도 있다. 단언하긴 어렵지만.

포이브로테리움 뼈대들이 아주 잘 보존되어 있고 다들 붙잡혀 도살당하고 부분적으로 뜯어먹힌 점을 고려하면, 이들이 저장고에 보관된 지 얼마 되지 않아 급속하게 묻혔을 가능성이 있다. 아르카이오테리움이 우선 다른 포식자들의 눈을 속이려고 사냥감을 덮어두었을지도 모르지만, 그 후 먹잇감들은 퇴적물에 의해 원래의 포식자조차 찾거나 도달할 수 없을 만큼 깊이 묻혀버렸다. 이렇게 동강난 낙타고기들이 쌓인 창고가 조금은 소름끼치는 습성을 보여주는 것으로 보일지 몰라도, 이런 화석들은 그저 '누가 누구를 먹는' 관계 이상의 무엇인가를 제공한다.

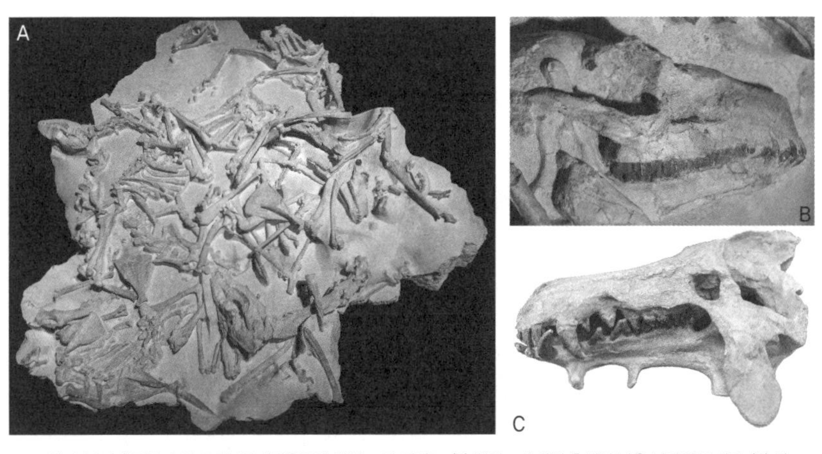

그림 4.21 (A) 먹히다 만 포이브로테리움들이 쌓인 고기 저장고. (B) 씹히고 손상된 흔적이 남은 낙타의 두개골. (C) 와이오밍에서 발견된 아르카이오테리움 두개골. (레비 싱클 촬영. 와이오밍 공룡센터 제공)

사체수집가

그림 4.22 (뒷페이지) 공포의 지옥돼지 아르카이오테리움이 썩어가는 포이브로테리움의 토막난 사체들 위에 서서 한 마리의 뒷부분을 삼키고 있다.

선사시대의 마트료시카: 비틀어진 먹이사슬 화석

러시아의 마트료시카 인형을 본 적이 있는가? 전통적인 나무인형들은 위아래의 딱 중간에서 분리되고, 그 안에는 조금 더 작은 인형이 들어 있다. 이 인형 역시 분리된다. 이 과정은 마침내 가장 작은 인형이 안에서 발견될 때까지 계속된다. 물론 인형들은 서로를 잡아먹지 않지만, 동물의 먹이사슬의 비유로 아주 재미있는 측면이 있다. 범고래와 같은 상위 포식자—가장 바깥쪽 인형에 해당한다—를 생각해보라. 범고래는 플랑크톤(먹이사슬의 시작점으로, 가장 작은 인형과 같다)을 먹은 크릴을 잡아먹은 물고기를 잡아먹은 오징어를 잡아먹은 물개를 잡아먹는다. 하지만 불가피하게, 선사시대의 먹이사슬을 파악하는 일은 지극히 복잡하고, 또 아주 많은 부분을 추론에 의존할 수밖에 없다. 가장 기이한 증거를 담고 있는, 도무지 믿을 수 없는 몇몇 경우를 제외하고는 말이다.

최초로 인정된 다중 먹이사슬 화석은 2007년에 햇빛을 보았는데, 지금까지 발견된 것 중 연대가 가장 오래된 것이다. 독일 남서부 레바흐 마을의 2억 9500만 년 전 페름기 암석층에서 수집된 이 화석은 크세나칸투스류Xenacanths라는 멸종된 과의 일원인 민물상어 트리오두스 세실리스*Triodus sessilis*의 불완전한 골격으로 이루어져 있다. 상어는 연골 동물이므로, 보통 이빨만 화석으로 남는다. 하지만 이 표본은 광물화된 (능철석) 응괴 안에 있었던 덕분에 이빨에 더해 턱, 비늘, 뼈대의 다른 부분까지 훌륭하게 보존되었다. 가장 놀라운 사실은 작은 분추류(temnospondyli: 지금은 멸종한 양서류의 한 종류—옮긴이)인 아르케고사우루스 데케니*Archegosaurus decheni*와 글라노크톤 라티로스트레*Glanochthon latirostre* 두 종의 유생이 이 몸길이 50센티미터짜리 상어의 소화기관에 들어 있었다는 점이다. 믿을 수 없게도, 글라노크톤 역시 마지막 식사였던, 상어처럼 생겼고 가시가 있는 어류 아칸토데스 브로니*Acanthodes bronni*의 어린 개체의 부분적으로 소화된 뼈를 품고 있었다.

이들은 훔베르크 호수로 알려진 80킬로미터 크기의 깊고 거대한 옛 호수에서 살았는데, 그곳에선 다양한 종들이 번성했다. 포식성 트리오두스는 호수에 흔한 종이었지만, 훨씬 크고 자신을 노릴 것이 분명한 크세나칸투스류나 양서류 성체에 비해 크기가 작은 치어였다. 이 정점을 차지한 사냥꾼들과 경쟁할 수는 없었을 터라, 트리오두스는 거대한 성체를 피해 호수의 얕은 곳에서 새끼를 사냥하는 매복 포식자로서의 위치를 개척했을 것이다.

양서류 유생들 역시 훔베르크 호수에서 매우 흔한 종이었고 아마도 비슷한 섭식전략을 채택했을 것이다. 하지만 그들의 경우에는, 사냥꾼이 사냥감으로 바뀌었다. 소화기관 내에 있는 두 양서류의 방향으로 보아, 트리오두스가 뒤에서 공격해 먹잇감의 꼬리를 먼저 삼켰을 것이다. 둘의 완벽한 보존상태를 보면 트리오두스가 그들을 먹어치운 거의 직후에 죽었다는 것을 알 수 있다. 반면 글라노크톤 안에 있는, 부분적으로 소화되어 파편화된 물고기는 이 양서류가 먹이를 먹은 후 꽤 시간이 지나서 트리오두스에게 잡아먹혔다는 사실을 알려준다. 덧붙여두자면, 현생 상어에는 양서류를 먹는 종이 없기에, 이 먼 옛날의 상어가 보여준 특이한 행동은 더더욱 눈길을 끈다.

2009년, 독일 중서부의 세계적으로 유명한 메셀 피트 화석산지에서 비슷한 방식으로 보존된 척추동물 먹이사슬 화석이 수집되었다. 지금까지 얘기했던 수생동물의 상호작용과는 대조적으로, 이 4800만 년 된 메셀의 식사 기록은 육지 환경에서 일어난 포식자-피식자 관계의 직접적인 증거다. 이 멋진 화석에는 현생 보아뱀의 친척에 해당하는 초기의 왕뱀 에오콘스트릭토르 피스케리*Eoconstrictor fischeri*(그 후 팔라이오피톤Palaeopython이라고 부른다) 한 마리가 또아리를 튼 채 완벽하게 보존되어 있고, 뱀 안에는 나무에 사는 바실리스크 도마뱀(게이셀탈리엘루스 마아리우스*Geiseltaliellus maarius*)의 뼈대가 들어 있으며, 도마뱀의 복부에는 녀석이 마지막으로 먹은 곤충이 담겨 있다.

도마뱀은 오늘날 대부분의 어린 보아뱀, 특히 나무에 서식하는 종이 선호하는 먹잇감이다. 이 에오콘스트릭토르는 1미터 길이의 어린 개체로, 메셀에서 발견된 성체 표본의 절반 정도 크기다. 몸통 지름이 17밀리미터로 추정되는 도마뱀보다 5배나 크다. 뱀이 머리부터 삼킨 도마뱀은 뱀의 입에서 53센티미터 떨어진 배 안에 들어 있다. 도마뱀의 골반 근처 척추에 눈에 띄게 꼬인 부분이 있는데, 이는 뱀에 의해 생긴 상처 때문일 수 있다. 이 도마뱀에게 잡아먹힌 곤충은 딱정벌레의 일종으로, 보존상태가 좋지 않음에도 불구하고 (메셀에서 나온 다른 곤충들을 통해 잘 알려진 것처럼) 청록색으로 반짝이는 원래의 구조색이 남아 있다. 도마뱀은 곤충을 잡아먹은 직후에 잡아먹혔을 것이다. 이 도마뱀은 위에서 살펴본 페름기 화석과 비슷하게 위산으로 인한 부식 흔적이 전혀 없는 훌륭한 상태를 유지하고 있다. 현생 뱀의 소화속도와 비교해 추정하자면, 에오콘스트릭토르는 마지막 식사를 한 지 늦어도 48시간이 되기 전에 죽었다.

뱀이 어떻게 호수에 들어가게 되었는지는 또다른 의문이다. 호수를 헤엄쳐 건넌 걸까, 아니면 (아마도 도마뱀을 잡아먹은 후에) 나무에서 떨어진 걸까? 아니면 뱀을 잡아서 문 새가 호수 위를 날다가 실수로 떨어뜨린 걸까? 무엇이 뱀의 최후를 불렀는지는 아마도 영원히 알 수 없겠지만, 모든 메셀 화석이 그랬듯이, 뱀은 천천히 퇴적물로 덮여 화석화되기 전에, 호수 바닥을 치명적인 독으로 채운 그 호수층으로 진입할 만큼 충분히 깊이 빠져들었을 것이다.

마지막 식사로 삼은 먹이의 마지막 식사까지 남은 화석을 찾을 가능성은 거의 불가능에 가까울 정도로 희박하다. 동물들이 서로 먹고 먹히는 순간부

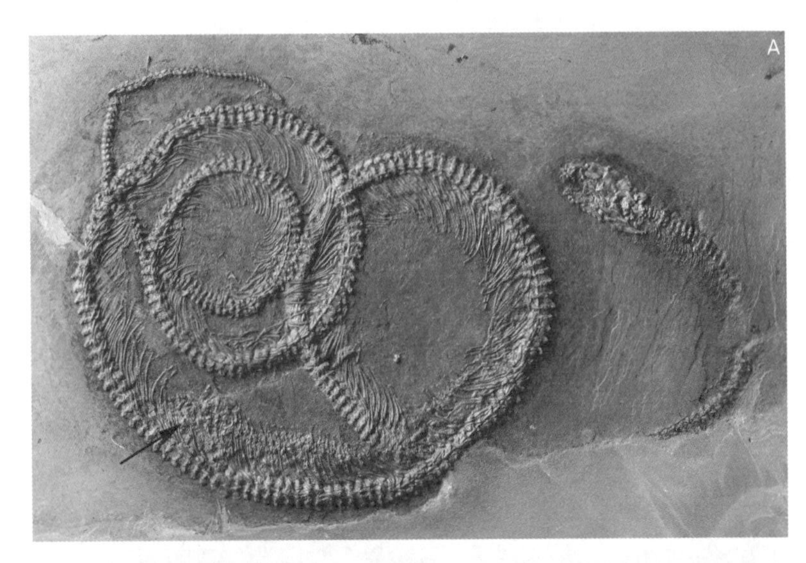

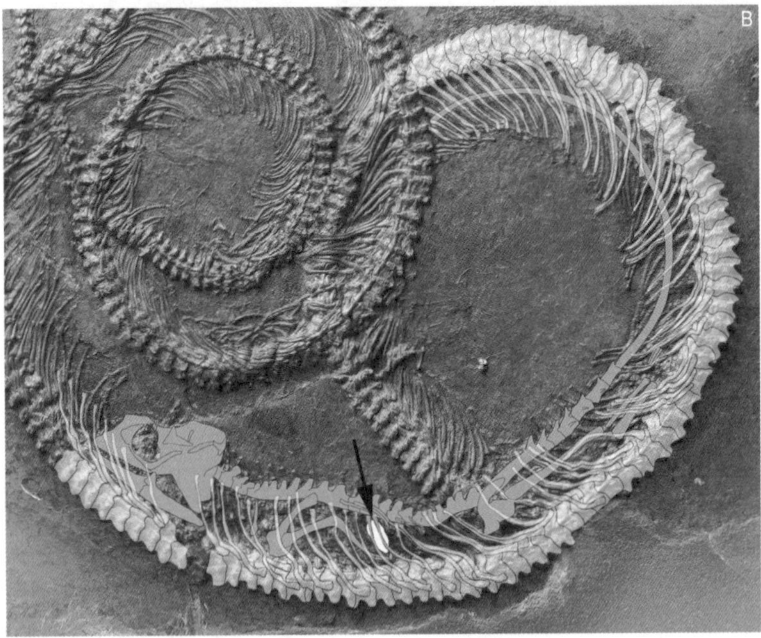

그림 4.23 (A) '화석 마트료시카.' 에오콘스트릭토르 피스케리의 안에 먹이였던 바실리스크 도마뱀(게이셀탈리엘루스 마아리우스)의 완벽한 뼈대가 있고, 도마뱀 안에는 종류를 알 수 없는 딱정벌레가 있다. 화살표가 가리키는 것은 도마뱀 머리다. (B) 도마뱀과 딱정벌레의 외곽선과 위치를 알려주기 위해 선을 덧그렸다. 화살표 끝에 딱정벌레가 있다. (사진 제공: [A] SGN, 스벤 트뢴크너; [B] 크리스터 스미스/아니카 포겔/율리안 에버하르트)

터 죽어서 묻힐 때까지, 영양으로 얽힌 이 3단계 상호작용은 타이밍과 보존이 전부다. 그 점을 강조하기 위해 여기, 작은 체구의 페름기 상어가 둘 중 하나가 어린 물고기를 잡아먹은 양서류 유생 두 마리를 먹었고 에오세의 뱀이 곤충을 잡아먹은 도마뱀을 꿀꺽했다는, 논란의 여지가 없는 증거가 있다. 이 놀라운 화석들은 수천만 년 전의 동물 먹이사슬을 이해할 수 있는 최고의, 결정적이고 직접적인 통찰의 실마리를 제공한다.

사냥꾼과 사냥감

그림 4.24 (앞페이지) 게이셀탈리엘루스 마아리우스가 먹이인 딱정벌레를 노리는 동안 에오콘스트릭토르 피스케리가 조용히 뒤에서 다가와 공격할 기회를 엿보고 있다.

제5장

별의별 희한한

- 패러사이트 렉스, 기생충의 왕
- 고래 언덕의 비극
- 잠자는 숲속의… 용
- 턱뼈가 뚝! 어느 쥐라기 악어의 불운
- 트라이아스기의 메말라가는 진흙탕 연못에서
- 누가 날 먹고 있어, 안에서부터
- 공룡 텔마토사우루스, 법랑모세포종을 앓다
- 화석이 된 '방귀'
- 공룡도 오줌을 쌌을까?

어류 숙주의 혀를 대신하는 기생 갑각류에 대해 들어본 적이 있는가? 여러분은 앞 문장을 제대로 읽은 게 맞다. 놀랍게도 갑각류의 한 종류인 작은 등각류의 많은 현생종(갈고리벌레과)은 유생 시절 여러 종류의 물고기(도미나 흰동가리)의 아가미 속으로 잠입한다. 성체가 되면 수컷은 그대로 아가미에 붙어 있는 반면, 암컷은 물고기의 입안으로 들어간다. 자리를 잡은 암컷은 혈액 공급을 차단해 물고기의 혀를 잘라낸 뒤 그 자리에 자신의 몸을 단단히 붙여 혀의 기능을 대신한다! 이 무단침입자에게 혀를 잃고도 물고기는 꽤 정상적으로 살아가며, 기생한 갈고리벌레는 숙주 물고기와 함께 자라면서 집을 만들고 (입안에서 짝짓기를 한 뒤) 가족을 꾸리기까지 한다. 정말 이상하지 않은가? 두꺼비 콧구멍 속에서 알을 낳을 최적의 장소를 찾는 두꺼비파리toad fly, *Lucilia bufonivora*는 어떤가? 부화한 유충은 두꺼비를 조금씩 파먹다가 결국 죽이고 만다.

이런 기이한 기생 행위는 자연계의 특이한 복잡성을 전형적으로 보여준다. 숙주에게 거의 해를 끼치지 않는 것부터 심각한 질병과 죽음을 불러오는 것까지, 기생생물이 숙주에 끼치는 영향은 다양하다. 그래서 기생은 이전의 장들에 넣지 않았다. 기생생물은 숙주를 직접 먹든 숙주의 음식을 먹든, 어떤 식으로든 숙주를 먹는다.

기생생물, 질병, 그 밖의 아픔이 인간에게만 영향을 미치는 고통이라 여기기 쉽지만, 동물과 식물도 아픔을 겪는다. 이 장은 자연계에 존재하는 특정한 행동이나 어느 한 측면에 초점을 맞추는 대신 광범위하게 일어난 특이한 사건들(건강 문제는 그중 하나일 뿐이다)을 다룬다는 점에서 다른 장들과 다르다. 이런 사건들은 쉬거나 잠 자거나 물을 마시거나 오줌을 싸거나 뼈가 부러지거나 길을 잃거나 어디 갇히는 것과 같은 일상적인 일을 하든 쓰나미처럼 갑자기 닥쳐온 극단적인 자연현상에 휘말리든, 우리가 평소에 생각해볼 기회가 그다지 없는 동물들의 삶의 일반적이거나 드문 측면들을 포함한다.

솔직히 말해서 장제목 '별의별 희한한'(원서의 장제목은 '특이한 사건들unusual happenings'이다–옮긴이)은 조금 부적절한 것일지도 모른다. 왜냐하면 아프거나, 뼈가 부러지거나, 낮잠을 자는 것과 같은 모든 예시가 현대의 환경에서 특이하거나 이례적이라고 할 수는 없을 뿐만 아니라, 특이하고 희한한 것은 그 사건들이 남긴 화석들이기 때문이다. 어쨌든 그 화석들이 들려주는 이야기는, 앞장들에서 살펴본 행동 중 하나와 엮인 동물들의 선사시대 세상에 대해 우리가 머릿속에 그리는 전형적인 그림과는 반대다. 그 동물들은 일반적으로 신체능력과 상태의 정점에 올라 생의 전성기를 누리고 있는 것으로 묘사되니까. 물론, 물리고 찢기고 먹히는 동물은 예외지만.

오늘날의 동물들이 그러듯이, 공룡과 그 무리도 때때로 병에 걸리고, 뼈가 부러지고, 낮잠을 자고, 구멍이나 진흙에 빠지는 것과 같은 치명적인 사고를 당했다고 확신할 수 있다. 사건의 증거가 화석으로 잘 보존되어 있으므로, 가정에 의존할 필요도 없다. 규모가 작은 수준에서는, 물고기 내부에 보존된 채 발견된 기생 갑각류 화석을 보고 우리는 그 둘이 현생종과 유사한 기생생물–숙주 연합을 이루었으리라 추측할 수 있다. 반대편의 극단적인 대규모 사건으로는 가족으로 추측되는 공룡 무리가 퀵샌드에 빠진 화석이나 화산재에 질식해 그대로 묻힌 동물 군집과 같은 예들이 있다. 이들을 제2장에서 다루게 해준, 예외적인 상황에서도 명백하게 기록된 사회적인 집단행동이 없었다면, 두 사례 모두 이 장에 포함되었을 것이다.

선사시대의 질병과 부상을 연구하는 학문인 고병리학은 오래전의 통증과 휴식에 관한 방대한 정보를 제공한다. 화석화한 뼈를 연구하는 척추고생물학자들은 자주 부러진 발가락, 금이 간 갈비뼈, 변형된 척추 같은 골절 화석의 수많은 증거들을 마주한다. 이와 같은 특징들은 작은 상처로 끝났는지 치명상을 입었는지, 짧은 시간 안에 치유되었는지 오랫동안 개체를 괴롭히며 각종 합병증을 일으켰는지와 같이, 그 질병이나 부상이 각 개체의 삶에 미친 영향을 밝히는 데에 도움을 줄 수 있다. 가끔은 부러진 뼈들이 회복의

징후를 보여 이 개체가 외상에서 살아남았다는 사실을 암시하지만, 반대로 아예 회복된 흔적이 없거나 치명적인 추락 또는 포식자의 공격으로 개체가 사망했음을 알려줄 때도 있다.

이 장에서 다루는 화석의 광범위하고 다양한 특성은 지금까지 살펴본 그 어떤 것과도 다른 예기치 못한 행동과 상황을 보여준다. 자, 이제 편안히 앉아서, 줄줄 새는 그 액체에서 치명적인 질병에 이르기까지, 해석하고 설명해줄 증거를 갖춘 가장 특이한 화석들을 보며 수수께끼를 풀고, 곰곰이 생각해보고, 웃을 준비를 하길 바란다.

패러사이트 렉스, 기생충의 왕

지금까지 살았던 가장 큰 육상 포식자 중 하나는 몸길이 12미터 이상에 무게도 (아프리카코끼리 2마리분에 해당하는) 8톤이 넘는 티라노사우루스 렉스 성체다. 다른 티렉스*T. rex*를 빼면, 자연계에 이 공룡을 건드릴 포식자는 없었다. 의심의 여지 없이, 렉스는 공룡 세계 최고의 유명인사다. 대부분의 사람들에게, 티렉스는 강력한, 궁극의 먹이사슬 최상위 포식자다. 그러나 제아무리 강력해봐야, 티렉스와 그 친척들은 가장 그럴 성싶지 않고 가장 조그마한 '포식자', 곧 기생충의 희생양이 되고 말았다.

기생충은 화석을 생각할 때 바로 떠오르진 않을 존재다. 티렉스 킬러라는 말을 들었을 땐 특히나 더 그럴 것이다. 하지만 이들은 수백만 년에 걸쳐 동물을 괴롭히고 있다. 숙주 몸속에서 살든(내부기생) 숙주의 겉에 붙어살든(외부기생), 기생충은 숙주를 먹이 겸 생활공간으로 삼고 사는 동안 숙주의 에너지를 흡수하며 번성해 끝내는 숙주의 죽음까지 불러올 수 있다.

1990년 사우스다코타의 황무지에서 화석을 찾던 화석수집가 수 헨드릭슨은 정말 놀라운 발견을 해냈다. 세계에서 가장 완벽하고, 이론의 여지 없이 가장 유명한 티렉스를 찾은 것이다. 이 표본이 수컷인지 암컷인지는 알 수 없지만, 발견자의 이름을 따서 수SUE(티렉스의 트위터 계정에 따르면, 모두 대문자여야 한다)라는 이름이 붙여졌다. 수는 각종 맹렬한 연구의 중심에 섰는데, 개중에서도 사람들을 가장 흥분시킨 것은 이 거대한 포식자의 죽음에 관한 폭로였다.

수의 아래턱에는 비정상적이고 가장자리가 매끈매끈한 침식성 '구멍'이 줄지어 나 있다. 이 구멍은 수년 동안 고생물학자들을 난감하게 만들었다. 이전에는 물린 자국이나 세균성 뼈감염의 흔적일 가능성이 높다고 생각했지만, 실제로는 둘 다 아니다. 이런 흔적을 수만 갖고 있는 것도 아니다. 광범위한 연구가 이루어지는 동안 티렉스와 티라노사우루스류의 다른 구성원(다스플레토사우루스와 알베르토사우루스 등)의 표본들을 추가로 조사한 결과, 하악골의 같은 영역에서 비슷한 모양의 병변이 발견되었다.

이 병변은 비둘기, 멧비둘기, 닭뿐만 아니라 맹금류까지 포함한 현생 조류 상당수의 하악골에서 발견되는 것과 매우 비슷한데, 조류에게 흔한 기생충 감염 질환 트리코모나스증에 의해 생긴다. 기생충은 하악골 덩어리를 효과적으로 먹어치운다. 이 끝내주게 불쾌한 상태는 입, 후두, 식도 주변에

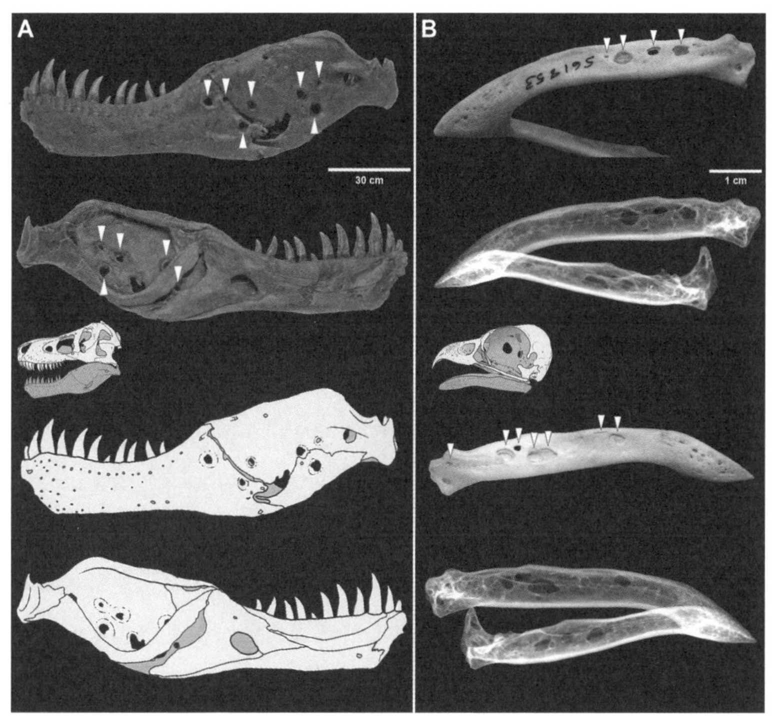

그림 5.1 (A) 티라노사우루스 렉스 수의 왼쪽 아래턱 사진과 그림. 트리코모나스증과 유사한 질병이 만든 둥근 구멍을 화살표로 표시했다. (B) 현생 조류(물수리)의 아래턱을 찍은 사진과 방사선 사진. 티렉스의 것과 유사한, 트리코모나스증으로 인해 생긴 구멍이 나 있다. 역시 화살표로 표시했다. (그림 제공: 에반 울프; [A] 존 와인스타인 촬영. © 필드 박물관. Wolff, E. D. S., et al. 2009. "Common Avian Infection Plagued the Tyrant Dinosaurs." *PLOS One* 4, e728의 사진을 수정해 게재)

심각한 손상을 입히고 지독한 통증을 일으켜 먹고 마시는 것과 같은 일상적인 일조차 거의 불가능하게 만든다. 수에 초점을 맞춰 지금도 진행 중인 연구에서는 감염 탓에 이빨도 비정상적으로 발달해 턱에 추가적인 통증을 불러왔을 수도 있다는 가설이 제시되었다.

조류가 아닌 수각류 공룡에서 조류의 전염성 질병이 발견된 첫 사례다. 티라노사우루스와 현생 조류의 병변 사이의 유사점을 고려할 때, 티렉스와 그 친척들의 트리코모나스증과 유사한 질병은 이 공룡들이 현대의 질병과 비슷하거나 같은 합병증에 취약했고 면역반응도 현생 동물과 비슷했다는 사실을 의미한다. 공룡들이 오늘날 새들에게 영향을 미치는 트리코모나스증 유발 기생충과 동일한 기생충에 감염되었을 수도 있다. 일단 감염되면 먹이를 먹기 어려웠을 테고, 현생 조류들이 그렇듯이 강력한 티라노사우루스 역시 무척이나 야위었다가 결국 굶어죽었을 가능성이 높다.

이 질병은 아마도 풍토병이었을 것이다. 감염된 먹이를 먹는 것과 같은 여러 통로로 전염될 수 있었지만, 얼굴을 물어뜯는 행동이 가장 큰 원인이었을 것으로 보인다. 화석 증거에 따르면, 티라노사우루스들은 서로 경쟁하거나 영역싸움을 벌이거나 구애할 때 일반적으로 상대의 얼굴을 물어뜯곤 했다. '데블 안면 종양'으로 알려진 전염성 구강암으로 인해 야생에서 멸종 위기에 처한 현생 태즈메이니아데블의 습성과 비슷하다. 얼굴을 물어뜯는 과정에서 감염된 개체는 대개 질병에 걸린 지 6개월 이내에 죽고 만다.

이런 치명적인 질병에 감염되면 일상생활의 많은 활동들에 심각한 제약을 받았을 것이다. 시간이 흐르고, 기생충은 마침내 자신의 강력한 숙주를 쓰러뜨리고 말았을 것이다. 살아오는 동안 수많은 동물들을 공포에 떨게 했던 티라노사우루스들이 너무 작아서 눈에 보이지도 않는 포식자에게 감염되어, 당하고 말았다는, 어느 기이한 동화 같은 이야기다.

나는 왕, 나를 괴롭히는 보이지 않는 넌, 누구냐

그림 5.2 (오른쪽 페이지) 세상에서 가장 완벽한 뼈로 남은 티라노사우루스 렉스인 수가 이제 더는 버티기 어려워 보인다. 이 지상의 제왕은 트리코모나스증과 유사한 치명적인 질병에 감염되어 심하게 앓고 있다.

고래 언덕의 비극

해양 포유류들의 집단좌초는 전 세계적으로 발생하는 일반적인 현상이다. 이 독특한 행동양식은 수백 마리의 개체가 한꺼번에 연루될 수 있는 슬픈 사건이다. 이들이 살아 있거나, 다쳤거나, 죽은 채 그런 상황으로 발견되는 이유를 밝히는 단 하나의 설명은 없다. 군용 초음파탐지기나 화학적 오염 같은 인간의 활동만이 원인은 아니다. 포유류의 좌초는 치명적인 방향감 상실, 질병, 악천후, 생명을 위협하는 유독성 물과 같은 자연적 원인에 훨씬 많이 기인한다. 선사시대 해양 포유류도 좌초하곤 했다. 이와 관련된 놀라운 발견이 우연히 칠레 아타카마사막에서 이루어졌다.

2010년, 칠레 북부의 칼데라항 근처에서 알래스카로부터 아르헨티나까지 이어지는 길고 긴 도로의 일부인 팬아메리칸 고속도로의 확장공사를 하던 인부들이 큰 화석산지를 발견했다. 화석화된 뼈대 몇몇이 이 산지—스페인어로 '고래 언덕'을 뜻하는 세로 발레나Cerro Ballena라는 이름이 붙었다—가 특별하다는 걸 넌지시 알려주었고, 가로 20미터, 세로 250미터의 면적이 발굴용으로 임시 개방되었다. 워싱턴 D.C. 스미스소니언 국립자연사박물관의 해양 포유동물 전문가 닉 펜슨이 이끄는 북미와 남미 연합팀은 겨우 2주 안에 가능한 한 빠르면서도 신중하게 화석을 조사하고, 발굴하고, 연구해야 했다. 사실상 구조작업이었다.

40개가 넘는 완전하거나 부분적인 해양 포유류 뼈대, 바다늘보aquatic sloths, 새치류, 따로 떨어진 상어 이빨을 포함해 엄청난 수의 화석이 쏟아졌다. 이 화석들은 모두 아타카마 지역에서 잘 알려진 바이아잉글레사층에 있는 900만 년 전~600만 년 전의 해상퇴적층에서 나왔다.

발굴지는 표면만 깔짝였을 뿐이다. 안타깝게도 산지 대부분은 포장되고 새로운 도로로 덮여버렸기 때문에 이제 더이상 존재하지 않는다. 비교적 좁은 지역에서 발견한 산출물의 풍부한 양을 고려하면, 발굴지는 분명 훨씬 더 넓은 화석산지의 극히 일부분에 불과했다. 지질도로 보면 산지의 넓이는 약 2제곱킬로미터에 이른다. 따라서 수백 개의 뼈대가 여전히 그곳에 묻혀 있을 가능성이 크다.

세로 발레나가 품은 해양 포유류의 다양성은 특히 인상적이다. 가장 풍부한 종은 현생 흰긴수염고래가 속한 큰 그룹의 구성원인 거대한 수염고래(긴수염고래)다. 같은 종에 속하는 어린 개체부터 성숙한 성체(최대 길이 11미터)까지 다양한 연령대의 개체들이 최소 31마리 발견되었으나, 화석에 대한 연구는 아직 진행 중이고 종 분류도 아직 정확하게 이루어지지 않았다. 다른 동물들로는 적어도 두 종의 멸종된 바다표범, 향유고래 한 마리, 그리고 바다코끼리처럼 생긴 이빨고래(오도베노케톱스*Odobenocetops*)가 있다. 고래류는 뼈대가 서로 연결된 완전한 상태로 산출되었는데, 특히 많은 수염고래들이 대부분 배를 위로 한 자세로 누운 채 모두 같은 방향을 향해 있었다. 이 자세와 풍부한 양, 완전한 뼈대, 그리고 완벽한 보존상태를 바탕으로 이들이 현대의 집단좌초와 비슷한 일을 당해 한꺼번에 죽었거나 죽어가는 도중에 떠내려갔다는 것을 거의 확신할 수 있다. 살아 있는 고래는 보통 숨구멍 때문에 등을 위로 둔다.

이 선사시대 수염고래는 많은 현생 고래들이 그렇듯이 분명히 사회적 동물이었다. 하지만 현생 이빨고래의 집단좌초는 흔한 반면, 현생 수염고래의 집단좌초는 비교적 드물다. 1987년 11월부터 1988년 1월 사이의 기록을 보면, 이 5주 동안 총 14마리의 혹등고래가 매사추세츠 케이프코드의 해안선을 따라 좌초되었다. 이들은 각각 성별과 연령대(새끼 한 마리 포함)가 달랐고, 부상당한 흔적은 없었다. 그러나 위 안에 남은 그들의 마지막 식사(대서양 대구)가 고래에게 치명적인 독성 조류藻類를 다량 함유한 것으로 밝혀졌다. 직접 관찰한 결과, 고래들은 바다에서 빠르게 죽었다.

해양 포유류 화석들은 지층의 8미터 구간에서 확인된 4개의 뚜렷한 뼈대층에서 발견되었는데, 이들 각각은 수천 년의 간격을 두고 일어난 개별적인 집단좌초의 결과다. 각 층마다 포유류들은 서로 가까이 보존되었고, 몇몇은 직접 붙어 있기도 하다. 이는 이 개체들이 바다에서 같은 원인에 노출되어 갑작스럽게 죽었다는 사실을 의미한다. 그 후 거센 폭풍이나 사리에 휩쓸려 간조대의 뻘밭으로 밀려올라간 뒤, 묻혔다. '유해조류대발생(harmful algal blooms, HAB)', 달리 말해 '적조(赤潮, red tide)'는 오늘날 일어나는 대부분의 집단좌초와 함께 서로 다른 종의 여러 개체들이 거듭해서 한꺼번에 묻히는 현상을 설명할 수 있는 유일한 원인이다. 뼈대 화석이 담겨 있는 암석들에도 고대 조류의 증거가 남아 있다.

HAB는 특정 조류가 강력하고 치명적인 독소를 만들어내며 통제할 수 없을 만큼 거대한 크기로 자랄 때 발생한다. 생태계의 건강이 큰 타격을 입어 동물들은 살아남지 못할 수도 있다. 해양 포유류의 몸에 들어간 독소는 장기 기능부전을 일으켜 궁극적으로 목숨을 빼앗는다. 무리 전체가 전멸할 수도 있으며, 실제로 전멸하고 있다. 예를 들어 엘니뇨에 동반된 HAB는 2015년, 칠레 남부에서 발생한 가장 큰 규모의 수염고래 집단폐사 사건을 일으킨 원인으로 지목되었다. 보리고래를 포함해 무려 343마리의 수염고래가 한꺼번에 사망한 충격적인 사건이었다.

남달리 잘 보존된 뼈대 화석들이 쏟아진 덕분에 세로 발레나는 세계에서 가장 풍부한 해양 포유류 화석산지 중 하나가 되었다. 화석 증거와 현대의 자료를 비교한 결과는 이 묘지에 HAB로 인해 네 차례나 반복된 대량사망 사건의 희생자들이 묻혀 있다는 사실을 알려준다. 선사시대 종들은 오염된 먹이를 섭취하거나 흡입하면서 독성 조류에 중독되었고, 이로 인해 바다에서 상태가 급격히 악화되었다. 이미 죽었거나 죽어가는 개체는 해안으로 표류해 땅속에 퇴적되고 묻혔다. 이 발견은 선사시대 해양 포유류가 집단좌초되는 일이 잦았을뿐더러, 당시의 수염고래들 역시 사회적 동물이었음을 보

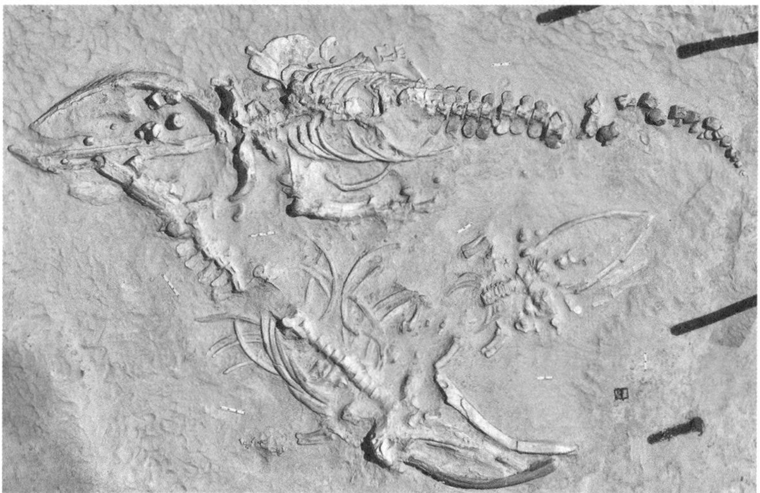

그림 5.3 (A) 고생물학자들은 팬아메리칸 고속도로 밑의 거대한 묘지 세로 발레나에서 여러 개의 수염고래 뼈대를 발굴했다. (B) 발굴 중인 고래 세 마리를 촬영한 사진. 성체와 어린 개체가 함께 있다. ㅍ([A] 스미스소니언협회의 아담 메탈로 촬영; [B] Pyenson, N. D., et al. 2014. "Repeated Mass Strandings of Miocene Marine Mammals from Atacama Region of Chile Point to Sudden Death at Sea." *Proceedings of the Royal Society B* 281: 20133316의 사진을 수정해 게재)

BOB NICHOLLS 2020

여준다. 이들에겐 불행한 일이지만, 오늘날처럼, 그들의 강하고 끈끈한 사회적 유대가 그들을 몰락으로 이끌었을지도 모른다. 그들은 함께 살고 여행했을 뿐만 아니라, 치명적인 독성 조류를 나누어 먹고 함께 죽었다.

적조가 만든 참극

그림 5.4 (뒷페이지) 수많은 수염고래, 소수의 향유고래, 바다표범, 그리고 여러 종의 물고기가 유해조류대발생, 곧 적조로 인한 치명적인 중독의 결과로 집단좌초했다.

잠자는 숲속의… 용

수면과 휴식은 뇌와 몸이 건강을 유지하고 더 강해지며 정상적으로 기능하기 위해 꼭 필요하다. 일부 동물은 하루 대부분을 자고, 다른 동물은 정기적으로 쉬며, 특정한 새들과 해양 포유류들은 뇌의 절반이 자는 동안 나머지 절반은 깨어 있다. 새는 심지어 비행 중에도 쉬거나 자는 것으로 알려져 있다. 휴식 행동은 동물계의 구성원마다 다르고, 이런 복잡성은 과학자들이 수면을 연구하고 이해하기 어렵게 만들 수 있다. 그런 까닭에, 현생 조류의 전형적인 수면 자세로 보존된, 새를 닮은 작은 공룡이 발견된 것은 숨 막힐 만큼 놀라운 이례적인 사건이다. 그야말로 '잠자는 숲속의 미녀'의 현신이었다.

중국어로 '단잠 자는 용'(寐龍)이라는 뜻의 메이 롱*Mei long*은 2004년 세계에 공개된, 53센티미터 크기의 닭만 한 육식 수각류다. 새를 닮은 수각류 트로오돈티드류troodontid에 속하고 벨로키랍토르의 친척인 이 친구는 중국 랴오닝성 루자툰陸家屯의, 화석이 풍부한 1억 2500만 년 전 백악기 전기 암석층에서 발견되었다.

메이 롱은 꼬리로 몸 전체와 목 아래를 감고 있는 매우 생생한 자세로 보존되었다. 몸은 접힌 긴 뒷다리 위에 놓여 있는데, 앞다리는 마치 새처럼 몸 옆에 나란히 두고 작은 머리는 왼쪽으로 구부려 왼쪽 앞다리(의 무릎 부분)와 몸 사이에 집어넣었다. 이 자세는 현생 조류가 자거나 쉴 때의 자세와 일치한다. 머리를 몸 사이에 집어넣는 자세는 새들이 체온을 유지할 수 있게 해주는데, 메이 롱의 경우를 통해 이 습성이 비조류 공룡으로부터 진화했음을 추측할 수 있다. 메이 롱은 뼈만 남아 있는데, 그 뼈들로 보아 아직 다 자라지 않은 젊은 공룡이었다. 그리고 메이 롱의 해부학적 특징을 같은

과 다른 공룡들과 비교해 보면 원래는 깃털이 있었을 것으로 추정된다.

공룡학계에서는 세계 최초의 발견이었다. 그러나 이것이 유일한 화석은 아니다. 이 발견 이후로, 자세는 거의 같은데 머리만 오른쪽으로 구부린 채 완벽한 상태로 보존된 두 번째 메이 롱이 등장했다. 그 밖에도 이 종에 속하는 것으로 여겨지는 비슷한 표본이 적어도 두 점은 더 있지만, 이들은 아직 공식적으로 동정되지 않았다. 새를 닮은 다른 공룡 중에도 비슷한 자세를 취한 개체들이 발견된 점으로 미루어, 이 자세는 그저 우연이 아니라 공룡들 사이에서 일반적인 수면 그리고/또는 휴식 자세였던 것으로 여겨진다.

재미있게도 몇몇 새는 자는 동안 눈동자가 급속하게 움직이는 렘(REM) 수면에 들어간다. 인간이 꾸는 꿈은 대부분 렘수면 동안 일어난다. 새가 꿈을 꾸는지는 확인할 수 없지만, 연구에 따르면 아마도 그렇다. 실제로 금화조zebra finches는 자는 동안 지저귀며 노래를 연습한다. 만약 그렇다면, 다소 가슴아픈 이야기이긴 하지만, 이 새 같은 공룡은 꿈을 꾸는 동안 평화롭게 죽어갔던 걸까?

메이 롱이 꿈을 꾸었는지 여부는 고사하고, 실제로 자고 있었는지, 아니면 그저 쉬고 있었던 건지도 우리는 알 수 없다. 그건 그렇다 치고, 메이 롱이 잤든 쉬었든, 어떻게 그런 상태로 보존되었는지 궁금할 것이다. 루자툰 화석산지에 대한 초기 연구에 따르면, 이 지역에서 어우러져 살던 공룡과 다른 동물들은 공중에서 날아오는 뜨거운 화산쇄설물과 화산재 때문에 한꺼번에 대량으로 죽고, 함께 묻혔다. 이곳에는 '중국의 폼페이'라는 아주 적절한 이름이 붙었다. 하지만 최근에 발견된 증거들을 통해, 이 지역에서 놀랍게도 완벽한 입체 형태로 보존된 화석들은 단 한 번의 대량사망 사건이 아니라 여러 번에 걸쳐 일어난 사건으로 각각 죽어 묻혔다는 사실이 밝혀졌다. 아마도 화산재 낙하, 라하르(화산이류), 화산쇄설류 같은 다량의 화산쇄설물이 홍수들과 결합해서 동물들을 질식시키고 재빨리 묻어버린 것으로 보인다. 유독한 화산가스에 질식해서 이미 죽은 상태였을 수도 있고, 바닥에서 자거나 쉬다가 산 채로 묻혔을 가능성도 있다. 살아 있을 당시 자세 그대로 보존된 메이 롱처럼 흐트러지지 않은 표본들이 발견된다는 사실을 감안하면, 그 자체는 보존되지 않은 지하 굴이나 그 비슷한 곳이 무너지면서 그 안에 있던 동물들이 순식간에 파묻히고 말았을지도 모른다. 그럴듯하긴 해도 아무런 직접증거도 없으므로, 아직은 추측의 영역에 머무르는 이야기이긴 하지만.

자거나 쉬고 있는 공룡을 찾아내는 게 불가능까지는 아니더라도 진짜 말도 안 나올 만큼 어려운 일이라, 그런 사례를 여럿 발견하는 것은 아주아주 드문 일이다. 우리는 현생 공룡을 포함해 지금 살고 있는 여러 동물들이 그러듯이, 공룡 역시 매일 잠을 자고 휴식을 취했으리라고 당당하게 주장할 수 있다. 두 표본의 새 같은 자세는 조류와 그들의 머나먼 고대 친척 사이의

그림 5.5 최초의 '잠자는 공룡' 메이 롱의 뼈대. 조류의 전형적인 수면 자세로 보존되었다. (사진 제공: 마이크 엘리슨, 미국자연사박물관)

또다른 연결고리를 이룬다. 이 이례적인 '잠자는 용'은 공룡이 생김새만 새를 닮은 것이 아니라 새처럼 자거나 쉬기도 했다는 사실을 알려준다. 이제 고생물학자들이 할 일은 수천만 년 동안 잠들어 있는 그들을 깨우는 것이다.

그대, 아직도 단꿈을 꾸는가

그림 5.6 (왼쪽 페이지) 화산재가 눈처럼 쏟아내리기 시작한 숲에서 새근새근 잠든 메이 롱.

턱뼈가 뚝! 어느 쥐라기 악어의 불운

척추동물들은 흔하게 골절상을 입는다. 지독하게 아프고, 장기간 휴식이 필요하며, 골절의 유형과 심각도에 따라 무력해지고 심지어 죽을 위험마저 커질 수 있다. 그러나 뼈는 뛰어난 자가회복력을 가지고 있어서, 시간이 지나면서 회복될 가능성도 열려 있다.

성인의 몸에는 206개의 뼈가 있으므로, 사는 동안 그중 적어도 하나가 부러지는 것은 놀라운 일이 아니다. 고양이, 개, 곰, 박쥐, 설치류, 바다표범 같은 다양한 포유류 수컷은 심지어 생식기에도 음경골baculum이라고 하는 뼈가 있다. (암컷에게는 이에 대응하는 음핵골baubellum이 있어서, 몇몇 종의 음핵에서 발견된다.) 그리고 음, 그 뼈는 교미 중에 가끔 부러지기도 하는 것으로 알려져 있다. 그래도, 삐뚤어질 때도 있지만, 나을 수 있다. 심지어 부러진 음경골 화석도 발견되었다. 사는 동안 벌어지는 사건들을 반영하는, 뼈 손상의 몇몇 형태를 보여주는 화석들의 엄청난 수를 고려하면, 그중 한 사례만 딱 집어들기는 어렵다. 그렇지만 독일의 유명한 화석산지 홀츠마덴 근처에 있는 도테른하우젠 마을의 쥐라기 유래 채석장에서 충격적인 기형을 지닌 끝내주는 '악어' 화석이 나왔다.

이야기의 주인공은 악어와 가까운 멸종 동물이자 흔히 해양 악어marine crocodile라 부르는 탈라토수쿠스류thalattosuchians에 속하는 펠라고사우루스 티푸스*Pelagosaurus typus*의 거의 완벽한 화석이다. 가장 큰 특징은 매우 길고 좁은 주둥이로, 겉보기에는 인도와 네팔의 강에 서식하는 인도악어(가비알)와 닮았다. 몸길이가 1~2미터에 불과한 작은 종인 펠라고사우루스는 따뜻하고 얕은 물에서 대부분의 시간을 보내다가 알을 낳거나 휴식을 취할 때는 해변으로 올라왔던 것으로 보인다.

뼈대를 보자마자, 아름답게 보존된 두개골에 눈이 갈 것이다. 그리고 곧, 뭔가 아주 이상하다는 사실을 깨닫게 된다. 섬세하고 이빨이 많은 주둥이의 거의 절반에 해당하는 지점에서 아래턱이 부러져 두개골 기준으로 약 90도 가량 꺾여 있기 때문이다. 사후골절도 아니고 발굴 과정에서 발생한 손상도 아니다. 반대로 골절 기저부에 큼지막한 가골(假骨, callus: 골절이나 뼈 손상이 회복될 때 손상 부위에 새로 생긴 불완전한 골조직-옮긴이)이 있는 것을 보면, 이 악어는 그 전에 입은 큰 외상을 이겨내고 살아남았다는 사실을 알 수 있다. 가골의 존재는 부상 직후 골절된 뼈 주위에 혈전(혈종)이 생성되어 골절 부위를 보호하고 회복 과정을 시작했다는 증거다. 회복이 진행됨에 따라 아래턱의 손상된 부분은 부드러운 가골로 결합되었고, 결국 단단한 뼛덩어리를 이루었다.

불행히도, 가골이 형성되는 동안 부러진 아래턱의 두 반쪽이 똑바로 재정렬되지 않은 탓에, 뼈가 비정상적인 각도로 굳어지고 말았다. 부정교합 골절이다. 그 결과, 이 상태로 헤엄치고 사냥하고 걷는 등의 모든 일상생활을 영위해야 하는 악어에게는 엄청나게 큰 장애로 남았다. 수영은 턱에 가해지는 유체의 저항 탓에 특히나 어색하고 고통스러웠을 것이다. 마찬가지로 육지에서도, 턱이 땅바닥에 부딪히고 걸리적거리는 것을 피하기 위해 항상 머리를 땅에서 높이 들거나 옆으로 돌리고 다녀야 했을 테니, 불편하고 성가시기 짝이 없었을 것이다.

악어류는 심각한 부상을 입고도 살아남는 것으로 알려진 극도로 강인한 동물이다. 현생종들 사이에서는 종종 죽음을 부를 수도 있는 엄청나게 폭력적인 싸움이 벌어지곤 한다. 상대를 사망자명단에 올려버릴 만큼 강력한 힘으로 깨물어 부수고 머리를 효과 만점의 몽둥이처럼 휘두르는 싸움방식 탓에, 악어들은 턱이 골절되거나 때로는 완전히 떨어져나가는 심각한 뼈 손상을 입기도 한다. 하지만 어떤 악어들은 위턱이나 아래턱의 일부가 없이도 정상적으로 살아갈 수 있다. 일례로, 지금은 고인이 된 오스트레일리아의

그림 5.7 턱뼈가 꺾인 펠라고사우루스 티푸스의 뼈대. (B) 거의 90도에 가깝게 부러진 턱뼈. [C] 큼지막한 가골. ([A] 스벤 작스 제공; [B–C] 지은이가 직접 촬영)

그림 5.8 위턱의 상당 부분을 잃어버린 현생 악어. (인도 아리그나 안나 동물원 책임자 사일루 팔라니나탄 촬영, 제공)

야생동물 전문가이자 TV 진행자 스티브 어윈이 아래턱의 상당 부분이 없는 데다 혀의 일부도 잘린 채 포획된 바다악어(saltwater crocodile, 일명 '노비 Nobby')에 대한 짧은 논문을 발표한 바 있다. 노비는 적어도 18년 동안 지역 주민들에게 알려져 있었으며, 인근의 가축사육시설 쓰레기처리장에 자리잡고 다양한 동물의 썩어가는 사체를 먹으며 너끈히 살아남았다. 조사를 마친 뒤, 노비는 다시 야생으로 돌아갔다. 턱이 잘린 인도악어도 관찰된 바 있고, 비슷하게 아래턱이 부러진 채 발견된 고래들도 있다. 펠라고사우루스의 골절은 같은 종의 상대와 싸우다가 생겼을 가능성이 크다.

가골을 보면, 이 개체가 끔찍한 부상에도 불구하고 아래로 꺾인 그 턱을 가지고 적어도 어느 정도까지는, 어쩌면 몇 주에서 몇 달, 또는 그 이상 살았다는 걸 알 수 있다. 특히 펠라고사우루스가 인도악어와 마찬가지로 물고기처럼 빠르게 움직이는 먹이를 느긋하게 지켜보다가 어느 순간 잽싸게 덮쳐서 낚아챘을 가능성이 높다는 점을 생각하면, 부정교합된 아래턱은 먹잇감을 잡아먹는 데에 심각한 문제를 야기했으리라고 짐작된다.

부상으로 인해 사실상 무방비 상태의 봉이 되어버린 걸 고려할 때, 이 친구가 익티오사우루스(몇몇 거인들은 12미터에 달했다)와 플레시오사우루스와 그 밖의 해양 악어들을 포함한 다양한 동시대 해양 파충류들의 먹이가 되지 않았다는 것은 정말 놀랍다. 이 친구는 아마도 큰 상처를 입은 채 다른 포식자들과 경쟁하는 동시에 도망다니다가 굶어죽었을 것이다. 우리의 직관과는 반대로, 골절된 뼈의 회복은 이 1억 8000만 년 전의 해양 악어에게 사형선고나 다름없었다. 차라리 부러진 턱이 그대로 떨어져나갔더라면 좀더 오래 살았을지도 모른다.

역경을 딛고

그림 5.9 (뒷페이지) 턱이 아주 고약하게 골절되어버린 펠라고사우루스가 턱이 땅바닥에 부딪히거나 걸리적거리지 않도록 머리를 높이 든 채 해변을 가로지르고 있다.

NICHOLLS 2020

트라이아스기의 메말라가는 진흙탕 연못에서

대량으로 쌓인 화석 무더기는 과거의 공동체를 들여다보게 해주는 커다란 창과도 같다. 물론 공동체를 이해하는 것도 중요하지만, 어떻게, 그리고 왜 이런 거대한 무더기가 만들어졌는지 알아내는 것도 마찬가지로 중요하다. 동물들을 한꺼번에 죽게 만드는 화산 폭발 같은 대재앙의 결과였을까? 아니면 각 개체들의 사체가 조금씩 해안으로 떠밀려와 오랜 시간에 걸쳐 같은 장소에 차곡차곡 쌓인, 조금은 덜 중요한 사건 때문일까? 화석을 품은 암석들을 조사하면 사건의 이면을 조금이나마 밝힐 수는 있지만, 정확히 무슨 일이 일어났는지 해독하고 동물들의 보존에 대해 그럴듯하게 설명하기는 어려울 수도 있다.

척추동물의 진화 분야에 세운 학문적 공적으로 잘 알려진 전설적인 미국 고생물학자 앨프리드 셔우드 로머는 1939년, 아주 장관을 이루는 양서류 화석 무더기에 대해 상세히 기술했다. 당시에는 이 양서류를 이후 코스키노노돈 페르펙툼*Koskinonodon perfectum*로 알려지게 된 부에트네리아 페르펙타*Buettneria perfecta*로 동정했지만, 지금은 아나스키스마 브로우니*Anaschisma browni*로 분류하고 있다. (학명 붙이기 게임은 때로 무척이나 복잡하다.) 길이가 3미터에 이르며 큼지막하고 납작한 머리를 가진 아나스키스마는 초거대 도롱뇽처럼 보인다. 이 종은 트라이아스기 후기 동안 강과 호수에서 악어 비슷한 포식자로 군림하다가 멸종한 양서류 메토포사우루스류metoposaurs에 속한다.

아나스키스마 무더기는 1936년, 로버트 V. 위터와 그의 아내가 하버드 비교동물학박물관 화석탐사대의 일원으로서 뉴멕시코 산타페카운티의 라미 바로 남쪽에 있는 2억 3000만 년 전의 트라이아스기 암석층을 조사하다가 발견했다. 맨처음에 작은 언덕 비탈로 흘러내린 조각난 뼈들을 발견한 위터 부부는 그것들의 근원을 되짚어 사암 덩어리 밑에 있는 넓고 빽빽한 골층을 찾아냈다. 골층은 양서류 골격으로 가득차 있었다. 2년 뒤, 곡괭이와 삽, 그리고 다이너마이트 몇 개의 도움을 받아 골층이 노두를 따라 15미터 이상 드러났지만, 그 두께는 10센티미터에 불과했다.

약 60센티미터 길이의 상태가 좋은 두개골 적어도 60개를 포함해 100마리가량의 성체 뼈대들이 서로 뒤죽박죽 겹치고 뒤섞인 상태로 모습을 드러냈다. 로머는 만약 침식되지 않았더라면 이 지역이 훨씬 더 넓었을 테고, 거대한 양서류가 수천 마리까지는 몰라도 적어도 수백 마리는 한꺼번에 묻혔을 것이라고 주장했다. 이 골층을 발견하기 전에 북아메리카에서 산출된 아나스키스마 화석은 극소수였으므로, 이곳은 곧 고생물학계에서 라미 양서류 화석산지로 유명해졌다.

로머는 극심한 가뭄을 겪으면서 얼마 안 남은 물웅덩이들을 찾아 모인 양서류들이 말라붙은 연못에서 결국 죽음을 맞이했을 것이라고 추측했다. 그렇게 혼란스러운 상황에서, 그때까지 살아남았던 몇 안 되는 생존자들은 널브러진 사체들 사이에서 빈 공간을 찾아 몸부림치다가 끝내는 굶주려서, 혹은 연못이 완전히 말라붙은 탓에 죽고 말았다.

가뭄으로 인해 연못이 줄어들었다는 가설은 꽤나 그럴듯해 보였지만, 구체적인 증거가 무엇 하나 없는 탓에 공허한 느낌이었다. 하지만 1980~90년대에 이르러서야 이 고전적인 가설에 의문이 제기되었다. 그리고 마지막 발굴을 한 1947년으로부터 60년이 지난 2007년에는 뉴멕시코 자연사박물관 연구원들이 로머의 가설에 더욱 강력하게 이의를 제기하는 새로운 자료들을 내놓았다. 그들의 연구는 화석산지에서 가뭄의 증거나 연못 퇴적물을 발견하지 못했다며, 그 대신 알 수 없는 이유로 대량폐사가 일어난 것으로 보인다고 주장했다. 하지만, 가뭄이 이 양서류들의 대집단을 모은(그리고 죽음으로 이끈) 최초의 원인일 가능성은 있지만, 이들이 한꺼번에 묻히고 보존된 이유로는 보이지 않았다. 어쨌든 골층은 재앙에 가까운 집단사망을 보여준다. 그리고 양서류 뼈대들이 아무렇게나 제멋대로 뒤엉켜 있는 모습으로 보아, 사체들은 이미 완전히, 또는 거의 대부분 부패한 뒤에 급속하게 운반되고 퇴적되어 결국 근처의 범람원에 묻힌 것으로 추정된다.

이 거대한 양서류 무리가 대량으로 사망하기 전에 어떤 형태로 떼지어 살았는지 확인할 방법은 없다. 그러나 많은 현생 양서류들은 집단으로 알을 낳고 큰 무리를 이루어 짝짓기를 한다. 라미에 성체만 있는 것으로 보아, 이 개체들은 번식 집단이었을 가능성도 있다. 이런 곳은 라미뿐만이 아니다. 수많은 아나스키스마 화석들이 나오는 텍사스 로튼힐 골층을 비롯한

그림 5.10 유명한 라미 양서류 화석산지의 표본 일부. 거대한 아나스키스마 브로우니의 두개골과 뼈 들이 대량으로 묻혀 있다. (스펜서 루카스 제공)

미국 서부, 모로코, 폴란드, 포르투갈 같은 다른 지역의 트라이아스기 후기 지층에서도 메토포사우루스가 집단폐사한 표본들이 발견되었다. 모두 명백히 양서류 성체만 담겨 있다.

모로코의 아르가나 화석산지는 다른 곳들과 달리, 크고 거의 대부분이 연결되어 있는 두투이토사우루스 오우아조우이*Dutuitosaurus ouazzoui* 70마리가 골층에 놓여 있었다. 역설적이게도, 모로코의 집단폐사는 로머가 라미의 골층을 해석하며 내놓았던 가설처럼 가뭄으로 인해 연못이 말라붙으면서 일어났을 가능성이 높다. 화석이 발견된 장소 주변에서 발견된 당시의 건열乾裂, mud crack 흔적이 이 가설을 뒷받침한다. 가뭄으로 말라가는 습지나 수역에서는 건열이 생기기 쉽다. 아르가나에서는 몸집이 더 큰 성체들이 중앙(가장 깊거나 가장 마지막까지 물이 남아 있던 부분)에 있고, 힘싸움에서 져서 옆으로 밀려난 더 작은 개체들이 그 주변을 둘러싸고 있다.

주로 한 종의 화석을 담고 있는 골층은 어떤 종류의 군집행동을 시사하기에 특히 흥미롭다. 이 희귀한 양서류 무더기들은 적어도 어느 시기에는 메토포사우루스가 사회적 행동을 했으며, 커다란 집단을 이루었고 자주 떼거리로 몰살당하는 상황에 처했다는 것을 보여준다. 이들이 그런 대형을 취한 이유가 무엇이든, 각각의 개체는 죽고 묻힌 뒤 같은 방식으로 보존되어 지금까지 발견된 가장 극적인 화석들 중 하나로 남았다.

마른 하늘 아래, 이 손바닥만 한 진흙탕 연못에서

그림 5.11 (왼쪽 페이지) 말라가는 연못에 빽빽이 들어찬 두투이토사우루스 오우아조우이들이 겹치고 뒤엉킨 채로 그나마 남아 있는 진흙탕에 몸을 적시려고 몸부림친다. 바깥쪽으로 밀려난 개체들 중 일부는 바싹 마른 환경에서 이미 목숨을 잃었다.

누가 날 먹고 있어, 안에서부터

말벌은 먼 옛날 쥐라기부터 공중을 날아다니며 식물의 수분을 돕는 한편, 아마도 우리 조상인 초기 포유류들을 괴롭혔을 것이다. '말벌'이라는 말만 들어도 겁나는 이들이 많다. 하지만 사실, 10만 종이 넘는 현생 말벌 대부분은 침을 쏘지 않고, 꽃가루매개자로서 큰 역할을 하며, 해충의 개체수도 조절한다.

기생말벌은 아주 거대하고 다채로운 말벌 집단이다. 이들은, 살짝 오싹하지만, 침에 쏘이는 것을 덜 무섭게 보이도록 하는 특수화된 행동을 진화시켰다. 기생말벌은 유충의 숙주로 삼을 절지동물을 찾아 불쌍한 피해자의 몸 표면이나 몸속에 알을 낳는다. 전혀 그러고 싶지 않은데도 숙주가 되고 마는 동물의 연령대는 알에서 성체까지 어느 발달단계라도 상관없고, 그 숙주는—기생동물로 살면서 자신을 안에서부터 뜯어먹으면서 자라나는 말벌 유충이 마침내 밖으로 탈출하며 자신을 죽이게 될 때까지—충분히 오랫동안 산다. 가장 이상한 예들 가운데 하나는, 특정 말벌 종의 유충이 숙주인 거미의 뇌를 제어해 마치 좀비처럼 만든 뒤, 유충이 성충 단계로 변태할 때 안전하게 보호하는 '고치' 역할을 할 특이한 형태의 거미줄을 치도록 조종하는 것이다. 그러고 나서, 말벌 유충은 거미를 잡아먹는다.

이런 기생행동의 증거들은 곧잘 호박에 갇힌 상태로 발굴되는 몇몇 매우 희귀한 화석들에서 발견된다. 하지만 가장 인상적인 화석은 프랑스 중남부 케르시 지역에 있는 인광석 광산에서 찾은 것이다. 이곳에서는 1800년대 후반과 1900년대 초반에 각각 고치에 감싸인 채 입체적으로 보존된 4000만 년 전~3400만 년 전의 에오세 파리 번데기 화석들이 발견되었다.

길이 3~4밀리미터에 쌀알처럼 생긴 이 작은 화석들이 공식적으로 보고된 것은 1940년대의 일이었다. 그때 이미 그 화석들 가운데 하나가 기생말벌의 숙주였을 가능성을 인식하고는 있었지만, 연구는 이루어지지 않았다. 화석이 발견된 지 100여 년이 지난 2018년, 고생물학자들은 화석에 생명을 불어넣는 데에 탁월한 능력을 갖추고 이바지하는 바 큰 첨단장비의 도움을 받아 파리 번데기를 재조사하기로 결정했다.

연구자들은 비파괴적으로 화석의 내용물을 3차원으로 완전히 그려낼 수 있는 강력한 싱크로트론 엑스레이 영상을 활용해 화석 번데기 1510개의 속을 들여다보았다. 표본 개수가 많아 보이지만, 매우 작은 몸뚱이 덕분에 이들을 모두 스캔하는 데에 나흘밖에 걸리지 않았다. 놀랍게도 파리 번데기 화석 가운데 55마리에 기생말벌이 들어 있었고, 이 말벌들 중 52마리는 성체로 확인되었다.

많은 말벌들이 몸에 돋아난 작은 털(강모)까지 남아 있을 만큼 아주 잘 보존되어 있었다. 어떤 표본에서는 말벌이 완전히 발달해 날개를 펴는 모습까지 볼 수 있었는데, 이는 그들이 성체로 우화했으며 숙주에게서 벗어날 준비를 마쳤다는 걸 뜻한다. 말벌들은 아마도 거의 동시에 우화해 한꺼번에 탈출했을 것이다. 수컷과 암컷이 모두 식별되었다. 번데기 몇 마리에는 발달 중인 파리 다리와 털 조각들이 들어 있었는데, 말벌이 먹지 않고 남겨둔 것이다.

이 발견의 보너스로, 그때까지 알려지지 않았던 기생말벌 네 종이 확인되었다. 숙주를 빵 터뜨려버리는 행동에 걸맞게, 이 신종들 가운데 두 종은 크세노모르피아 레수르렉타*Xenomorphia resurrecta*와 크세노모르피아 한드스키니*Xenomorphia handschini*로 명명되었다. 영화 〈에일리언〉 시리즈에서 가슴을 터트리는 에일리언인 제노모프 에일리언xenomorph alien의 이름을 딴 것이다. 연구원들은 분명 유머감각이 있었다.

이 번데기들이 보존된 상황을 곰곰이 생각해보면 흥미롭기 그지없다. 오늘날과 마찬가지로, 파리는 썩어가는 시체가 풍기는 악취에 이끌려 그 위에 알을 낳았을 것이다. 알에서 부화한 구더기는 살이 통통하게 오르도록 열심히 먹은 뒤 성체 이전의 마지막 모습인 번데기가 되었다. 이 단계에서 암컷 기생말벌은 바늘처럼 생긴 산란관으로 물컹물컹한 번데기를 뚫고 알 하나를 낳았다. 말벌 애벌레는 파리 번데기를 먹이로 삼아 무럭무럭 자라서 성충으로 우화했고, 바야흐로 탈출하기 위해 막 날개를 펴고 있었다. 바로 이 단계에서, 말벌이 파리 숙주로부터 막 벗어나려고 하는 그 순간, 숙주와 기생동물은 함께 인산염이 풍부한 물에 잠겼고, 화석으로 변했다. 파리 번데기를 발견했던 수집가들은 이 흔해 보이는 화석들이 이후 그런 경이로운 발견들로 이어지게 될 것이라곤 꿈에도 생각하지 못했을 것이다.

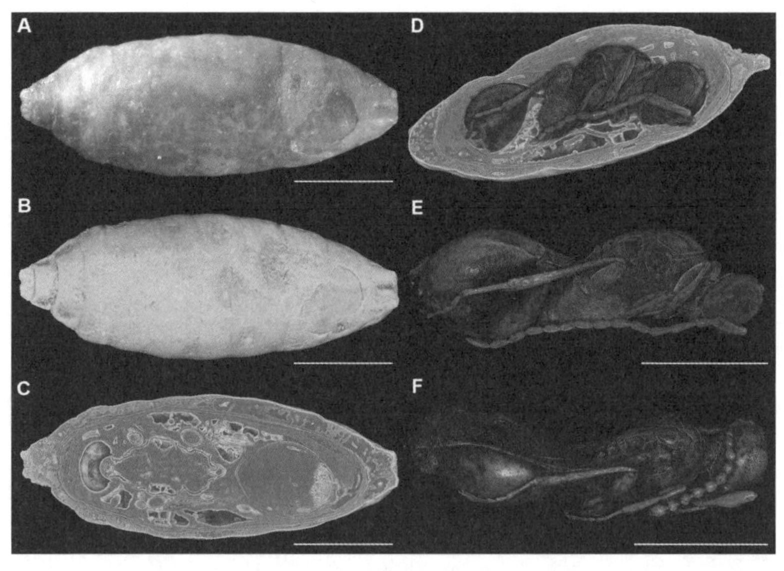

그림 5.12 (A–C) 숙주 파리 번데기. (D–E) 동일한 번데기의 안쪽에는 잘 발달한 기생말벌 크세노모르피아 레수르렉타 수컷이 접힌 날개까지 생생하게 보존되었다. (F) 날개를 펴고 있는 크세노모르피아 레수르렉타 암컷. 축척막대의 길이는 1밀리미터다. (토마스 반데캄프 제공)

당신을 숙주로 임명합니다

그림 5.13 (오른쪽 페이지) 다 자란 암컷 크세노모르피아 레수르렉타가 바늘처럼 생긴 산란관을 파리 번데기에 찔러 넣고 알을 낳고 있다.

공룡 텔마토사우루스, 법랑모세포종을 앓다

인간의 몸은 30조 개 이상의 세포로 이루어진 놀랍도록 복잡한 기계다. 그런데 오래된 세포들을 대체하는 새로운 세포들이 비정상적이고 통제할 수 없는 방식으로 자라며 증식하면 종양이 된다. 많은 사람들이 '종양'이라는 단어를 암의 동의어로 여기지만, 모든 종양이 같은 식으로 만들어지진 않는다. 양성 종양은 암이 아니고 일반적으로 해롭지 않지만, 악성 종양은 암이고 치명적일 수도 있는 존재다. 암은 우리 모두에게 어떤 식으로든 영향을 미치고, 세계에서 가장 혐오스러운 단어임에 틀림없다. 우리는 이 치명적인 질병을 무의식중에 인간의 전유물처럼 여기기 십상이지만, 동물도 종양이 생기고 암으로 죽는다. 공룡도 마찬가지였다.

다양한 종류의 골종양이 인간과 동물에게 영향을 미치며 독특한 병변을 남긴다. 이 병변과 공룡 뼈에 있는 같은 특징을 비교하면서, 고생물학자들은 특정한 종류의 종양을 발견하고 진단할 수 있다. 공룡의 종양은 극히 드물어서 소수의 사례만이 알려져 있다.

이러한 희귀성은 의대 교수이자 척추동물 고생물학자인 브루스 로스차일드가 이끄는 팀의 발견으로 잘 드러난다. 화석 속의 질병에 관해 연구하고 저술하는 데에 수십 년을 보낸 그는 공룡고병리학 분야에서 가장 믿을 만한 전문가다. 로스차일드가 공룡 종양을 최초로 진단한 지 불과 몇 년이 지나지 않은 2003년, 그의 팀은 추가적인 증거를 찾기 위해 700마리가 넘는 공룡의 척추뼈를 엑스레이로 찍었다. 스테고사우루스, 디플로도쿠스, 그리고 티라노사우루스 같은 모든 주요 집단의 구성원들을 포함해 다양한 시대에 살았던 여러 종류의 공룡들이 대상이었다. 하지만 겨우 29마리에만 종양 병변이 남아 있었다. 흥미롭게도 모두 다 하드로사우루스류hadrosaurs에 속하는 종의 꼬리척추뼈(미추)였다. (아마 '오리주둥이 공룡'이라는 별명이 더 익숙할 것이다. 〈공룡시대〉 시리즈의 더키를 생각해보라.) 이들은 약 8500만 년 전~6600만 년 전의 백악기 후기에 큰 무리를 짓고 살며 번성했던 초식공룡 집단이다.

종양 대부분은 스쿨버스만 한 하드로사우루스류인 에드몬토사우루스 *Edmontosaurus*에게서 발견되었는데, 그중 하나는 전이성 암으로 판명되었다. 2차암으로도 알려진 이런 종양은 몸의 다른 부위에서 발병한 후 뼈로 전이된다. 그러니 이 에드몬토사우루스는 기원을 알 수 없는 원발암에 걸린 뒤 암이 진행되어 죽었거나 죽어가고 있었을 것이다.

하드로사우루스류 외에 종양이 발견된 공룡은 오직 넷뿐이다. 이중 둘은 유타와 콜로라도의 쥐라기 층에서 나온 미확인 공룡의 뼈인데, 콜로라도 표본은 로스차일드와 그의 연구팀이 최초로 진단한 희귀 전이암의 모습을 보여주는 공룡 종양이다. 흥미로운 예는 브라질의 백악기 층에서 발견된 거대 용각류 티타노사우루스의 꼬리척추다. 이 뼈에는 두 종류의 양성 종양(골종과 혈관종)이 있었던 것으로 밝혀졌다. 2020년에는 캐나다 백악기 층에서 나온 각룡류 센트로사우루스*Centrosaurus*의 종아리뼈(fibula, 비골腓骨)에서 공격적인 암성 골종양인 골육종이 진단되었다. 아르헨티나 백악기 층에서 발견된 티타노사우루스류인 보니타사우라*Bonitasaura*의 넙다리뼈(femur, 대퇴골)와 중국 쥐라기 층에서 나온 스테고사우루스류 기간트스피노사우루스*Gigantspinosaurus*의 넙다리뼈에서도 종양이 보고되었다.

이 종양들은 크기와 위치에 따라 약간의 불편함, 어쩌면 상당한 고통을 일으켰을 것이다. 다만 센트로사우루스는 암이 많이 진전되어 심각한 부작용을 낳았을지도 모른다. 그리고 눈에 띄는 종양 하나가 원시적인 하드로사우루스류인 텔마토사우루스 트란실바니쿠스*Telmatosaurus transylvanicus*의 표본에서 발견되었는데, 필시 이 개체의 생명에도 영향을 끼쳤을 것이다. 잘 보존된 한 쌍의 아래턱과 이빨로 이루어진 이 화석은 루마니아 트란실바니아(이름의 유래다)의 하체그분지 지역의 시비셸 강둑에서 나왔다.

이 공룡은 매우 희귀한 양성 종양인 법랑모세포종으로 인해 안면 기형이 생겼다. 화석기록으로 보고된 최초의 법랑모세포종이다. 인간의 경우, 이느리지만 공격적인 종양은 치아 법랑질을 만드는 세포로부터 발달하며 어금니와 사랑니 근처의 턱, 특히 아래턱에 위치하는 경우가 대부분이다. 턱에 심한 통증을 유발하고 치아를 대체하며 얼굴 모양이 확 바뀔 만큼 큼지막하게 자라기도 한다. 텔마토사우루스의 경우 종양은 왼쪽 아래턱에 위치하며, 안쪽이 독특한 비눗방울 모양을 한 불룩 솟은 뼈로 확인된다. 전형적인 법랑모세포종이다.

이 공룡은 알려진 텔마토사우루스 표본 중 가장 큰 개체의 절반 정도 크기이며, 완전히 성숙하지 못한 채로 죽었다. 안타깝게도 화석이 불완전한 탓에 사인까지 밝히지는 못했다. 그러나 아무리 법랑모세포종이 양성 종양이라 한들, 종양의 무절제한 성장은 심각한 합병증을 일으키거나 개체를 쇠약하게 만들 수 있으며, 그것이 어린 텔마토사우루스의 죽음에 관여했을 가능성이 있다. 종양이 거대하게 자라나지는 않았지만, 결과적으로 무리의 건강한 구성원들 사이에서 눈에 확 띄었을 것이다. 오늘날의 생태계에서, 포식자들은 흔히 일반 성체보다 어리거나 늙었거나 약한 개체를 공격한다. 한 예로 포식성 바닷새인 도둑갈매기는 남극 펭귄의 눈에 띄게 아프거나 다른 특징을 가진 기형 새끼를 잡아먹는 것으로 알려져 있다.

인간과 다른 동물들에게서 발견되는 종양, 암, 그리고 그와 유사한 질병은 수천만 년 동안 공룡과 그 밖의 다양한 선사시대 종들에게도 영향을 미쳐왔다. 현생 동물들이 이런 질병의 부작용에 어떻게 반응하고 대처하는지 이해하는 과정은 오래전 멸종한 동물들의 삶과 행동을 밝히는 데에 많은 도움을 줄 수 있다.

종양의 초상

그림 5.14 (오른쪽 페이지) 법랑모세포종으로 왼쪽 아래턱이 툭 튀어나온 텔마토사우루스 트란실바니쿠스

화석이 된 '방귀'

뿌웅, 가스 살포, 아님 방귀. 원하는 대로 부르면 된다. 우리 모두… 많이 뀌니까. 그 위력은 가끔 방을 초토화할 정도다. 이 가스는 소화가 일어날 때 위나 장에서 만들어져서 항문 밖으로 배출된다. 방귀 냄새와 방출 빈도는 개개인의 식사, 건강상태, 그리고 대장균에 따라 다르다. 비록 많은 사람들이 방귀를 인간만의 행동이라고 생각하지만, 우리 강아지가 끊임없이 증명하듯 동물들도 방귀를 뀐다. 마찬가지로 옛 동물들 역시 분명 수백만 년 동안 방귀를 뀌어왔을 것이다.

여러분은 지금 이렇게 생각했을지도 모르겠다. '이 사람, 지금 뭐 하자는 거야? 선사시대 방귀의 증거를 대체 어떻게 찾겠다는 거지?' 좀 기괴하긴 하지만 어쨌든, 지금 여러분이 방귀 화석에 대해 생각했다면 공룡을 떠올렸을 것이고, 그렇다면 티렉스도 뿌웅~ 했을지 궁금할 터다. 글쎄. 1만 종이 넘는 조류(현생 수각류)가 모두 방귀를 뀌지 않는다는 사실을 고려하면, 티렉스도 아마 방귀를 뀌지 않았을 것이다. 그렇지만 섣불리 실망하진 마시길. 거대한 용각류나 조반류(ornithischian: 하드로사우루스, 스테고사우루스, 각룡류 등) 같은 걸어다니는 식물분쇄기들은 분명 오늘날의 대형 초식동물들처럼 가스를 활발히, 힘차게 내뿜었을 테니까. 어쨌든 지금 우리가 갖고 있는 유일하면서도 직접적인 화석 증거는 공룡보다 훨씬 작긴 하지만 그에 못지않게 흥미로운 존재, 호박 속의 곤충이다.

그렇다. 다는 아니지만, 곤충도 방귀를 뀐다. 장내가스를 연구—이 분야는 플래톨로지flatology라고 한다—하는 과학자들인 플래톨로지스트flatologist들에 따르면, 풀잠자리류beaded lacewing의 일종인 로마미아 라티페니스*Lomamyia latipennis*라는 종은 가장 치명적인 방귀 중 하나를 진화시켰다. 이 종의 유충은 흰개미의 얼굴에 방귀를 뀐다. 전혀 치명적으로 들리지 않겠지만, 몇 분이 지나면 독이 확 퍼지면서 흰개미의 온몸이 마비되고, 로마미아 유충은 방귀로 처리한 먹이를 먹기 시작한다!

곤충은 호박에서 발견되는 가장 흔한 동물이다. 나무에서 흘러나오는 끈적끈적한 송진에 곤충들이 갇히면서, 짝짓기, 섭식, 기생 등의 다양한 형태를 비롯한 수많은 행동들이 그 자세 그대로 보존되었다. 기포도 호박에서 자주 발견되는데, 가끔은 그 기포가 함께 갇힌 곤충과 관련되어 생기기도 한다. 이런 경우에는 보통 곤충의 날개나 다리 아래에 기포가 있다. 기포는 대부분 수지가 나무에서 흘러내릴 때 들어간 당시의 공기가 남아 있는 것이지만, 곤충들이 수지에 떨어지거나 수지에서 탈출하려고 발버둥칠 때 공기가 유입되어 생기기도 한다.

드문 경우지만, 방귀의 결과로 곤충의 직장에서 직접 나온 기포도 있다. 그렇게 해석할 수 있는 근거로 기포가 곤충의 항문에 붙어 있고, 곤충의 보존상태가 온전하며, 일반적인 부패가 거의 일어나지 않았다는 점을 들 수 있다. 희귀하긴 해도, 발트해(4900만 년 전~4400만 년 전, 에오세)와 도미니카(2000만 년 전~1600만 년 전, 마이오세)에서 산출된 호박 상당수가 뚜렷한 증거를 담고 있다. 이 호박들에는 흰개미, 바퀴벌레, 개미, 벌, 딱정벌레, 파리, 그리고 방귀가 갇혀 있다. 기포 중 일부는 방귀의 구성물질인 메탄과 이산화탄소 같은 가스를 포함하고 있다는 주장도 나왔다.

수백만 년 된 방귀 화석이 있다는 소리는 그 자체로도 재미있지만, 거기에는 더 많은 내용이 담겨 있다. 이 특정한 곤충들이 몸에서 슬슬 가스 방출을 준비하고 있을 무렵에 갇힌 건 틀림없지만, 갇히면서 바로 발사한 것은 아니다. 반대로 수지에 갇혀서 죽은 뒤, 아마도 몇 초 정도겠지만, 장내미생물들이 살아남아 동물의 마지막 식사를 소화하기에는 충분한 시간 후에 가스(방귀)가 배출되며 기포를 만들었을 것이다. 흰개미를 포함한 현생 곤충들에게서도 이처럼 죽은 뒤에 음식물을 분해하고 가스를 배출하는 현상이 일어나는 것으로 알려져 있다. 흰개미의 장 속에는 엄청난 수의 미생물이 살고 있는데, 그중 대다수는 혐기성이다. 수지가 너무 두껍거나 항문이 막히는 바람에 빠져나가지 못한 가스가 몸속에 쌓여 빵빵하게 부풀어오른 흰개미도 호박에 갇힌 채 발견된다.

이 화석화된 방귀쟁이들은 화석기록으로 보존될 가능성이 가장 낮은 행동 중 하나를 보여준다. 이들은 곤충과 장내미생물이 맺는 관계, 다시 말해 서로에게 도움이 되는 상리공생 관계에 대한 간접적인 증거다. 호박에 곤충과 미생물이 함께 갇힌 가장 오래된 화석기록은 적어도 9900만 년 전으로 거슬러올라간다. 이 화석들은 현재의 곤충과 인간을 포함한 다른 동물들처럼 오래전의 곤충 역시 장내미생물의 활동으로 방귀를 뀌었다는 사실을 입증한다. 이 발견은 '조용하지만 치명적silent but deadly'이라는 말의 의미를 수백수천만 년 전이라는 완전히 다른 수준으로 옮겨놓는다.

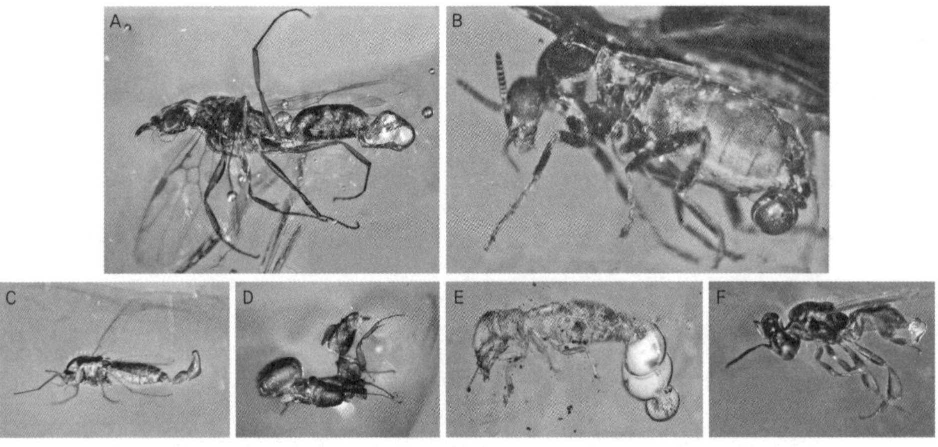

그림 5.15 항문으로 탈출한 가스(장내가스)의 기포와 함께 발견된 곤충들. (A) 날개미. (B) 4000만 년 전의 발틱 호박에서 발견된 흡혈 파리매 암컷. (C) 각다귀. (D) 일개미. (E) 기포가 세 덩어리 달린 흰개미. (F) 부봉침벌(침 없는 벌). 5.15 A, 5-15 C-F는 모두 도미니카 호박 안에 있다. (조지 포이너 제공)

호박에, 아니 시간에 갇히다

그림 5.16 (오른쪽 페이지) 침엽수 나무줄기 아래로 떨어지는 끈적끈적한 수지 방울이 배에 가스가 찬 불운한 흰개미를 포함해 그 자리에 있던 곤충들을 붙잡고 있다.

NICHOLLS 2020

공룡도 오줌을 쌌을까?

잠깐만! 좀 전까지 방귀 화석에 대해 떠들더니, 이번엔 공룡 오줌? 장난하자는 건가?

공룡들이 오줌을 눈다는 이야기가 고생물학자들끼리 주고받는 언뜻 별스러운(하지만 일상인) 대화인 건 인정한다. 하지만 장담컨대 이 이야기는 과학에 기반을 두고 있다. 어찌 되었든 공룡들도 오줌은 싸야 했을 텐데, 이 흔한 행동의 증거를 찾지 말라는 법이 있나?

우리는 똥화석(분석)이 있다는 걸 안다. 오줌화석도 마찬가지다. 희한하게 들릴지도 모르지만, 조건만 적절하게 갖춰진다면 오줌자국 역시 다른 흔적들처럼 화석으로 남을 수 있다. 이 옛 흔적들을 오줌석urolite이라고 한다. 말 그대로 '오줌 암석'을 뜻하는 그리스어에서 나온 단어다. 공룡의 오줌석으로 추정되는 화석을 처음으로 연구한 것은 고생물학자 캐서린 맥카빌과 게일 비숍이었다. 이들의 발견은 2002년의 한 고생물학회 행사에서 엄청난 화제를 불러모았다.

두 사람이 발견한 것은 콜로라도주 라준타 남쪽, 퍼거토리강을 따라 나 있는 수백 개의 공룡 발자국으로 둘러싸인, 이들의 말을 빌리자면, '욕조 모양으로 움푹 패인 자국'이었다. 이 지역은 쥐라기 후기에 해당하는 약 1억 5000만 년 전에 호숫가였던 곳으로, 수많은 용각류와 수각류가 남긴 발자국으로 가득찬 유명한 공룡 발자국 산지다. 이 특이한 욕조 자국은 길이 약 3미터, 폭 1.5미터, 깊이 25~30센티미터 크기였다. 맥카빌과 비숍은 자국을 재현하기 위해 모래 바닥에 물을 흘려보내며 실험했고, 그 결과 바닥은 비슷한 형태로 푹 패였다. 그 욕조 자국들이 있는 곳에는 물이 떨어졌을 법한 절벽이나 다른 어떤 구조물의 흔적도 보이지 않는다. 그래서 이들은 액체로 인해 만들어진 이 큼지막한 자국을 설명할 수 있는 유일한 가설을 세웠다. 공룡들 중 하나가, 아마도 디플로도쿠스 같은 용각류 공룡이 오줌을 쌌다는 것이다.

공룡 오줌 가설이 너무 나갔다고 생각하는 사람이 있을지도 모른다. 그리고 사실, 이 공룡 오줌석에 대한 연구논문은 아직 공식 등재를 기다리고 있는 상태다. 그렇지만 브라질 상파울루주 파라나분지에 있는 채석장에서 발굴된 타원형의 더 작은 오줌석 두 개는 2004년에 상세한 기술을 담은 논문으로 어엿하게 등재되었다. 백악기 초기에 해당하는 약 1억 3000만 년 전 암석층의 사구 퇴적층에서 발견된 이 표본들 역시 수각류와 조각류에 속하는 공룡들의 발자국과 함께 산출되었다.

두 흔적 모두 분화구처럼 생긴 뚜렷한 구덩이 형태다. 액체가 먼저 마른 모래에 세게 부딪친 후 완만한 경사면을 따라 흘러내리면서 잔물결 같은 흔적을 남겼다. 마르셀로 페르난데스가 이끄는 연구팀은 이런 화석 구조가 어떻게 만들어졌는지 알아내기 위해, 모래를 쌓아 완만한 경사지를 만들고 80센티미터 높이에서 물 2리터를 부었다. 그러자 화석과 비슷한 구조가 생겨났다.

그들의 발견을 더욱 명확하게 밝히기 위해, 연구팀은 현존하는 가장 큰 공룡인 타조가 만든 흔적과 화석을 비교했다. 그런데 여기서 우선, 새들은 우리처럼 오줌을 싸지 않는다는 사실을 알아두어야 한다. 조류는 액체와 고체 노폐물을 모두 총배설강이라고 부르는 구멍 하나로 배설하는데, 이 구조는 악어류에게도 있고, 심지어는 매우 희귀한 프시타코사우루스 표본에서도 발견되었다(처음으로 이 사실을 발견한 연구팀에 이 책의 삽화가인 밥 니콜스도 참여했다). 대부분의 새가 액체와 고체 배설물을 함께 배출하는 반면, 타조와 다른 평흉류(타조, 거위 등 다리 힘이 강하고 잘 뛰어다니는 조류 무리—옮긴이)는 똥을 싸기 전에 우선 액체부터 쏟아낸다. 흙 속에 남겨진 타조의 강력한 소변 흔적은 화석 구조와 일치하며, 이는 공룡이 모래에 오줌을 쌀 때 이 흔적이 만들어졌다는 가설을 뒷받침한다.

절대로 '절대로'라고 할 순 없지만, 오줌을 싸던 도중에 죽은 공룡의 화석을 발견할 가능성은 아주 희박하다. 결국 조류 관찰을 제외하면, 아마 폭파인 이런 오줌석 정도가 우리가 찾을 수 있는 오줌 싸는 공룡의 거의 유일한 증거일 것이다.

마지막으로, 나는 코끼리가 오줌(그리고 똥, 뭐 그런 것들)을 싸는 모습을 떠올리며 거대한 용각류가 이 행위를 하면 무슨 일이 일어날지 상상해보았다. 여러분도 자신이 가장 불운한 장소, 그러니까 이 거인들이 뭔가를 시원하게 밀어내고 있는 바로 그 밑에 있는 작은 동물이었다면 어땠을지 상상해 볼 순 있을 것이다. 어쩌면, 심지어 이 때문에 죽었을지도? 이렇게 가버릴 줄이야….

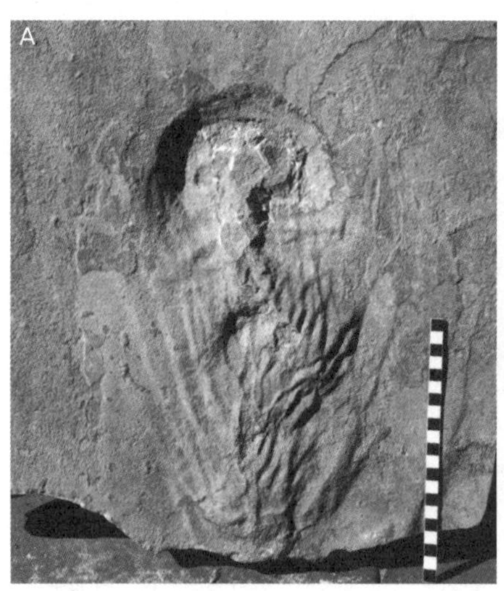

그림 5.17 (A) 브라질의 파라나분지에서 발견된 오줌석. 분화구 모양의 구덩이는 액체 배설물이 처음으로 부딪친 지점을 나타내며, 이어 경사면을 흘러내린 액체는 잔물결 모양의 흔적을 남겼다. (B) 강력한 오줌으로 땅바닥을 강타하는 타조의 모습. (마르셀로 아도르나 페르난데스 제공)

거인님이 볼일을 보시니

그림 5.18 (오른쪽 페이지) 디플로도쿠스의 오줌이 폭포처럼 쏟아져내리자, 작은 공룡 프루이타덴스*Fruitadens* 무리가 허둥거리며 목숨을 구해 안전한 곳으로 '걸음아 날 살려라!' 도망가고 있다.

감사의 말

딘 로맥스

나의 어머니 앤 로맥스는 내 이력의 가장 큰 후원자로 많은 것을 감내하며 끊임없는 사랑과 지지를 보내주셨고, 공룡에 미쳤던 어린 시절부터 지금의 경력까지 모든 걸음마다 격려해주셨다. 이 책을 쓰던 중 어머니께서 돌아가셨다는 말을 하게 되어 매우 고통스럽다. 그녀는 가장 친절하고 가장 멋지고 너그러운 사람이었으며 정말이지 부모에게 기대할 수 있는 모든 것이자 그 이상이었다. 어머니는 대학에 가지 않았고 우리 가족은 매달 청구서에 지불할 정도의 돈밖에 없었지만, 어머니는 나와 내 남동생, 여동생을 돕기 위해 할 수 있는 모든 것을 다 해주셨다. 그녀는 항상 그녀의 가족과 시간을 보내고, 모두를 웃게 하고, 행복한 추억을 만들고 싶어하셨다. 나는 그녀를 나의 어머니라고 부르는 것이 매우 자랑스럽다.

어머니는 내가 와이오밍으로 진로를 결정짓는 여행을 떠났을 때 나에게 작별인사를 하는 순간부터 책 사인회를 돕고 2019년 박사학위 수여식을 보는 것까지, 내 경력의 모든 단계에 존재했다. 그녀는 가능한 한 많은 행사에 참석했고, 공개강연을 들었고, 책을 홍보하는 일을 도왔으며, 내가 텔레비전과 라디오에 출연할 때 이 사실을 알리기 위해 모든 친구에게 달려가곤 했다. 그녀는 심지어 화석 탐사에도 함께했다. 내가 그녀를 얼마나 그리워할지는 그 어떤 말로도 표현할 수 없다.

내가 이룬 모든 것은 어머니 덕분이다. 그녀가 아니었다면 지금의 나는 없었을 것이다. 이 책은 어머니, 당신을 위한 거예요, 당신으로 계셔주셔서 감사합니다. 사랑해요.

내가 이 책을 쓰는 동안 보내준 끊임없는 사랑과 성원에 대해, 그리고 참고 견뎌준 데에 대해 다음의 가족들에게 큰 감사를 드린다. 조이스 라이트풋, 스콧 로맥스와 켄 로맥스, 줄리, 마크, 올리비아, 플레처 보일스, 리스 데이비스, 나탈리 터너. 이 책의 초안을 친절하게 편집하고 의견을 말해주며 내가 하는 모든 일을 믿을 수 없을 정도로 지지해준 나탈리에게 이루 말할 수 없는 감사를 보낸다.

친절하게 이 책을 리뷰하고, 귀중한 의견들로 이 책을 크게 개선해준 좋은 친구이자 동료 고생물학자인 제이슨 셔번(!)에게 진심으로 감사를 표한다. 그는 또한 우리의 고생물학 팟캐스트 〈화석기록에 관하여On the Fossil Record〉의 공동진행자다. 내 친한 친구들과 동료인 나이절 라킨, 주디 마사레, 그리고 매트 홈스에게, 지난 10년 동안 여러분을 알아가고 함께 일한 것이 내 경력의 하이라이트였다. 그동안 해주신 모든 일에 감사드린다.

영국 돈캐스터에서 온, 공룡에 미쳐 있던 18살짜리 아이에게 꿈을 현실로 만들 수 있는 기회를 준 와이오밍 공룡센터의 좋은 친구들과 동료들에게 감사를 표하지 않을 수 없다. 2008년에 와이오밍으로 떠났던 내 생애 첫 여행은 내 이후 경력의 근간이었고, 궁극적으로 이 책의 탄생에 영감을 준 투구게의 죽음의 트랙에 대한 연구로 이어졌다.

여기에 더해 빅토리아 아버, 스펜서 루카스, 그리고 익명의 평론가에게 감사를 표한다. 그들은 각각 매우 친절하고 칭찬에 가득한 평을 남겼고, 책의 일부를 개선하는 데에 도움이 될 몇 가지 훌륭한 제안도 해주었다.

이 책은 많은 사람들의 작업의 정점이다. 이 모든 것은 동료 고생물학자들이 수행한 수많은 헌신적인 연구에 바탕을 두고 있다. 여러분 각각, 그리고 모두에게 감사의 말을 전한다. 여러분의 열정을 뒤따르며 지금까지 발견된 가장 놀라운 화석들을 되살리는 데에 도움을 줘서 감사할 따름이다. 특히 화석으로 남은 동물 행동에 대한 연구와 편찬에 학술 경력의 많은 부분을 바친 아서 부코의 업적을 높이 평가한다. 1990년, 그는 실제로 뭔가를 하는 도중에 죽어 화석으로 보존된 화석 유기체에 대해 처음으로 '동결된 행동frozen behaviour'이라는 용어를 도입했다.

친절하게 시간을 내어 자신의 연구와 발견에 대해 이야기해주고, 격려의 말을 건네고, 이 책을 현실로 만드는 데에 도움이 된 정보를 제공해준 다음 분들에게 정말로 감사하다. 폴 배럿, 맬컴 베델 주니어, 마이클 벤턴, 로버트 보세네커, 다니엘 브링크만, 스티브 브루사테, 마르쿠스 뷸러, 스티브 에치스, 마이크 에버하트, 앤디 파커, 마르셀로 아도르나 페르난데스, 브라이언 페르난도, 하인리히 프랑크, 마크 그레이엄, 앤지 기용과 와이오밍 공룡센터, 리 홀과 애슐리 홀, 엘리 해리슨, 롤프 하우프, 데이브 혼, 일레인 하워드, 레베카 헌트-포스터, 짐 커클랜드, 아디엘 클롬프마커르, 제시카 리핀콧, 크리스틴 매킨지, 수지 메이드먼트, 앤드리아 마셜, 토니 마틴, 레비 모로와 켈리 모로, 대런 나이시, 존 너즈, 코니 오코너, 엘사 판치롤리, 수전 패스모어, 데이비드 페니, 존 피크렐, 닉 파인슨, 존 로빈슨, 앤드루 로시, 스펜 작스, 로스 세코드, 톰 서먼, 레비 싱클, 아론 스미스, 크리스터 스미스, 한스-디터 수스, 존 테넌트, 마이크 트리볼드, 잭 쩡, 빌 월, 베티 위더스와 워렌 위더스, 마크 위턴, 서부내부고생물학회Western Interior Paleontological Society(WIPS), 저우중허周中河. 또한 이 책에 사진을 사용할 수 있도록 친절히 허락해주신 분들께도 진심으로 감사드린다.

마지막으로, 놀랍도록 재능 있는 밥 니콜스가 모든 면에서 뛰어나고 재능이 넘치는 예술가이자 과학자, 그리고 내 친구가 되어준 것에 감사한다. 특히 정말이지 놀라운 방식으로 화석과 그들의 이야기, 그리고 이 책에 삶을 불어넣은 것이 너무나도 고맙다.

밥 니콜스

이 책은 딘의 아이디어였고, 그래서 딘이 그 책의 일부로 날 초대해 준 것에 대해 첫 번째 감사를 표한다. 어린 시절 책에 나오는 선사시대 동물들의 삽화에 푹 빠졌고 내가 그린 그림도 책꽂이에 꽂히길 바라서 고생물의 복원도를 그려왔다. 20년 동안 삶을 위해 죽은 것들을 그렸왔는데도 출판될 때의 짜릿함은 결코 줄어들지 않았다. 이 책은 앞표지부터 뒷표지까지 책의 유일한 삽화가로 활동할 수 있는 기회를 얻은 두 번째라는 책이라는 점에서 특별하다. 이 프로젝트는 내 경력의 하이라이트다. 고마워, 딘. 진심으로 앞으로 더 많은 제안이 오기를 바란다!

내 이름은 밥 니콜스고, 나는 일 중독자다. 수면을 성가시게 여길 정도로 밤낮으로 그림을 그리고 모형을 제작한다. 아내 빅토리아는 나를 놀라게 하는 인내심과 이해력으로 이 불합리한 광신적인 행위들을 견디고 있다. 그녀가 내 팔레오아트paleoart 집착을 참아줘서 너무 감사하지만, 가장 감사한 일은 그녀가 더들도어 해변에서 "네"라고 말해준 것이다. 고마워, 빅토리아, 당신은 정말 최고야.

매일 체력을 빨아들이는 놀이시간을 만들어준 데에 대해 내 딸 달시와 홀리에게 감사를 표한다. 너희는 행복한 미소를 내 기본 설정으로 만들어주었어. 너희가 "아빠줘"(아빠, 안아줘)라고 할 때마다 작업을 잠시 쉬게 되는 게 아빠는 늘 기쁠 거야. 이 책이 학교에 가서 보여주고 이야기하고 싶을 만큼 자랑스러우면 좋겠다. 나는 홀로 일하며 내 주제를 재구성하기 위해 전 세계 과학자 수백 명의 전문 출판물에 계속 기댄다. 그들의 헌신과 전문성 덕분에 오래전에 멸종된 생물을 그럴듯하고 참신하게 묘사할 수 있었다. 개별적으로 감사하기에는 너무 많지만, 대런 나이시, 마크 위턴, 스콧 하트먼, 그레고리 폴, 그리고 제이콥 빈터의 논문과 책에서 특히 큰 영향을 받았다. 나는 모든 신진 팔레오아티스트paleoartist들에게 그들의 작업을 뒤따를 것을 촉구한다.

마지막으로 부모님께 모든 것, 그 모든 시간에 대해 감사드린다. 당신들은 제가 하고싶은 일을 하도록 도와주셨고, 제가 하고싶은 일은 제 삶을 멋지게 만들었어요. 이 책에 실린 그림들을 당신들께 바칩니다.

• • •

두 명의 열정적인 고생물학 괴짜들의 아이디어를 듣고 이 책을 손에 쥘 수 있는 진짜 물건으로 이끌어준 우리의 멋진 에이전트 아리엘라 파이너와 몰리 제이미슨에게 "감사합니다"라고 말하고 싶다. 미란다 마틴과 컬럼비아대학교 출판부의 모든 분의 지지와 격려에, 그리고 이 과정을 매우 즐겁게 만들어준 것에 깊이 감사드리는 바다

옮기고 나서

고백하건대, 후기를 쓰지 않을 줄 알았다. 비대한 자의식을 진열하는 대신 독자들이 저자와 삽화가의 '쩔어주는' 공동작업에 마음껏 심취할 수 있도록 페이지를 배분하는 것이 맞지 않겠는가. 그런 의미에서 '뿌리와이파리' 측에서도 따로 후기를 요청하지 않았으리라 (멋대로) 판단하고 마음을 놓고 있었더랬다. 하지만 착각이었나 보다. 마지막의 마지막, 찾아보기를 정리하던 그 순간 "사실은 역자 후기란이 준비되어 있었답니다, 짜잔!" 하며 채워달라는 요청이 들어올 줄이야. 이걸 어떻게 해야 할까. 빈 문서의 공란은 이토록 광활한데.

일단 뭐라도 써보자. 책이 과거 이야기이니 과거사부터 시작해볼까. 수억, 수백만, 수십만 년 단위는 너무 머니까 대충 수십 년 전쯤으로. 당시 탐독하던 모 과학잡지 신간을 뒤적이고 있을 때였다. 두 쪽에 걸쳐 컴퓨터 그래픽으로 아름답게(또는, 어쩌면 기괴하게) 재현된 먼 옛날의 바다와 그 사이를 누비는 기기묘묘한 생물들의 생김새에 순간 마음을 빼앗겼다. 아무리 봐도 절지동물인데 다리가 없어서 탈락인 거대한 포식자, 이게 게인가 새우인가, 게새우라 불러야 하나 싶던 이단분리될 듯한 절지동물(다리가 있었다!), 어디가 위인지 아래인지 사람을 헷갈리게 만드는 놈들, 그리고 둥글둥글한 다섯 개 눈을 반짝이며 청소기처럼 먹이를 빨아들였던 정말 웃긴 녀석.

혹시 눈치챘을지 모르지만, 어린 과학도의 마음을 순식간에 사로잡았던 그 생물체들은 버제스 셰일 동물군이다. 그중에서도 가장 사랑하던 동물들은 바로 (다리가 없는 그 포식자) 아노말로카리스와 (눈 다섯 개, 개) 오파비니아(!)다——절대 '클라이언트'의 비위를 맞추기 위한 선택은 아니라고, 강력히 주장하는 바다. (참고로 버제스 셰일 친구들은 책 속에서 쿤밍겔라와 푹시안후이아의 정성 가득한 양육, 마렐라의 조금은 가슴 아픈 탈피, 그리고 오토이아와 불운한 먹이들 등으로 등장한다. 혹시라도 책을 읽다 그들을 만나게 되다면, 버제스 셰일(과 청장 생물군)의 특별함과 거기에 아로새겨진 놀라운 과거를 마음껏 즐겨주시길.)

이런 지루한 과거사를 늘어놓는 이유는 지은이 딘 로맥스가 '투구게의 기나긴 행렬에 마음을 빼앗긴 순간'을 보면서 근 20여 년에 걸친 화석 애증사史가 떠올랐기 때문이다. 시시껄렁한 tmi지만, 잡지의 캄브리아기 대폭발 페이지를 봤던 기억을 학부 수업 시간에 되살린 순간 고생물학 전공자로서 삶이 결정되고 말았다. 석사만 어정쩡하게 마친 탓에 수많은 학명과의 싸움에서 머리를 쥐어뜯다 백기를 들고 마는 어정쩡한 전공흉내자로 전락했지만, 아직까지도 화석과 과거의 멸종 생물들은 홀로 조심스레 구애하는 대상이다. 그렇기에 서문만 읽고 과감하게 책의 번역에 뛰어들기로 했다. 딘이 유리창 너머로 투구게를 조우한 그 순간이 어린 시절 빛나던 한순간을 끄집어내었기에. 그가 50개의 화석에서 생을 길어올린 것처럼.

확실히, 이 책은 재미있다. 딘 로맥스의 서술은 명쾌하고, 밥 니콜스의 그림은—한국어판을 위해 특별히 제공한 '컬러' 일러스트는 더더욱!—박진감 넘치며, 이야기는 흥미진진하다. 똥오줌과 방귀를 비롯한, 어린이뿐만 아니라 성인들까지 웃게 만드는 요소들도 여기저기 등장하고, 오비랍토르처럼 긴 세월 동안 오해받던 동물들을 위한 구체적이고도 확실한 변론도 준비되어 있다. 하지만 그 속에 숨은 뜻을 찬찬히 곱씹어보면 그리 만만한 책이 아니다——실제로 번역 도중에 몇 번이고 감정적으로 힘든 만남이 있었다.

삶의 한순간이 화석으로 고스란히 남았다는 것은, 그 아무렇지도 않은 순간에 비명횡사했다는 뜻이다. 먹고, 마시고, 싸고, 사랑을 나누고, 자손을 낳고, 함께 여행하고, 싸우거나 노리고, 서로를 보듬던 그 순간 어디선가 날아온 흙이나 화산재 또는 무서운 유독성 물이 이들의 삶을 앗아갔다. 큰 횡액 없이 평온한 삶을 즐기던 공룡의 몸속에서 기생충과 암이 자라고, 맛있게 한입 가득 삼킨 먹이가 안에서부터 공격해오는 무기로 변신하고, 아직 어리디어린 동물들이 자신보다 조금 큰 인솔자의 안내를 따라 숲을 걷던 그날 소풍도 삶도 함께 끝나고, 어제와 같은 한가로운 오후의 평화를 슈퍼화산에서 뿜어져나온 화산재가 순식간에 소멸시킨다. 그러나 다행히 그 순간의 기적이 이들의 마지막을, 그리고 그 마지막에 이르기까지의 수많은 여정을 암석에 아로새겼다. '먼지투성이의 낡은 화석'을 꼼꼼히 들여다보며 이 순간들을 발굴해낸 딘 로맥스는 오랜 시간 동안 가둬져 있던 생들을 길어올려 그들의 이야기를 세상에 알리고 새로운 의미를 덧입혔다. 덕분에 비로소, 화석은 '암석화한 생물'이 아닌 '한 생물이 자신의 생을 살았다는 선명한 증거'로 거듭난다.

고생물학도로서, (전) 과학기자로서, 그리고 화석과 진화에 꾸준히 관심을 기울이는 독자로서 '오파비니아 시리즈'에 마음의 빚을 지고 있다. 그렇기에 번역 제안을 받고 기쁨에 앞서 덜컥 걱정부터 앞선 것이 사실이다. 며칠간 고민하고 숙고한 끝에 (투구게와의 조우가 양념을 잘 쳐준 덕분도 있어서) 잘 차려진 밥상에 숟가락 하나 올려보기로 마음먹었던 건데, 숟가락질이 지나치게 서툴러 너무나도 큰 민폐를 끼친 게 아닌가 걱정된다. 심지어 (시리즈 최초로) 풀컬러 장정으로 편집하겠다는 말에 더더욱 설레면서도 두려운 마음이다. 책에 담긴 수억 년의 수많은 삶들이 큰 힘을 발휘해주길 기원할 뿐이다.

앎뿐만 아니라 글마저 어정쩡한 이의 숱한 실수를 바로잡고 조악한 문장을 근사하게 다듬어주신 '뿌리와이파리' 분들께 깊은 감사를 전한다. 그런데도 읽다가 혹시라도 혀와 눈 끝에 달깍달깍 걸리거나 도무지 이상한 곳이 있다면, 그건 모두 처음부터 문장을 잘못 구성한 옮긴이 탓이다. 장대한 과거 속에 갇힌 빛나는 한순간을 잡아내고 끌어올려 아름답게 재구성한 지은이와 일러스트레이터의 멋진 공동작업이 독자 여러분께 부디, 있는 그대로, 잘 전달되길 바라고 또 바란다.

2022년 6월 어느 날

김은영

더 알고 싶은 이를 위한 참고문헌

Attenborough, D. F. 1990. *The Trials of Life: A Natural History of Animal Behaviour*. London: Collins/BBC, 320.

Bottjer, D. J. 2016. *Paleoecology: Past, Present and Future*. Chichester, UK: Wiley, 232.

Boucot, A. J. 1990. *Evolutionary Paleobiology of Behavior and Coevolution*. New York: Elsevier, 725.

Boucot, A. J., and G. O. Poinar Jr. 2010. *Fossil Behavior Compendium*. Boca Raton, FL: CRC, 424.

Drickamer, L. C., S. H. Vessey, and E. M. Jakob. 2002. *Animal Behavior: Mechanisms, Ecology, Evolution*, 5th ed. Boston: McGraw-Hill, 422.

Hone, D. W. E., and C. G. Faulkes. 2013. "A Proposed Framework for Establishing and Evaluating Hypotheses About the Behaviour of Extinct Organisms." *Journal of Zoology* 292: 260–67.

Martin, A. J. 2014. *Dinosaurs Without Bones: Dinosaur Lives Revealed by Their Trace Fossils*. New York: Pegasus, 460.

Martin, A. J. 2017. *The Evolution Underground: Burrows, Bunkers, and the Marvelous Subterranean World Beneath Our Feet*. New York: Pegasus, 405.

서장—선사시대 세상의 빗장을 들어올리며

Benton, M. J. 2010. "Studying Function and Behavior in the Fossil Record." *PLoS Biology* 8, e1000321.

Boucot, A. J. 1990. *Evolutionary Paleobiology of Behavior and Coevolution*. New York: Elsevier, 725.

Boucot, A. J., and G. O. Poinar Jr. 2010. *Fossil Behavior Compendium*. Boca Raton, FL: CRC, 424.

Peckre, L. R., et al. 2018. "Potential Self-Medication Using Millipede Secretions in Red-Fronted Lemurs: Combining Anointment and Ingestion for a Joint Action Against Gastrointestinal Parasites?" *Primates* 59: 483–94.

제1장 섹스, 그리고 번식

들어가며

Bondar, C. 2015. *The Nature of Sex: The Ins and Outs of Mating in the Animal Kingdom.* London: W&N, 377.

Fisher, D. O., et al. 2013. "Sperm Competition Drives the Evolution of Suicidal Reproduction in Mammals." *PNAS* 110: 17910–914.

Knell, R. J., et al. 2013. "Sexual Selection in Prehistoric Animals: Detection and Implications." *Trends in Ecology & Evolution* 28: 38–47.

엄마 물고기와 우리가 아는 그 섹스

Long, J. A. 2012. *The Dawn of the Deed: The Prehistoric Origins of Sex.* Chicago: University of Chicago Press, 278.

Long, J. A. 2014. "Copulate to Populate: Ancient Scottish Fish Did It Sideways." *The Conversation,* October 19, 2014. https://theconversation.com/copulate-to-populate-ancient-scottish-fish-did-it-sideways-30910.

Long, J. A., et al. 2008. "Live Birth in the Devonian Period." *Nature* 453: 650–52.

Long, J. A., et al. 2015. "Copulation in Antiarch Placoderms and the Origin of Gnathostome Internal Fertilization." *Nature* 517: 196–99.

Newman, M. J., et al. 2020. "Earliest Vertebrate Embryos in the Fossil Record (Middle Devonian, Givetian)." *Palaeontology* 10.1111/pala.12511.

Shubin, N. 2009. *Your Inner Fish: The Amazing Discovery of Our 375-Million-Year-Old Ancestor.* London: Penguin, 256.

공룡의 구애춤

Lockley, M. G., et al. 2016. "Theropod Courtship: Large Scale Physical Evidence of Display Arenas and Avian-Like Scrape Ceremony Behaviour by Cretaceous Dinosaurs." *Scientific Reports* 6, 18952.

죽음 안의 삶: '어룡'이 새끼를 낳는 순간

Benton, M. J. 1991. "The Myth of the Mesozoic Cannibals." *New Scientist* 10: 40–44.

Böttcher, R. 1990. "Neue Erkenntnisse über die Fortpflanzungsbiologie der Ichthyosaurier (Reptilia)." *Stuttgarter Beiträge zur Naturkunde,* Serie B, 164: 1–51.

Chaning Pearce, J. 1846. "Notice of What Appears To Be the Embryo of an Ichthyosaurus in the Pelvic Cavity of *Ichthyosaurus (communis?).*" *Annals & Magazine of Natural History* 17: 44–46.

McGowan, C. 1979. "A Revision of the Lower Jurassic Ichthyosaurs of Germany, with the Description of Two New Species." *Palaeontographica Abt A* 166: 93–135

Motani, R., et al. 2014. "Terrestrial Origin of Viviparity in Mesozoic Marine Reptiles Indicated by Early Triassic Embryonic Fossils." *PLOS One* 9, e88640.

쥐라기의 짝짓기: 영원으로 남은 순간

Cryan, J. R., and G. J. Svenson. 2010. "Family-Level Relationships of the Spittlebugs and Froghoppers (Hemiptera: Cicadomorpha: Cercopoidea)." *Systematic Entomology* 35: 393–415.

Li, S., et al. 2013. "Forever Love: The Hitherto Earliest Record of Copulating Insects from the Middle Jurassic of China." *PLOS One* 8, e78188.

임신한 수장룡 플레시오사우루스

O'Keefe, F. R., and L. M. Chiappe. 2011. "Viviparity and K-Selected Life History in a Mesozoic Marine Plesiosaur (Reptilia, Sauropterygia)." *Science* 333: 870–73.

O'Keefe, F. R., et al. 2018. "Ontogeny of Polycotylid Long Bone Microanatomy and Histology." *Integrative Organismal Biology* 1, oby007.

Witton, M. P. 2019. "Plesiosaurs on the Rocks: The Terrestrial Capabilities of Four-Flippered Marine Reptiles." Markwittonblog.com (blog), January 25, 2019. http://markwitton-com.blogspot.com/2019/01/plesiosaurs-on-rocks-terrestrial.html.

고래가 육지에서 새끼를 낳던 시절

Gingerich, P. D., et al. 2009. "New Protocetid Whale from the Middle Eocene of Pakistan: Birth on Land, Precocial Development, and Sexual Dimorphism." *PLOS One* 4, e4366.

Pyenson, N. D. 2017. "The Ecological Rise of Whales Chronicled by the Fossil Record." *Current Biology* 27: R558–R564.

Thewissen, J. G. M., et al. 2009. "From Land to Water: The Origin of Whales, Dolphins, and

Porpoises." *Evolution: Education and Outreach* 2: 272–88.

백악기 조류의 성별은?

Chiappe, M. L. M., et al. 1999. "Anatomy and Systematics of the Confuciusornithidae (Theropoda: Aves) from the Late Mesozoic of Northeastern China." *Bulletin of the American Museum of Natural History* 242: 89.

Chinsamy, A., et al. 2013. "Gender Identification of the Mesozoic Bird *Confuciusornis sanctus*." *Nature Communications* 4: 1381.

Chinsamy, A., et al. 2020. "Osteohistology and Life History of the Basal Pygostylian, *Confuciusornis sanctus*." *Anatomical Record* 303: 949–62.

Hou, L-H., et al. 1995. "A Beaked Bird from the Jurassic of China." *Nature* 377: 616–18.

Li, Q., et al. 2018. "Elaborate Plumage Patterning in a Cretaceous Bird." *PeerJ* 6, e5831.

O'Connor, J. K., et al. 2014. "The Histology of Two Female Early Cretaceous Birds." *Vertebrata Palasiatica* 52: 112–28.

Varricchio, D. J., and F. D. Jackson. 2016. "Reproduction in Mesozoic Birds and Evolution of the Modern Avian Reproductive Mode." *The Auk* 133: 654–84.

짝짓기 중의 날벼락

Joyce, W. G., et al. 2012. "Caught in the Act: The First Record of Copulating Fossil Vertebrates." *Biology Letters* 8: 846–48.

작은 말, 그리고 작은 망아지

Franzen, J. L. 2006. "A Pregnant Mare with Preserved Placenta from the Middle Eocene Maar of Eckfeld, Germany." *Palaeontographica Abteilung* A 278: 27–35.

Franzen, J. L. 2010. *The Rise of Horses: 55 Million Years of Evolution*. Baltimore: John Hopkins University Press, 211.

Franzen, J. L. 2017. "Report on the Discovery of Fossil Mares with Preserved Uteroplacenta from the Eocene of Germany." *Fossil Imprint* 73: 67–75.

Franzen, J. L., et al. 2015. "Description of a Well Preserved Fetus of the European Eocene Equoid *Eurohippus messelensis*." *PLOS One* 10, e0137985.

제2장 양육과 공동체

들어가며

Grone, B. P., et al. 2012. "Food Deprivation Explains Effects of Mouthbrooding on Ovaries and Steroid Hormones, but Not Brain Neuropeptide and Receptor mRNAs, in an African Cichlid Fish." *Hormones and Behavior* 62: 18–26.

Royle, N. J., et al. 2013. "Burying Beetles." *Current Biology* 23: R907–R909.

Schäfer, M., et al. 2019. "Goliath Frogs Build Nests for Spawning—The Reason for Their Gigantism?" *Journal of Natural History* 53: 1263–76.

Scott, M. P. 1990. "Brood Guarding and the Evolution of Male Parental Care in Burying Beetles." *Behavior Ecology and Sociobiology* 26: 31–39.

Scott, M. P. 1998. "The Ecology and Behaviour of Burying Beetles." *Annual Review of Entomology* 43: 595–618.

Shukla, S. P., et al. 2018. "Microbiome-Assisted Carrion Preservation Aids Larval Development in a Burying Beetle." *PNAS* 115: 11274–279.

알을 품는 공룡

Bi, S., et al., 2020. "An Oviraptorid Preserved Atop an Embryo-Bearing Egg Clutch Sheds Light on the Reproductive Biology of Non-Avialan Theropod Dinosaurs." *Science Bulletin*, doi.org/10.1016/j.scib.2020.12.018.

Clark, J. M., et al. 1999. "An Oviraptorid Skeleton from the Late Cretaceous of Ukhaa Tolgod, Mongolia, Preserved in an Avianlike Brooding Position Over an Oviraptorid Nest." *American Museum Novitates* 3265: 1–36.

Dong, Z-M., and P. J. Currie. 1996. "On the Discovery of an Oviraptorid Skeleton on a Nest of Eggs at Bayan Mandahu, Inner Mongolia, People's Republic of China." *Canadian Journal of Earth Science* 33: 631–36.

Erickson, G. M., et al. 2007. "Growth Patterns in Brooding Dinosaurs Reveals the Timing of Sexual Maturity in Non-Avian Dinosaurs and Genesis of the Avian Condition." *Biology Letters* 3: 558–61.

Fanti, F., et al. 2012. "New Specimens of Nemegtomaia from the Baruungoyot and Nemegt Formations (Late Cretaceous) of Mongolia." *PLOS One* 7, e31330.

Norell, M. A., et al. 1994. "A Theropod Dinosaur Embryo and the Affinities of the Flaming Cliffs Dinosaur Eggs." *Science* 266: 779–82.

Norell, M. A., et al. 1995. "A Nesting Dinosaur." *Nature* 378: 774–76.

Norell, M. A., et al. 2018. "A Second Specimen of Citipati osmolskae Associated with a Nest of Eggs from Ukhaa Tolgod, Omnogov Aimag, Mongolia." *American Museum Novitates* 3899: 1–44.

Osborn, H. F. 1924. "Three New Theropod, Protoceratops Zone, Central Mongolia." *American Museum Novitates* 144: 1–12.

Tanaka, K., et al. 2018. "Incubation Behaviours of Oviraptorosaur Dinosaurs in Relation to Body Size." *Biology Letters* 14, 20180135.

Varricchio, D. J., et al. 2008. "Avian Paternal Care Had Dinosaur Origin." *Science* 322: 1826–28.

Yang, T.-R., et al. 2019. "Reconstruction of Oviraptorid Clutches Illuminates Their Unique Nesting Biology." *Acta Palaeontologica Polonica* 64: 581–96.

가장 오래된 육아: 먼 옛날의 절지동물과 그의 아이들

Caron, J.-B., and J. Vannier. 2016. "Waptia and the Diversification of Brood Care in Early Arthropods." *Current Biology* 26: 69–74.

Duan, Y., et al. 2014. "Reproductive Strategy of the Bradoriid Arthropod *Kunmingella douvillei* from the Lower Cambrian Chengjiang Lagerstätte, South China." *Gondwana Research* 25: 983–90.

Fu, D., et al. 2018. "Anamorphic Development and Extended Parental Care in a 520-Million-Year-Old Stem-Group Euarthropod from China." *BMC Evolutionary Biology* 18: 139–48.

Vannier, J., et al. 2018. "*Waptia fieldensis* Walcott, a Mandibulate Arthropod from the Middle Cambrian Burgess Shale." *Royal Society Open Science* 5, 172206.

땅 위에 둥지를 튼 익룡

Chiappe, L. M., et al. 2004. "Argentinian Unhatched Pterosaur Fossil." *Nature* 432: 571–72.

Ji, Q., et al. 2004. "Pterosaur Egg with a Leathery Shell." *Nature* 432: 572.

Lü, J., et al. 2011. "An Egg-Adult Association, Gender, and Reproduction in Pterosaurs." *Science* 331: 321–24.

Unwin, D. M., and C. D. Deeming. 2019. "Prenatal Development in Pterosaurs and Its Implications for Their Postnatal Locomotory Ability." *Proceedings of the Royal Society B* 286: 20190409.

Wang, X., and Z. Zhou. 2004. "Pterosaur Embryo from the Early Cretaceous." *Nature* 429:

621.
Wang, X., et al. 2014. "Sexually Dimorphic Tridimensionally Preserved Pterosaurs and Their Eggs from China." *Current Biology* 24: 1323–30.
Wang, X., et al. 2015. "Eggshell and Histology Provide Insight on the Life History of a Pterosaur with Two Functional Ovaries." *Anais da Academia Brasileira de Ciências* 87: 1599–1609.
Wang, X., et al. 2017. "Egg Accumulation with 3D Embryos Provides Insight Into the Life History of a Pterosaur." *Science* 358: 1197–1201.

메갈로돈 어린이집

Boessenecker, R. W., et al. 2019. "The Early Pliocene Extinction of the Mega-Toothed Shark *Otodus megalodon*: A View from the Eastern North Pacific." *PeerJ* 7, e6088.
Herraiz, J. L., et al. 2020. "Use of Nursery Areas by the Extinct Megatooth Shark *Otodus megalodon* (Chondrichthyes: Lamniformes)." *Biology Letters* 16: 20200746.
Heupel, M. R., et al. 2007. "Shark Nursery Areas: Concepts, Definition, Characterization and Assumptions." *Marine Ecology Progress Series* 337: 287–97.
Pimiento, C., et al. 2010. "Ancient Nursery Area for the Extinct Giant Shark Megalodon from the Miocene of Panama." *PLOS One* 5, e10552.
Shimada, K. 2019. "The Size of the Megatooth Shark, *Otodus megalodon* (Lamniformes: Otodontidae), Revisited." *Historical Biology*. https://doi.org/10.1080/08912963.2019.1666840

베이비시터

Coombs, W. P. 1982. "Juvenile Specimens of the Ornithischian Dinosaur *Psittacosaurus*. *Palaeontology* 25: 89–107.
Erickson, G. M., et al. 2009. "A Life Table for *Psittacosaurus lujiatunensis*: Initial Insights Into Ornithischian Dinosaur Population Biology." *Anatomical Record* 292: 1514–21.
Hedrick, B. P., et al. 2014. "The Osteology and Taphonomy of a *Psittacosaurus* Bonebed Assemblage of the Yixian Formation (Lower Cretaceous), Liaoning, China." *Cretaceous Research* 51: 321–40.
Isles, T. E. 2009. "The Socio-Sexual Behaviour of Extant Archosaurs: Implications for Understanding Dinosaur Behaviour." *Historical Biology* 21: 139–214.
Meng, Q., et al. 2004. "Parental Care in an Ornithischian Dinosaur." *Nature* 431: 145–46.

Vinther, J., et al. 2016. "3D Camouflage in an Ornithischian Dinosaur." *Current Biology* 26: 2456–62.

Zhao, Q., et al. 2007. "Social Behaviour and Mass Mortality in the Basal Ceratopsian Dinosaur *Psittacosaurus* (Early Cretaceous, People's Republic of China)." *Palaeontology* 50: 1023–29.

Zhao, Q., et al. 2014. "Juvenile-Only Clusters and Behaviour of the Early Cretaceous Dinosaur *Psittacosaurus*." *Acta Palaeontologica Polonica* 59: 827–33.

공룡들을 삼킨 죽음의 덫

Franz, A. 2017. "Locked in Rock: Liberating America's Giant Raptors." Earth Archives. http://www.eartharchives.org/articles/locked-in-rock-liberating-america-s-giant-raptors/.

Kirkland, J. I., et al. 1993. "A Large Dromaeosaur (Theropoda) from the Lower Cretaceous of Eastern Utah." *Hunteria* 2: 1–16.

Kirkland, J. I., et al. 2016. "Depositional Constraints of the Lower Cretaceous Stikes Quarry Dinosaur Site: Upper Yellow Cat Member, Cedar Mountain Formation, Utah." *Palaios* 31: 421–39.

Li, R., et al. 2008. "Behavioral and Faunal Implications of Early Cretaceous Deinonychosaur Trackways from China." *Naturwissenschaften* 95: 185–91.

Madsen, S. 2016. "The Utahraptor Project." https://www.gofundme.com/f/utahraptor.

Maxwell, D. W., and J. H. Ostrom. 1995. "Taphonomy and Paleobiological Implications of *Tenontosaurus-Deinonychus* Associations." *Journal of Vertebrate Paleontology* 15: 707–12.

Moscato, D. 2016. "What Killed the Dinosaurs in this Fossilised Mass Grave?" Earth Touch News Network, October 10, 2016. https://www.earthtouchnews.com/discoveries/fossils/what-killed-the-dinosaurs-in-this-fossilised-mass-grave/.

Roach, B. T., and D. L. Brinkman. 2007. "A Reevaluation of Cooperative Pack Hunting and Gregariousness in *Deinonychus antirrhopus* and Other Nonavian Theropod Dinosaurs." *Bulletin of the Peabody Museum of Natural History* 48: 103–38.

선사시대 폼페이: 시간에 갇힌 생태계

"Ashfall Fossil Beds State Historical Park Designated a National Natural Landmark" (brochure). Nebraska Game and Parks Commission and the University of Nebraska State Museum. https://ashfall.unl.edu/file_download/inline/f8fed67f-c2ed-4a3d-adc3-47cb92b7d8cc.

Mead, A. J. 2000. "Sexual Dimorphism and Paleoecology in Teleoceras, a North American

Miocene Rhinoceros." *Paleobiology* 26: 689–706.

Mihlbachler, M. C. 2003. "Demography of Late Miocene Rhinoceroses (*Teleoceras proterum and Aphelops malacorhinus*) from Florida: Linking Mortality and Sociality in Fossil Assemblages." *Paleobiology* 29: 412–28.

Tucker, S. T., et al. 2014. "The Geology and Paleontology of Ashfall Fossil Beds, a Late Miocene (Clarendonian) Mass-Death Assemblage, Antelope County and Adjacent Knox County, Nebraska, USA." *Geological Society of America Field Guide* 36: 1–22.

Voorhies, M. R. 1985. "A Miocene Rhinoceros Herd Buried in Volcanic Ash." *National Geographic Society Research Reports* 19: 671–88.

Voorhies, M. R., and S. G. Stover. 1978. "An Articulated Fossil Skeleton of a Pregnant Rhinoceros, *Teleoceras major* Hatcher." Proceedings, *Nebraska Academy of Sciences* 88: 47–48.

Voorhies, M. R., and J. R. Thomasson. 1979. "Fossil Grass Anthoecia Within Miocene Rhinoceros Skeletons: Diet in an Extinct Species." *Science* 206: 331–33.

대왕조개에 갇힌 물고기들

Kauffman, E. G., et al. 2007. "Paleoecology of Giant Inoceramidae (*Platyceramus*) on a Santonian (Cretaceous) Seafloor in Colorado." *Journal of Paleontology* 81: 64–81.

Neo, M. L., et al. 2015. "The Ecological Significance of Giant Clams in Coral Reef Ecosystems." *Biological Conservation* 181: 111–23.

Soo, P., and P. A. Todd. 2014. "The Behaviour of Giant Clams (Bivalvia: Cardiidae: Tridacninae)." *Marine Biology* 161: 2699–2717.

Stewart, J. D. 1990. "Niobrara Formation Symbiotic Fish in Inoceramid Bivalves." *In Society of Vertebrate Paleontology Niobrara Chalk Excursion Guidebook*, ed. S. Christopher Bennett, 31–41. Lawrence: Museum of Natural History and the Kansas Geological Survey.

Stewart, J. D. 1990. "Preliminary Account of Halecostome-Inoceramid Commensalism in the Upper Cretaceous of Kansas." *In Evolutionary Paleobiology of Behavior and Coevolution*, ed. A. J. Boucot, 51–57. Amsterdam: Elsevier.

Wiley, E. O., and J. D. Stewart. 1981. "*Urenchelys abditus*, New Species, the First Undoubted Eel (Teleostei: Anguilliformes) from the Cretaceous of North America." *Journal of Vertebrate Paleontology* 1: 43–47.

스노우마스토돈: 작은 동물들의 은신처

Black, R. 2014. "Laelaps, Snowsalamander." *National Geographic*, December 15, 2014.

https://www.nationalgeographic.com/science/phenomena/2014/12/15/snowsalamander/
Johnson, K., and I. Miller. 2012. *Digging Snowmastodon. Discovering an Ice Age World in the Colorado Rockies*. Denver: Denver Museum of Nature & Science and People's Press, 141.
Sertich, J. J. W., et al. 2014. "High-Elevation Late Pleistocene (MIS 6–5) Vertebrate Faunas from the Ziegler Reservoir Fossil Site, Snowmass Village, Colorado." *Quaternary* Research 82: 504–17.

거대한 부유 생태계: 쥐라기 바다를 둥둥 떠다녔던 바다나리 군체

Hauff, B., and R. B. Hauff. 1981. *Das Holzmadenbuch*. Fellbach, Germany: REPRO-DRUCK, 136.
Hess, H. 1999. *Lower Jurassic Posidonia Shale of Southern Germany*. In *Fossil Crinoids*, ed. H. Hess et al., 183–96. Cambridge: Cambridge University Press.
Hess, H. 2010. "Paleoecology of Pelagic Crinoids." *Treatise Online* 16: 1–33.
Hunter, A. W., et al. 2020. "Reconstructing the Ecology of a Jurassic Pseudoplanktonic Raft Colony." Royal Society Open Science 7: 200142.
Seilacher, A. 1968. "Form and Function of the Stem in a Pseudoplanktonic Crinoid (Seirocrinus)." *Palaeontology* 11: 275–82.
Seilacher, A., and R. B. Hauff. 2004. "Constructional Morphology of Pelagic Crinoids." *Palaios* 19: 3–16.
Thiel, M., and C. Fraser. 2016. "The Role of Floating Plants in Dispersal of Biota Across Habitats and Ecosystems." In *Marine Macrophytes as Foundation Species*, ed. E. Olafsson, 76–99. Boca Raton, FL: CRC.

제3장 이동과 집짓기

들어가며

Huffard, C. L., et al. 2005. "Underwater Bipedal Locomotion by Octopuses in Disguise." *Science* 307: 1927.
Smith, T. S., et al. 2013. "An Improved Method of Documenting Activity Patterns of Post-Emergence Polar Bears (*Ursus maritimus*) in Northern Alaska." *Arctic* 66: 139–46.
Steyn, P. 2017. "How Does the Great Wildebeest Migration Work?" *National Geographic*, February 8, 2017. https://blog.nationalgeographic.org/2017/02/08/how-does-the-great-

wildebeest-migration-work/.

Wilson, N. 2015. "Why Termites Build Such Enormous Skyscrapers." BBC Earth (December 15). http://www.bbc.com/earth/story/20151210-why-termites-build-such-enormous-skyscrapers.

방랑하는 포유류: 강 건너다 벌어진 비극

Martill, D. M. 1988. "Flash Floods and Panic in the Fossil Record: A Tale of 25 Titanotheres." *Geology Today* 4: 27–30.

McCarroll, S. M., et al. 1996. *The Mammalian Faunas of the Washakie Formation, Eocene Age, of Southern Wyoming. Part III. The Perissodactyls.* Fieldiana 33. Chicago: Field Museum of Natural History, 38.

Mihlbachler, M. C. 2008. *Species Taxonomy, Phylogeny, and Biogeography of the Brontotheriidae (Mammalia: Perissodactyla).* In *Bulletin of the American Museum of Natural History* 311. New York: American Museum of Natural History.

Turnbull, W. D., and D. M. Martill. 1988. "Taphonomy and Preservation of a Monospecific Titanothere Assemblage from the Washakie Formation (Late Eocene), Southern Wyoming. An Ecological Accident in the Fossil Record." *Palaeogeography, Palaeoclimatology, Palaeoecology* 63: 91–108.

삼엽충들이여, 나를 따르라!: 최초의 집단이동

Błażejowski, B., et al. 2016. "Ancient Animal Migration: A Case Study of Eyeless, Dimorphic Devonian Trilobites from Poland." *Palaeontology* 59: 743–51.

Lawrance, P., and S. Stammers. 2014. *Trilobites of the World. An Atlas of 1000 Photographs.* Manchester, UK: Siri Scientific, 416.

Radwańksi, A., et al. 2009. "Queues of Blind Phacopid Trilobites *Trimerocephalus*: A Case of Frozen Behaviour of Early Famennian Age from the Holy Cross Mountains, Central Poland." *Acta Geologica Polonica* 59: 459–81.

Vannier, J., et al. 2019. "Collective Behaviour in 480-Million-Year-Old Trilobite Arthropods from Morocco." *Nature Scientific Reports* 9: 14941.

Xian-guang, H., et al. 2008. "Collective Behavior in an Early Cambrian Arthropod." *Science* 322: 224.

Xian-guang, H., et al. 2009. "A New Arthropod in Chain-Like Associations from the Chengjiang Lagerstätte (Lower Cambrian), Yunnan, China." *Palaeontology* 52: 951–61.

나는 쉬네, 쥐라기 해변에 앉아

Bird, R. T. 1985. *Bones for Barnum Brown: Adventures of a Dinosaur Hunter.* Fort Worth: Texas Christian University Press, 225.

Hitchcock, E. 1858. *Ichnology of New England: A Report on the Sandstone of the Connecticut Valley, Especially Its Fossil Footmarks*. Boston: William White, 232.

Lockley, M., et al. 2003. "Crouching Theropods in Taxonomic Jungles: Ichnological and Ichnotaxonomic Investigations of Footprints with Metatarsal and Ischial Impressions." *Ichnos* 10: 169–77.

Martin, A. J. 2014. *Dinosaurs Without Bones. Dinosaur Lives Revealed by Their Trace Fossils.* New York: Pegasus,. 460.

Milner, A. R. C., et al. 2009. "Bird-Like Anatomy, Posture, and Behavior Revealed by an Early Jurassic Theropod Dinosaur Resting Trace." *PLOS One* 4, e4591.

Pemberton, S. G., et al. 2007. "Edward Hitchcock and Roland Bird: Two Early Titans of Vertebrate Ichnology in North America." In *Trace Fossils: Concepts, Problems, Prospects,* ed. W. Miller III, 32–51. Burlington, MA: Elsevier Science.

Witton, M. P. 2016. "The Dinosaur Resting Pose Debate: Some Thoughts for Artists." Markwitton.com (blog), June 10, 2016. http://markwitton-com.blogspot.com/2016/06/the-dinosaur-resting-pose-debate-some.html.

죽음의 행진: 쥐라기 투구게의 마지막 한걸음

Lomax, D. R., and C. A. Racay. 2012. "A Long Mortichnial Trackway of *Mesolimulus walchi* from the Upper Jurassic Solnhofen Lithographic Limestone Near Wintershof, Germany." *Ichnos* 19: 189–97.

나방의 대량이주

Ataabadi, M. M., et al. 2017. "A Locust Witness of a Trans-Oceanic Oligocene Migration Between Arabia and Iran (Orthoptera: Acrididae)." *Historical Biology* 31: 574–80.

Penney, D., and J. E. Jepson. 2014. *Fossil Insects. An Introduction to Palaeoentomology.* Manchester, UK: Siri Scientific, 222.

Rust, J. 2000. "Fossil Record of Mass Moth Migration." *Nature* 405: 530–31.

Sohn, J.-C., et al. 2015. "The Fossil Record and Taphonomy of Butterflies and Moths (Insecta, Lepidoptera): Implications for Evolutionary Diversity and Divergence-Time Estimates." *BMC Evolutionary Biology* 15: 12.

공룡이 파놓은 죽음의 구덩이들

Eberth, D. A., et al. 2010. "Dinosaur Death Pits from the Jurassic of China." *Palaios* 25: 112–25.

껍데기를 벗고, 나아가라

Daley, A. C., and H. B. Drage. 2016. "The Fossil Record of Ecdysis, and Trends in the Moulting Behaviour of Trilobites." *Arthropod Structure & Development* 45: 71–96.

Garcia-Bellido, D.C., and D. H. Collins. 2004. "Moulting Arthropod Caught in the Act." *Nature* 429: 40.

Giribet, G., and G. D. Edgecomb. 2019. "The Phylogeny and Evolutionary History of Arthropods." *Current Biology* 29: R592–R602.

Vallon, L. H., et al. 2015. "Ecdysichnia—A New Ethological Category for Trace Fossils Produced by Moulting." *Annales Societatis Geologorum Poloniae* 85: 433–44.

Yang, J., et al. 2019. "Ecdysis in a Stem-Group Euarthropod from the Early Cambrian of China." *Nature Scientific Reports* 9: 5709.

트라이아스기 초기의 이 기묘한 커플

Fernandez, V., et al. 2013. "Synchrotron Reveals Early Triassic Odd Couple: Injured Amphibian and Aestivating Therapsid Share Burrow." *PLOS One* 8, e64978.

Jasinoski, S. C., and F. Abdala. 2017. "Aggregations and Parental Care in the Early Triassic Basal Cynodonts *Galesaurus planiceps and Thrinaxodon liorhinus*." *PeerJ* 5, e2875.

Smith, R. M. H. 1987. "Helical Burrow Casts of Therapsid Origin from the Beaufort Group (Permian) of South Africa." *Palaeogeography, Palaeoclimatology, Palaeoecology* 60: 155–70.

악마의 타래송곳

Barbour, E. H. 1892. "Notice of New Gigantic Fossils." *Science* 19: 99–100.

Doody, J. S., et al. 2015. "Deep Nesting in a Lizard, *Déjà Vu* Devil's Corkscrews: First Helical Reptile Burrow and Deepest Vertebrate Nest." *Biological Journal of the Linnean Society* 116: 13–26.

Martin, L. D., and D. K. Bennett. 1977. "The Burrows of the Miocene Beaver *Palaeocastor*, Western Nebraska." *Palaeogeography, Palaeoclimatology, Palacoecology* 22: 173–93.

Meyer, R. C. 1999. "Helical Burrows as a Palaeoclimate Response: *Daimonelix by Palaeocas-*

tor." *Palaeogeography, Palaeoclimatology, Palaeoecology* 147: 291–98.

Peterson, O. A. 1904. "Recent Observations Upon Daemonelix." *Science* 20: 344–45.

Peterson, O. A. 1905. "Description of New Rodents and Discussion of the Origin of *Daemonelix.*" *Carnegie Museum Memoirs* 2: 139–202.

Sues, H.-D. 2019. "How Scientists Resolved the Mystery of the Devil's Corkscrews." *Smithsonian Magazine*, November 25, 2019. https://www.smithsonianmag.com/smithsonian-institution/how-scientists-resolved-mystery-devils-corkscrews-180973487/.

땅속에 굴을 파는 공룡

Fearon, J. L., and D. J. Varricchio. 2016. "Reconstruction of the Forelimb Musculature of the Cretaceous Ornithopod Dinosaur *Oryctodromeus cubicularis*: Implications for Digging." *Journal of Vertebrate Paleontology* 36, e1078341.

Krumenacker, L. J., et al. 2019. "Taphonomy of and New Burrows from *Oryctodromeus cubicularis*, a Burrowing Neornithischian Dinosaur, from the Mid-Cretaceous (Albian-Cenomanian) of Idaho and Montana, U.S.A." *Palaeogeography, Palaeoclimatology, Palaeoecology* 530: 300–11.

Martin, A. J. 2014. *Dinosaurs Without Bones. Dinosaur Lives Revealed by Their Trace Fossils.* New York: Pegasus, 460.

Varricchio, D. J., et al. 2007. "First Trace and Body Fossil Evidence of a Burrowing, Denning Dinosaur." *Proceedings of the Royal Society B* 274: 1361–68.

엄청나게 큰 나무늘보가 땅속에?

Barlow, C. C. 2000. *The Ghosts of Evolution.* New York: Basic, 291.

Bell, C. M. 2002. "Did Elephants Hang from Trees?" *Geology Today* 18: 63–66.

Bustos, D., et al. 2018. "Footprints Preserve Terminal Pleistocene Hunt? Human-Sloth Interactions in North America." *Science Advances* 4, eaar7621.

Cliffe, B. 2016. "Sloths Aren't Lazy—Their Slowness Is a Survival Skill." *The Conversation*, April 19, 2016. https://theconversation.com/sloths-arent-lazy-their-slowness-is-a-survival-skill-63568.

Frank, H. T., et al. 2012. "Cenozoic Vertebrate Tunnels in Southern Brazil." In *Ichnology of Latin America: Selected Papers,* ed. R. G. Netto et al., 141–57. Monografias da Sociedade Brasileira de Paleontologia 2. Rio de Janiero: Sociedade Brasileira de Paleontologia.

Frank, H. T., et al. 2013. "Description and Interpretation of Cenozoic Vertebrate Ichnofossils in Rio Grande Do Sul State, Brazil." *Revista Brasileira de Paleontologia* 16: 83–96.

Frank, H. T., et al. 2015. "Underground Chamber Systems Excavated by Cenozoic Ground Sloths in the State of Rio Grande Do Sul, Brazil." *Revista Brasileira de Paleontologia* 18: 273–84.

Janzen, D. H., and P. S. Martin. 1982. "Neotropical Anachronisms: The Fruits the Gomphotheres Ate." *Science* 215: 19–27.

Lopes, R. P., et al. 2017. "*Megaichnus* igen. nov.: Giant Paleoburrows Attributed to Extinct Cenozoic Mammals from South America." *Ichnos* 24: 133–45.

Naish, D. 2005. "Fossils Explained 51: Sloths." *Geology Today* 21: 232–38.

Quinn, C. E. 1976. "Thomas Jefferson and the Fossil Record." *BIOS* 47: 159–67.

Vizcaino, S. F., et al. 2001. "Pleistocene Burrows in the Mar del Plata Area (Argentina) and Their Probable Builders." *Acta Palaeontologica Polonica* 46: 289–301.

제4장 싸움, 물어뜯기, 그리고 섭식

들어가며

Dorward, L. J. 2014. "New Record of Cannibalism in the Common Hippo, *Hippopotamus amphibius* (Linnaeus, 1758)." *African Journal of Ecology* 53: 385–87.

Jorgensen, S. J., et al. 2019. "Killer Whales Redistribute White Shark Foraging Pressure on Seals." *Nature Scientific Reports* 9: 6153.

Li, D., et al. 2012. "Remote Copulation: Male Adaptation to Female Cannibalism." *Biology Letters* 8: 512–15.

Pyle, P., et al. 1999. "Predation on a White Shark (*Carcharodon carcharias*) by a Killer Whale (*Orcinus orca*) and a Possible Case of Competitive Displacement." *Marine Mammal Science* 15: 563–68.

수컷 매머드 두 마리, 격돌하다

Boucot, A. J. 1990. *Evolutionary Paleobiology of Behavior and Coevolution*. New York: Elsevier, 725.

Chelliah, K., and R. Sukumar. 2013. "The Role of Tusks, Musth and Body Size in Male-Male Competition Among Asian Elephants, *Elephas maximus*." *Animal Behaviour* 86: 1207–14.

Colyer, F., and A. E. W. Miles. 1957. "Injury to and Rate of Growth of an Elephant Tusk."

Journal of Mammalogy 38: 243–47.
Fisher, D. C. 2004. "Season of Musth and Musth-Related Mortality in Pleistocene Mammoths." *Journal of Vertebrate Paleontology* 24: 58A.
Fisher, D. C. 2009. "Paleobiology and Extinction of Proboscideans in the Great Lakes Region of North America." In *American Megafaunal Extinctions at the End of the Pleistocene*, ed. G. Haynes, 55–75. Dordrecht: Springer.
Holen, S. R. 2006. "Taphonomy of Two Last Glacial Maximum Mammoth Sites in the Central Great Plains of North America: A Preliminary Report on La Sena and Lovewell." *Quaternary International* 142–143: 30–43.
Mol, D., et al. 2006. "The Yukagir Mammoth: Brief History, 14c Dates, Individual Age, Gender, Size, Physical and Environmental Conditions and Storage." *Scientific Annals* 98: 299–314.
PBS. 2008. *Mammoth Mystery* (documentary). *Nova* (July 30). https://www.pbs.org/wgbh/nova/nature/mammoth-mystery.html.
Poole, J. H. 1987. "Rutting Behavior in African Elephants: The Phenomenon of Musth." *Behaviour* 102: 283–316.
Poole, J. H., and C. J. Moss. 1981. "Musth in the African Elephant, *Loxodonta africana*." *Nature* 292: 830–31.
Rempp, K. 2012. "Clash of the Titans: 50 Years Later." *Rapid City Journal*, October 2, 2012. https://rapidcityjournal.com/community/chadron/clash-of-the-titans-50-years-later/article_addf527c-0cb3-11e2-8c4f-0019bb2963f4.html.
Voorhies, M. R. 1994. "Hooves and Horns." *Nebraska History* 75: 74–81.

공룡과 공룡이 싸울 때

Barsbold, R. 1974. "Duelling Dinosaurs." *Priroda* 2: 81–83.
Barsbold, R. 2016. "The Fighting Dinosaurs: The Position of Their Bodies Before and After Death." *Palaeontological Journal* 50: 1412–17.
Barsbold, R. 2018. "On Morphological Diversity in Directed Development of Late Carnivorous Dinosaurs (Theropoda Marsh 1881)." *Paleontological Journal* 52: 1764–70.
Carpenter, K. 1998. "Evidence of Predatory Behaviour by Carnivorous Dinosaurs." *Gaia* 15: 135–44.
Hone, D., et al. 2010. "New Evidence for a Trophic Relationship Between the Dinosaurs *Velociraptor and Protoceratops*." *Palaeogeography, Palaeoclimatology, Palaeoecology* 291:

488–92.

Kielan-Jaworowska, Z., and R. Barsbold. 1972. "Narrative of the Polish-Mongolian Palaeontological Expeditions 1967–1971." *Palaeontologica Polonica* 27: 5–13.

쥐라기 드라마: 잘못된 사냥

Frey, E., and H. Tischlinger. 2012. "The Late Jurassic Pterosaur *Rhamphorhynchus*, a Frequent Victim of the Ganoid Fish *Aspidorhynchus*?" *PLOS One* 7, e31945.

Weber, F. 2013. "Paléoécologie des ptérosaures 3: Les reptiles volants de Solnhofen, Allemagne." *Fossiles* 14: 50–59.

Witton, M. P. 2017. "Pterosaurs in Mesozoic Food Webs: A Review of Fossil Evidence." In *New Perspectives on Pterosaur Palaeobiology*, ed. D. W. E. Hone et al., 455. London: Geological Society.

태고의 바다를 누빈 공포의 벌레

Bruton, D. L. 2001. "A Death Assemblage of Priapulid Worms from the Middle Cambrian Burgess Shale." *Lethaia* 34: 163–67.

Conway-Morris, S. 1977. "Fossil Priapulid Worms." *Special Papers in Palaeontology* 20: 1–95.

Smith, M. R., et al. 2015. "The Macro- and Microfossil Record of the Cambrian Priapulid *Ottoia*." *Palaeontology* 58: 705–21.

Vannier, J. 2012. "Gut Contents as Direct Indicators for Trophic Relationships in the Cambrian Marine Ecosystem." *PLOS One* 7, e52200.

Wallace, R. L. 2002. "Priapulida." *Encyclopedia of Life Sciences*. New York: Wiley, 1–4.

탐욕, 그리고 '물고기 안의 물고기'

Bardack, D. 1965. "Anatomy and Evolution of Chirocentrid Fishes." *Vertebrata* 10: 1–88.

Everhart, M. J. 2005. *Oceans of Kansas: A Natural History of the Western Interior Sea*. Bloomington: Indiana University Press, 322.

Everhart, M. J. 2010. "Another Sternberg 'Fish-Within-a-Fish' Discovery: First Report of *Ichthyodectes ctenodon* (Teleostei; Ichthyodectiformes) with Stomach Contents." *Transactions of the Kansas Academy of Science* 113: 197–205.

O'Shea, M., et al. 2013. " 'Fantastic Voyage': A Live Blindsnake (*Ramphotyphlops braminus*) Journeys Through the Gastrointestinal System of a Toad (*Duttaphrynus melanostictus*)." *Herpetology Notes* 6: 467–70.

Ritschel, C. 2019. "Great White Shark Chokes to Death on Sea Turtle." *Independent*, April 23, 2019. https://www.independent.co.uk/news/world/asia/great-white-shark-sea-turtle-choke-japan-fishing-a8882746.html.

Shimada, K. 2019. "A New Species and Biology of the Late Cretaceous 'Blunt-Snouted' Bony Fish, *Thryptodus* (Actinopterygii: Tselfatiiformes), from the United States." *Cretaceous Research* 101: 92–107.

Walker, M. 2006. "The Impossible Fossil: Revisited." *Transactions of the Kansas Academy of Science* 109: 87–96.

'뼈를 으스러뜨리는 개' 사건, 해결

Van Valkenburgh, B., et al. 2003. "Pack Hunting in Miocene Borophagine Dogs: Evidence from Craniodental Morphology and Body Size." In *Vertebrate Fossils and Their Context: Contributions in Honor of Richard H. Tedford,* ed. L. J. Flynn, 147–62. *Bulletin of the American Museum of Natural History* 279. New York: American Museum of Natural History.

Wang, X., et al. 2008. Dogs. *Their Fossil Relatives & Evolutionary History.* New York: Columbia University Press.

Wang, X., et al. 2018. "First Bone-Cracking Dog Coprolites Provide New Insight Into Bone Consumption in Borophagus and Their Unique Ecological Niche." *eLife* 7, e34773.

살해범을 잡아라: 아기 공룡을 먹어치운 뱀

Wilson, J. A., et al. 2010. "Predation Upon Hatchling Dinosaurs by a New Snake from the Late Cretaceous of India." *PLOS One* 8, e1000322.

공룡을 잡아먹는 포유류

Hu, Y., et al. 2005. "Large Mesozoic Mammals Fed on Young Dinosaurs." *Nature* 433: 149–52.

Li, J., et al. 2001. "A New Family of Primitive Mammal from the Mesozoic of Western Liaoning, China." *Chinese Science Bulletin* 46: 782–85.

중생대 급식소: "뭔가 흥미로워…"

Jennings, D. S., and S. T. Hasiotis. 2006. "Taphonomic Analysis of a Dinosaur Feeding Site Using Geographic Information Systems (GIS), Morrison Formation, Southern Bighorn Basin, Wyoming, USA." *Palaios* 21: 480–92.

Lippincott, J. 2015. *Wyoming's Dinosaur Discoveries*. Charleston, SC: Arcadia, 95.

지옥돼지의 고기 저장고

Benton, R. C., et al. 2015. *The White River Badlands: Geology and Paleontology*. Bloomington: Indiana University Press, 240.

Prothero, D. R. 2016. *The Princeton Field Guide to Prehistoric Mammals*. Princeton, NJ: Princeton University Press, 240.

Sundell, K. A. 1999. "Taphonomy of a Multiple *Poebrotherium* Kill Site—An *Archaeotherium* Meat Cache." *Journal of Vertebrate Paleontology* 19: 79A.

선사시대의 마트료시카: 비틀어진 먹이사슬 화석

Kriwet, J., et al. 2008. "First Direct Evidence of a Vertebrate Three-Level Trophic Chain in the Fossil Record." *Proceedings of the Royal Society B* 275: 181–86.

Smith, K. T., and A. Scanferla. 2016. "Fossil Snake Preserving Three Trophic Levels and Evidence for an Ontogenetic Dietary Shift." *Palaeobiodiversity and Palaeoenvironments* 96: 589–99.

제5장 별의별 희한한

들어가며

Arias-Robledo, G., et al. 2018. "The Toad Fly *Lucilia bufonivora*: Its Evolutionary Status and Molecular Identification." *Medical and Veterinary Entomology* 33: 131–39.

Brusca, R. C., and M. R. Gilligan. 1983. "Tongue Replacement in a Marine Fish (*Lutjanus guttatus*) by a Parasitic Isopod (Crustacea: Isopoda)." *Copeia* 3: 813–16.

Cressey, R., and C. Patterson. 1973. "Fossil Parasitic Copepods from a Lower Cretaceous Fish." *Science* 180: 1283–85.

Klompmaker, A. A., and G. A. Boxshall. 2015. "Fossil Crustaceans as Parasites and Hosts." *Advances in Parasitology* 90: 233–89.

Labandeira, C. C. 2002. "Paleobiology of Predators, Parasitoids, and Parasites: Death and Accommodation in the Fossil Record of Continental Invertebrates." *Paleontological Society Papers* 8: 211–49.

Welicky, R. L., et al. 2019. "Understanding Growth Relationships of African Cymothoid Fish Parasitic Isopods Using Specimens from Museum and Field Collections." *Parasites and Wildlife* 8: 182–87.

패러사이트 렉스, 기생충의 왕

Brink, K. 2020. "Description of New Tooth Pathologies in *Tyrannosaurus rex*." *Society of Vertebrate Paleontology, 80th Annual Meeting, Abstracts*: 84.

Wolff, E. D. S., et al. 2009. "Common Avian Infection Plagued the Tyrant Dinosaurs." *PLOS One* 4, e7288.

고래 언덕의 비극

Cordes, D. O. 1982. "The Causes of Whale Strandings." *New Zealand Veterinary Journal* 30: 21–24.

Häussermann, V., et al. 2017. "Largest Baleen Whale Mass Mortality During Strong El Niño Event Is Likely Related to Harmful Toxic Algal Bloom." *PeerJ* 5, e3123.

Pyenson, N. D., et al. 2014. "Repeated Mass Strandings of Miocene Marine Mammals from Atacama Region of Chile Point to Sudden Death at Sea." *Proceedings of the Royal Society B* 281: 20133316.

잠자는 숲속의… 용

Gao, C., et al. 2012. "A Second Soundly Sleeping Dragon: New Anatomical Details of the Chinese Troodontid *Mei long* with Implications for Phylogeny and Taphonomy." *PLOS One* 7, e45203.

Rogers, C. S., et al. 2015. "The Chinese Pompeii? Death and Destruction of Dinosaurs in the Early Cretaceous of Lujiatun, NE China." *Palaeogeography, Palaeoclimatology, Palaeoecology* 427: 89–99.

Wang, Y., et al. 2016. "Stratigraphy, Correlation, Depositional Environments, and Cyclicity of the Early Cretaceous Yixian and ?Jurassic-Cretaceous Tuchengzi Formations in the Sihetun Area (NE China) Based on Three Continuous Cores." *Palaeogeography, Palaeoclimatology, Palaeoecology* 464: 110–33.

Xu, X., and M. A. Norell. 2004. "A New Troodontid Dinosaur from China with Avian-Like Sleeping Posture." *Nature* 431: 838–41.

턱뼈가 뚝! 어느 쥐라기 악어의 불운

Ballell, A. et al. 2019. "Convergence and Functional Evolution of Longirostry in Crocodylomorphs." *Palaeontology* 62: 867–87.

Bulstrode, C., et al. 1986. "What Happens to Wild Animals with Broken Bones?" *Lancet* 327: 29–31.

Eldredge, N., and S. M. Stanley. 1984. *Living Fossils*. New York: Springer, 291.

Hartstone-Rose, A., et al. 2015. "The Bacula of Rancho La Brea." *Science Series* 42: 53–63.

Huchzermeyer, F. W. 2003. *Crocodiles: Biology, Husbandry and Diseases*. Wallingford, UL: CABI, 352.

Irwin, S. 1996. "Survival of a Large Crocodylus porosus Despite Significant Lower Jaw Loss." *Memoirs of the Queensland Museum* 39: 338.

Marsell, R., and T. A. Einhorn. 2011. "The Biology of Fracture Healing." *Injury* 42: 551–55.

Philo, L. M., et al. 1990. "Fractured Mandible and Associated Oral Lesions in a Subsistence-Harvested Bowhead Whale (*Balaena mysticetus*)." *Journal of Wildlife Diseases* 26: 125–28.

Pierce, S. E., et al. 2017. "Virtual Reconstruction of the Endocranial Anatomy of the Early Jurassic Marine Crocodylomorph *Pelagosaurus typus* (Thalattosuchia)." *PeerJ* 5, e3225.

Stockley, P. 2012. "The Baculum." *Current Biology* 22: R1032–R1033.

트라이아스기의 메말라가는 진흙탕 연못에서

Brusatte, S. L., et al. 2015. "A New Species of *Metoposaurus* from the Late Triassic of Portugal and Comments on the Systematics and Biogeography of Metoposaurid Temnospondyls." *Journal of Vertebrate Paleontology* 35, e912988.

Colbert, E. H., and J. Imbrie. 1956. "Triassic Metoposaurid Amphibians." *Bulletin of the American Museum of Natural History* 110: 405–2.

Gee, B. M., et al. 2020. "Redescription of *Anaschisma* (Temnospondyli: Metoposauridae) from the Late Triassic of Wyoming and the Phylogeny of the Metoposauridae." *Journal of Systematic Palaeontology* 18: 233–58.

Lucas, S. G., et al. 2010. "Taphonomy of the Lamy Amphibian Quarry: A Late Triassic Bonebed in New Mexico, U.S.A." *Palaeogeography, Palaeoclimatology, Palaeoecology* 298: 388–98.

Lucas, S. G., et al. 2016. "Rotten Hill: A Late Triassic Bonebed in the Texas Panhandle, USA." *New Mexico Museum of Natural History and Science Bulletin* 72: 1–96.

Romer, A. S. 1939. "An Amphibian Graveyard." *Scientific Monthly* 49: 337–39.

Wells, K. D. 2007. *The Ecology and Behavior of Amphibians*. Chicago: University of Chicago Press, 1400.

Zeigler, K. E., et al. 2002. "Taphonomy of the Late Triassic Lamy Amphibian Quarry (Garita Creek Formation: Chinle Group), Central New Mexico." *New Mexico Museum of Natural History and Science Bulletin* 21: 279–83.

누가 날 먹고 있어, 안에서부터

Eberhard, W. G., and M. O. Gonzaga. 2019. "Evidence that *Polysphincta*-Group Wasps (Hymenoptera: Ichneumonidae) Use Ecdysteroids to Manipulate the Web-Construction Behaviour of Their Spider Hosts." *Biological Journal of the Linnean Society* 127: 429–71.

van de Kamp, T., et al. 2018. "Parasitoid Biology Preserved in Mineralized Fossils." *Nature Communications* 9: 3325.

공룡 텔마토사우루스, 법랑모세포종을 앓다

Barbosa, F. H. d-S., et al. 2016. "Multiple Neoplasms in a Single Sauropod Dinosaur from the Upper Cretaceous of Brazil." *Cretaceous Research* 62: 13–17.

Bianconi, B., et al. 2013. "An Estimation of the Number of Cells in the Human Body." *Annals of Human Biology* 40: 463–71.

Dumbrava, M. D., et al. 2016. "A Dinosaurian Facial Deformity and the First Occurrence of Ameloblastoma in the Fossil Record." *Nature Scientific Reports* 6: 29271.

Ekhtiari, S., et al. 2020. "First Case of Osteosarcoma in a Dinosaur: A Multimodal Diagnosis." *Lancet* 21: 1021–22.

Gonzalez, R., et al. 2017. "Multiple Paleopathologies in the Dinosaur *Bonitasaura salgadoi* (Sauropoda: Titanosauria) from the Upper Cretaceous of Patagonia, Argentina." *Cretaceous Research* 79: 159–70.

Hao, B.-Q., et al. 2018. "Femoral Osteopathy in *Gigantspinosaurus sichuanensis* (Dinosauria: Stegosauria) from the Late Jurassic of Sichuan Basin, Southwestern China." *Historical Biology* 32: 1028–35.

Masthan, K. M. K., et al. 2015. "Ameloblastoma." *Journal of Pharmacy and Bio Allied Sciences* 7: 276–78.

Macmillan Cancer Support. 2020. "What Is Cancer?" https://www.macmillan.org.uk/cancer-information-and-support/worried-about-cancer/what-is-cancer.

Rothschild, B. M., et al. 1998. "Mesozoic Neoplasia: Origins of Haemangioma in the Jurassic

Age." *Lancet* 351: 1862.

Rothschild, B. M., et al. 1999. "Metastatic Cancer in the Jurassic." *Lancet* 354: 398.

Rothschild, B. M., et al. 2003. "Epidemiologic Study of Tumors in Dinosaurs." *Naturwissenschaften* 90: 495–500.

화석이 된 '방귀'

Penney, D. 2016. *Amber Palaeobiology. Research Trends and Perspectives for the 21st Century.* Manchester, UK: Siri Scientific, 127.

Poinar, G. O., Jr. 2009. "Description of an Early Cretaceous Termite (Isoptera: Kalotermitidae) and Its Associated Intestinal Protozoa, with Comments on Their Co-Evolution." *Parasites & Vectors* 18: 1–17.

Poinar, G. O., Jr. 2010. "Fossil Flatus: Indirect Evidence of Intestinal Microbes." In *Fossil Behavior Compendium*, ed. A. J. Boucot and G. O. Poinar Jr., 22–25. Boca Raton, FL: CRC.

Rabaiotti, D., and N. Caruso. 2017. "Does It Fart?" London: Quercus, 144.

공룡도 오줌을 쌌을까?

Black, R. 2014. "Laelaps. The Surprising Science of Dinosaur Pee." *National Geographic*, February 12, 2014. https://www.nationalgeographic.com/science/phenomena/2014/02/12/the-surprising-science-of-dinosaur-pee/.

Fernandes, M., et al. 2004. "Occurrence of Urolites Related to Dinosaurs in the Lower Cretaceous of the Botucatu Formation, Paraná Basin, São Paulo State, Brazil." *Revista Brasileira de Paleontologia* 7: 263–68.

Martin, A. J. 2014. *Dinosaurs Without Bones. Dinosaur Lives Revealed by Their Trace Fossils.* New York: Pegasus, 460.

McCarville, K., and G. Bishop. 2002. "To Pee or Not to Pee: Evidence for Liquid Urination in Sauropod Dinosaurs." *Journal of Vertebrate Paleontology* 22: 85 A.

Souto, P. R. F., and M. A. Fernandes. 2015. "Fossilized Excreta Associated to Dinosaurs in Brazil." *Journal of South American Earth Sciences* 57: 32–38.

Wedel, M. 2016. "Yes, Folks, Birds and Crocs Can Pee." Sauropod Vertebra Picture of the Week, January 28, 2016. https://svpow.com/2016/01/28/yes-folks-birds-and-crocs-can-pee/.

찾아보기

【 ㄴ 】

【 ㄷ 】

【 ㄹ 】

【 ㅁ 】

【 ㅅ 】

【ㅇ】

【 ㅌ 】

지은이 **딘 R. 로맥스**Dean R. Lomax는 세계적으로 주목받는 고생물학자이자 작가, 텔레비전방송 진행자, 그리고 과학 커뮤니케이터다. 2022년 기준, 영국 맨체스터대학교의 방문연구원으로, '어룡' 익티오사우루스 연구의 최전선에서 활약하고 있다. 저서로 『영국 제도의 공룡Dinosaurs of the British Isles』(2014)과 『선사시대 애완동물Prehistoric Pets』(2020) 등이 있다.

일러스트레이터 **밥 니콜스**Bob Nicholls는 특히 선사시대 동식물과 환경을 되살리는 재능이 넘치는, 세계적으로 널리 알려진 자연사 화가다. 그의 회화와 모형은 지금껏 40권이 넘는 책으로 출간되고, 40곳이 넘는 자연사박물관과 대학, 그리고 전 세계의 전시장에서 전시되었다.

옮긴이 **김은영**은 서울대학교에서 지구시스템과학을 전공하고 동 대학원에서 고생물학으로 석사학위를 받았다. 사람들에게 과학의 즐거움을 알리기 위해 과학책을 기획, 편집, 번역하고 있다. 『과학실험을 도와줘! 미션키트맨』, 『베어북』 등을 쓰고, 『노래하는 곤충도감』, 『진짜 진짜 재밌는 과학 그림책』, 『지구의 지배자들』, 『아찔하게 귀엽고 엉뚱하게 재미있는 공룡 도감』 등을 옮겼다.

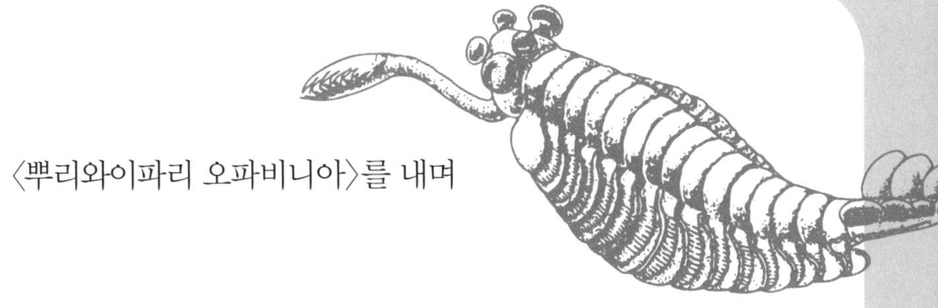

〈뿌리와이파리 오파비니아〉를 내며

지금부터 5억 년 전, 생물의 온갖 가능성이 활짝 열린 시대가 있었다. 우리는 그것을 캄브리아기 대폭발이라 부른다. 우리가 아는 대부분의 생물은 그때 열린 문들을 통해 진화의 길을 걸어 오늘에 이르렀다.

그러나 그보다 많은 문들이 곧 닫혀버렸고, 많은 생물들이 그렇게 진화의 뒤안길로 사라졌다. 흙을 잔뜩 묻힌 화석으로 발견된 그 생물들은 우리의 세상을 기고 걷고 날고 헤엄치는 생물들과 겹치지 않는 전혀 다른 무리였다. 학자들은 자신의 '구둣주걱'으로 그 생물들을 기존의 '신발'에 밀어넣으려고 안간힘을 썼지만, 그 구둣주걱은 부러지고 말았다.

오파비니아. 눈 다섯에 머리 앞쪽으로 소화기처럼 기다란 노즐이 달린, 마치 공상과학영화의 외계생명체처럼 보이는 이 생물이 구둣주걱을 부러뜨린 주역이었다.

뿌리와이파리는 '우주와 지구와 인간의 진화사'에서 굵직굵직한 계기들을 짚어보면서 그것이 현재를 살아가는 우리에게 어떤 뜻을 지니고 어떻게 영향을 미치고 있는지를 살피는 시리즈를 연다. 하지만 우리는 익숙한 세계와 안이한 사고의 틀에 갇혀 그런 계기들에 섣불리 구둣주걱을 들이밀려고 하지는 않을 것이다. 기나긴 진화사의 한 장을 차지했던, 그러나 지금은 멸종한 생물인 오파비니아를 불러내는 까닭이 여기에 있다.

진화의 역사에서 중요한 매듭이 지어진 그 '활짝 열린 가능성의 시대'란 곧 익숙한 세계와 낯선 세계가 갈라지기 전에 존재했던, 상상력과 역동성이 폭발하는 순간이 아니었을까? 〈뿌리와이파리 오파비니아〉는 두 개의 눈과 단정한 입술이 아니라 오파비니아의 다섯 개의 눈과 기상천외한 입을 빌려, 우리의 오늘에 대한 균형 잡힌 이해에 더해 열린 사고와 상상력까지를 담아내고자 한다.

뿌리와이파리 오파비니아

01 생명 최초의 30억 년—지구에 새겨진 진화의 발자취
앤드류 H. 놀 지음 | 김명주 옮김
과학기술부 인증 우수과학도서

02 눈의 탄생—캄브리아기 폭발의 수수께끼를 풀다
앤드루 파커 지음 | 오숙은 옮김
한국출판인회의 선정 '이달의 책' | 과학기술부 인증 우수과학도서

03 대멸종—페름기 말을 뒤흔든 진화사 최대의 도전
마이클 J. 벤턴 지음 | 류운 옮김
과학기술부 인증 우수과학도서

04 삼엽충—고생대 3억 년을 누빈 진화의 산증인
리처드 포티 지음 | 이한음 옮김
한국간행물윤리위원회 선정 '이달의 읽을 만한 책'

05 최초의 인류 —인류의 기원을 찾아나선 140년의 대탐사(절판)
앤 기번스 지음 | 오숙은 옮김

06 노래하는 네안데르탈인 —음악과 언어로 보는 인류의 진화
스티븐 미슨 지음 | 김명주 옮김

07 미토콘드리아—박테리아에서 인간으로, 진화의 숨은 지배자
닉 레인 지음 | 김정은 옮김
아시아태평양이론물리센터 선정 '2009 올해의 과학도서'

08 공룡 오디세이—진화와 생태로 엮는 중생대 생명의 그물
스콧 샘슨 지음 | 김명주 옮김
아시아태평양이론물리센터 선정 '2011 올해의 과학도서'

09 진화의 키, 산소 농도—공룡, 새, 그리고 지구의 고대 대기
피터 워드 지음 | 김미선 옮김
한겨레신문 선정 '2012 올해의 책(번역서)'

10 공룡 이후—신생대 6500만 년, 포유류 진화의 역사
도널드 R. 프로세로 지음 | 김정은 옮김
아시아태평양이론물리센터 선정 '2013 올해의 과학도서'

11 지구 이야기—광물과 생물의 공진화로 푸는 지구의 역사
로버트 M. 헤이즌 지음 | 김미선 옮김
유미과학문화재단 선정 '2021년 우수과학도서'

12 최초의 생명꼴, 세포
—별먼지에서 세포로, 복잡성의 진화와 떠오름
데이비드 디머 지음 | 류운 옮김

13 내 안의 바다, 콩팥
—물고기에서 철학자로, 척추동물 진화 5억 년
호머 W. 스미스 지음 | 김홍표 옮김

14 걷는 고래
—그 발굽에서 지느러미까지, 고래의 진화 800만 년의 드라마
J. G. M. '한스' 테비슨 지음 | 김미선 옮김
과학기술정보통신부 인증 2017 우수과학도서

15 산소—세상을 만든 분자
닉 레인 지음 | 양은주 옮김

16 진화의 산증인, 화석 25
—잃어버린 고리? 경계, 전이, 다양성을 보여주는 화석의 매혹
도널드 R. 프로세로 지음 | 김정은 옮김

17 뼈, 그리고 척추동물의 진화
매슈 F. 보넌 지음 | 황미영 옮김 | 박진영 감수

18 최초의 가축, 그러나 개는 늑대다
—늑대-개와 인간의 생태학적 공진화
레이먼드 피에로티 · 브랜디 포그 지음 | 고현석 옮김

19 페니스, 그 진화와 신화
—뒤집어지고 자지러지는 동물계 음경 이야기
에밀리 윌링엄 지음 | 이한음 옮김

20 포유류의 번식—암컷 관점
버지니아 헤이슨 · 테리 오어 지음 | 김미선 옮김 | 최진 감수
대한민국학술원 선정 2021년 우수학술도서
아시아태평양이론물리센터 선정 '2021 올해의 과학도서'

21 지구 격동의 이력서, 암석 25
—우주, 지구, 생명의 퍼즐로 엮은 지질학 입문
도널드 프로세로 지음 | 김정은 옮김

22 탄소 교향곡—탄소와 거의 모든 것의 진화
로버트 M. 헤이즌 지음 | 김홍표 옮김

왓! 화석 동물행동학

먹고 싸(우)고 낳고 기르는 진기한 동물 화석 50

2022년 7월 1일 초판 1쇄 찍음
2022년 7월 22일 초판 1쇄 펴냄

지은이 딘 R. 로맥스
그린이 밥 니콜스
옮긴이 김은영

펴낸이 정종주
편집주간 박윤선
편집 박소진 김신일
마케팅 김창덕

펴낸곳 도서출판 뿌리와이파리
등록번호 제10-2201호 (2001년 8월 21일)
주소 서울시 마포구 월드컵로 128-4 (월드빌딩 2층)
전화 02)324-2142~3
전송 02)324-2150
전자우편 puripari@hanmail.net

표지 디자인 페이지

종이 화인페이퍼
인쇄 및 제본 영신사
라미네이팅 금성산업

값 25,000원
ISBN 978-89-6462-176-9 (03450)